高校建筑学与城市规划专业教材

城市设计教程

重庆大学　胡纹　等编著

中国建筑工业出版社

图书在版编目（CIP）数据

城市设计教程／胡纹等编著．—北京：中国建筑工业出版社，2013.4

高校建筑学与城市规划专业教材

ISBN 978-7-112-15318-3

Ⅰ.①城… Ⅱ.①胡… Ⅲ.①城市规划－建筑设计－教材 Ⅳ.①TU984

中国版本图书馆CIP数据核字（2013）第069066号

本书旨在指导初学者了解城市设计的设计方法和学习方法，包括从概念—学习方法—设计方法—延伸阅读—教学方法的几部分内容。特别是精品导读部分，解读了有关城市设计的大部分经典文献。这些经典文献基本覆盖了城市设计的各个方面。对于初学者来说，城市设计精品导读，既是初学者的延伸阅读，又可以通过这些文献综述全面地了解城市设计的理论基础。

本书既是学生在城市设计学习的入门教材，也是那些对城市设计怀有兴趣的读者的读物。

责任编辑：王玉容
责任设计：赵明霞
责任校对：陈晶晶　刘　钰

高校建筑学与城市规划专业教材
城市设计教程
重庆大学　胡纹　等编著
*
中国建筑工业出版社出版、发行（北京西郊百万庄）
各地新华书店、建筑书店经销
北京京点图文设计有限公司制版
廊坊市海涛印刷有限公司印刷
*
开本：787×1092毫米　1/16　印张：14¾　插页：8　字数：370千字
2013年9月第一版　2020年7月第三次印刷
定价：43.00元
ISBN 978-7-112-15318-3
(23409)

自 序

在中国，今天是一个伟大的时代，与以往任何一个时代相比，城市设计能跻身于理论与实证的殿堂之中，使得城市设计受到如此多的关注，显得如此之重要，以至于城市设计成为一个研究学科，建筑学、城市规划学、景观学都把它作为一个重要的必修课程。

城市设计的研究范畴与工作对象过去仅局限于建筑和城市相关的狭义层面。但是，城市设计这一范畴在20世纪中叶已经开始变化，除了城市规划、景观建筑、建筑学等范畴的关系日趋紧密复杂，也逐渐与城市工程学、城市经济学、社会组织理论、城市社会学、环境心理学、人类学、政治学、城市史、市政学、公共管理、生态学、可持续发展等知识与范畴产生密切关系，成为一门复杂的综合性跨领域学科。

视觉设计作为美学设计的基础，在城市设计中有重要的地位，是城市设计的基础。本书强调美学设计的重要性，并不是有意忽略社会学、心理学、文化学等对于城市设计的重要作用。从美学设计入手，对于初学者来说更容易上手和入门。事实上，人本主义是城市设计的基本出发点，文化与传统是城市设计的魅力所在，权力与意志通过城市设计得到表现。现代城市设计方法已经融入了政治学、经济学、社会学心理学等知识和方法，在这些方面表现得淋漓尽致。

城市设计的价值是什么？城市设计的本质是什么？城市设计这门学科的理论基础、价值观和实践究竟是什么？本书试图为初学者回答这些问题。本书包括了从概念—学习方法—设计方法—延伸阅读—教学方法几部分内容，旨在指导初学者了解城市设计的设计方法和学习方法。

第七章经典文献导读列出了有关城市设计的主要经典文献。这些经典文献基本覆盖了城市设计理论的各个方面，表达了不同的学术观点。这些经典或许没有被人认真细致地从头到尾精读。在这一点上，学术名著总是没有文学作品幸运，更不能和电影相提并论了。反过来也相信有很多人或多或少受到过它的影响。当我们多年之后再一次翻开这些经典时，唏嘘之声不绝于耳——这张、还有这张图片是从这里出来的呀！原来这种、这种、这种、还有这种观点是来自这里的呀！这就是经典的力量吧？它们创造了超越一般流行元素的、具有强悍传染力的观点和方法。尽管大多数人已经无法辨析其最初的源头，也无从追思其最初的梦想。重温这些梦想，探寻思想之源，是一次对城市设计本身的深度阅读和自我反省。对于初学者来说，城市设计经典文献的导读，既是初学者的延伸阅读，又可以通过这些文献综述全面地了解城市设计的理论基础和产生这些理论的历史背景。

作为一本教材，要让学生知道怎么学习，教师了解学生想学什么，这是一个很重要的教学互动过程。本书的第八章就是本着这样一种期望，发放了调查问卷，并让不同的老师回答同一个问题。这样做的目的是为了揭示了城市设计方法的本质：不同问题有不同的解决方法，同一个问题有多种解决问题的答案。

本书的构思已经酝酿了很长一段时间，最初的想法是为本科生的城市设计教学入门训练提供一个基本的训练纲要，必要的理论准备和阅读面。当城市设计课程在师生的努力下，变得越来越成熟，取得的教学成果越来越多，这本书就成为重庆大学建筑城规学院城市设计课程教学的一个教学成果总结。孔夫子在论语中告诉我们："学而时习之，不亦乐乎"，通过重复的学习和总结，温故而知新，学以致用，追求真理，并能在实践中获得检验、应用与完善，在实践中体现学习的价值，是一件令人开心的事情！

这项教材背后的组织工作我本人来组织，作为城市设计教学的心团队，在重庆大学建筑城规学院规划系、建筑系、景观系参与城市设计教学工作的大多数教师参加了本教材大纲的讨论和编写，最后由我统稿。按照编写的章节顺序，他们是；

第一章、第六章、第七章 胡纹 重庆大学建筑城规学院教授、博导，城市设计研究所所长，前规划系系主任

第二章、第六章、第七章 魏皓严 重庆大学建筑城规学院教授

第三章、第七章 谭文勇 重庆大学建筑城规学院副教授

第三章、第六章、第七章 朱捷 重庆大学建筑城规学院教授、城市设计研究所副所长

第四章、第七章 赵强 重庆大学建筑城规学院讲师，刁宇莹 重庆大学

建筑城规学院博士生

第五章、第六章、第七章 许剑峰 重庆大学建筑城规学院副教授

第六章、第七章 黄瓴 重庆大学建筑城规学院副教授

第六章 邓蜀阳 重庆大学建筑城规学院教授、建筑系系主任

第六章 顾红男 重庆大学建筑城规学院副教授

第七章 许苗 重庆大学建筑城规学院副教授

第七章 戴彦 重庆大学建筑城规学院讲师

还有很多教师和博士生、硕士生、本科生为本教材的编写铺垫了基础性工作，在这里一并致谢。

书中引用的大量资料和图片，我们没有一一注明出处，对此深表歉意。我们在参考文献中列出了他们的姓名和文献，对这些学者表示衷心的感谢。

最后，要感谢中国建筑工业出版社的王玉容先生，不断地、有节奏地催促和勉励成为在这个忙碌焦虑的时代完成教材编写的动力。

胡　纹

2012.12.31 于重庆大学

目　录

第一章　城市设计的基本概念

虽然城市设计早已是众所周知的名词，但要给以准确的定义，还是显得困难重重。它依然是一个模糊的名词，在不同的背景下，不同的人有着不同的使用。要对城市设计给予一个明确、无争议的定义和特征，不是一件容易的工作。

很多设计师和理论家依据自己的看法，对城市设计的定义进行表述，而且表述的内容都各有侧重，有所差异。为什么对于一个学科的名词表述会存在如此多的差异呢？这是因为城市设计学科自身的特点决定了它具有如此多丰富的表达。城市设计为设计者和政治领导人提供了一个丰富的想象空间，在这个丰富多彩的空间内，人们可以自由畅想……城市设计的不确定性提供了一个暗示，城市设计并不是一个终极蓝图，而是政治家和设计师的理想诉求。它并不需要从一而终，也不需要面面俱到。但是，对于空间的使用者、市民而言，城市设计并不需要那么丰富多彩，并不是那么深不可测，它更需要脚踏实地，摸得着，看得见，具体而人性。

第一节　城市设计是什么

一、不同的人有不同的表述

国内外很多文献对于城市设计的概念和定义作出阐释：

(1)《大不列颠百科全书》对城市设计定义为："城市设计是对城市环境形态所做的各种合理安排和艺术处理。""城市设计涉及城市环境可能采取的形体，城市设计师通常有三种不同的工作对象：①工程项目设计；②系统设计；③城市或区域的设计。"

(2)《中国大百科全书　建筑·园林·城市规划卷》对城市设计定义为："城市设计是对城市体形环境所进行的设计，也称为综合环境设计。"

(3)《百度百科》对城市设计定义为：为提高和改善城市空间环境质量，根据城市总体规划及城市社会生活、市民行为和空间形体艺术对城市进行的综合性形体规划设计。

（4）《城市设计》（E.D. 培根）对城市设计定义为："城市设计主要考虑建筑周围或建筑之间，包括相关的要素，如风景或地形所形成的三维空间的规划布局和设计。"

（5）美国 M. 索特沃斯《当代城市设计的理论与实践》一文中，将城市设计定义为"侧重环境分析、设计和管理的城市规划学分支，并且注重建筑物的自身特点，它在使用者如何感知、评价和使用场所等方面，满足各使用者阶层不同的要求。"

（6）英国皇家城市规划学会（RTPI）前主席梯勃特（F.Tibbalds）认为，城市设计是一种"为了人民的工作、生活、游憩而随之受到大家关心和爱护的那些场所（Place）的三维空间设计。"

（7）美国学者唐纳德· 澳德森在《城市设计手册》一书中认为，"城市设计本质上是一种道德上的努力。它受到公共艺术和建筑学的启发，也因工程学科而得到具体化。"

（8）日本建筑大师丹下健三先生在日本建筑学会出版的城市设计集中谈到："城市设计是建筑向城市的扩大，城市设计赋予城市更加丰富的空间概念，创造出新的、更加有人情的空间秩序。"

不同的专家、学者对于城市设计的论述，既有强调城市设计作为建筑设计扩大化的"建筑说"，和从属规划过程的"规划说"，也有偏重于"场所说"或"管理控制说"。虽然对城市设计的确切定义目前尚无统一的说法，但普遍认同的是：城市设计以人本主义为基点，注重对人的关怀；城市设计也不是一个简单的设计结果，而是一个长期的实践和完善过程，伴随着城市建设的整个过程。

城市设计其研究范畴与工作对象过去仅局限于建筑和城市相关的狭义层面。但是，与城市规划、景观建筑、建筑学等较有历史传统的范畴类似点，城市设计这一范畴在 20 世纪中叶已经开始变化，除了城市规划、景观建筑、建筑学等范畴的关系日趋紧密复杂，也逐渐与城市工程学、城市经济学、社会组织理论、城市社会学、环境心理学、人类学、政治经济学、城市史、市政学、公共管理、可持续发展等知识与实务范畴产生密切关系。因而是一门复杂的综合性跨领域学科。

城市设计衍生出来的城市设计理论主要专注于城市公共空间的设计实践和理论发展。城市设计主要是涉及城市形态环境的设计，尤其是空间形态环境。

二、城市设计具有哪些特征

城市设计这一范畴在20世纪中叶已经开始逐步成为一门复杂的综合性跨领域学科。我们从不同城市设计的定义阐述中，可以概括、总结、分析出城市设计具有以下基本特征：

1. 形态设计方法是城市设计的基本方法

中世纪和文艺复兴时期创造了许多著名的城市广场、大型宫廷花园以及独具风格的城市建筑，道路、广场、建筑、喷泉、雕塑等的完美结合创造了古代城市设计的范例。这些范例表现了完整、和谐、统一的美学思想和以视觉为中心的空间形态视觉方法。 现代城市的出现，带来了城市功能的多样化和复杂化，促使城市设计的指导思想和设计方法发生重大变化。现代城市所进行的城市设计，在内容、规模、技术水平以至形式、风格的丰富多彩等方面，都是前所未有的。

20世纪开始以来，尤其是第二次世界大战以后，各国在城市设计上进行了丰富的实践。例如现有城市中心区、成片旧城区和旧街道的重建和改建，各种类型的新城、新居住区、城市广场和公共活动中心、大型交通运输枢纽、大型绿化地带的建设，都是经过城市设计建起来的。 尽管人本主义兴起所带来的城市社会学、环境心理学研究方法不断融入城市设计之中，但是表达城市设计成果的基本手段依然离不开形态设计方法，形态设计和视觉设计方法依然是城市设计的主要内容之一。

2. 人本主义是城市设计的基点

在二次世界大战后，城市重建和振兴成为世界城市快速发展的一个重要手段。在城市重建过程中，人们对城市中的关注点有所不同。过去，神学和皇权在城市中占有重要的地位，以至于达到神化和崇拜的境界。现在，人们对人性在城市中的精神和物质追求予以重点关注，城市设计研究的核心转向人的价值、愿望以及实现这些价值和愿望的实施行动。设计师的任务是在设计过程中如何理解并表达客户群体的需求和愿望，设计师的设计如何最好地服务于社区的需求？这些类似的问题，成为是城市设计执业者面临的重要课题。

3. 文化与传统是城市设计的魅力

城市有丰富的物质文化遗产，既有欧陆式的建筑物和传统的中式建筑，亦有各种文物（例如堡垒、石刻、墓穴、纪念碑等）及古树。这些文化遗产是城市的重要地标，影响地方性以至不同规模的整体城市设计。

城市设计的魅力还表现在非物质文化遗产方面，历史、文化、民俗、音乐、故事都可以构成城市设计的素材和线索。正是这些历史和文化给予了我们现代城市无穷的魅力。这些尚存的文化遗产，需要通过有效的设计创造一个适当的环境将过去和现在、历史和未来融入城市生活。

4. 权力与意志是城市设计的表现

回顾中外城市建设史，政治影响和干预城市规划和城市建设的案例层出不穷。在漫长的历史岁月中，如何保持强烈的城市形象特征，并使这些特征具有高度连续性和统一性，最典型的案例莫过于华盛顿和明、清北京城。

美国首都华盛顿1791年规划设计的主题就是“纯粹政治目的产物”。朗方（L.Enfant）最初的构思虽然没有一次性实现，但它却指出了华盛顿未来设计建设干预的导向，虽然朗方设计的华盛顿后来变成了一个“由委员会实施的城市”，其建设均用政府文件决策，甚至具体建筑物设计都有严格的规范法令，如国会山前的建筑物的地面高度就不得超过27.45m。但其后几个世纪的规划设计和建设开发，并未违背朗方的设计初衷。

中国明清北京城建设（图1-1-1），曾被人誉为“有史以来从没有如此庄严辉煌的都城”、“地球表面上人类最伟大的单项作品”（E.Bacon，1974）。整个北京城布局结构的恢弘气势，人际等级秩序表达的精致完美，体现了政治因素与科学技术的完美结合。而北京城建设正是在强有力的政

图1-1-1 北京紫禁城

治动因和皇权直接干预下渐次完成的。否则，要在前后几个世纪的漫长岁月内保证设计前后一致是绝对不可能的。

政治因素的干预主要通过领导意志、行政组织、行政手段，指挥并监督城市的规划设计和建设。它具有两面性。政治因素的介入有助于按统一步骤、有条不紊地进行城市建设，特别在当今城市建设的现实情况下，多重经济形势及错综复杂的制约因素影响、限制城市的规划和建设，领导意志将具有任何其他因素都无法替代的作用和效能，亦是城市快速发展的保证。

但是，纯粹政治化决策过程也有很大缺点。首先，政治因素注重的是人与人之间的工作关系，而不注重人际的情感交流。其干预方式基本上是强制性的，容易忽略弱势群体的利益。其次，政治因素的介入所导致的决策过程削弱了民主化和技术化的决策过程。但任何人都不是全能的，高层决策者亦无例外，决策的失误也会带来城市的灾难。过分夸大城市设计中的政治决策权会削弱城市的设计和建设。

第二节 城市设计分为哪几种类型

城市设计的范围或规模可大可小，城市设计的对象可以从宏观的整体城市到局部的城市地段，从整个城市形态架构的制定，到地区内外部空间的安排，甚至一条里弄街巷的改善，一栋历史建筑物或地区的保留、维护，以及一个纪念碑、一棵树的设计安排，都可包含在城市设计的范围内。城市设计是协调整体的重要角色。在实际运作中，根据地理单元的大小、空间类型、规划管理方式、建设时序划分为不同的类型。

一、总体城市设计的类型

总体城市设计的类型属于大尺度的城市设计。它着重研究在城市总体规划前提下的城市形体结构、城市景观体系和公共活动空间的组织等等。

1. 适应城市总体规划的设计

按照现行法定规划体系的工作内容，在总体规划层次开展城市设计工作是一种可行的方式。专项的总体城市设计与总体规划的时序关系也有两种方式：一种是在总体规划之前。城市设计的目的是为总体规划的功能布局提供空间、环境、形象的研究依据，使总体规划具有城市设计的深层次内涵。美国的费城等许多城市开展的总体城市设计都是这种方式。另一种方式是在总体规划之后进行城市设计的专项引导研究。这是由于总体规划阶段没有进行城市设计引导内容的制定，或城市设计深度不够，为了补充和深化总体城市设计的研究、加强城市设计引导内容的具体化和可操作性而进行的。我国深圳、武汉、唐山等地的总体城市设计就是按这种方式进行的。

2. 专项设计

在总体城市设计中的某一重要的子项内容中进行专项规划设计，如城市开放空间系统规划、城市景观规划、城市风貌特色规划等等。

3. 新城设计

新城设计是总体城市设计中的又一种案例，在我国高速发展的城市化进程中，全国各地的新城建设如雨后春笋。

在历史上最成功的案例是美国首都华盛顿和澳大利亚首都堪培拉。

美国 1780 年建国后，为了建设新的首都，由法国工程师朗方对其进行了规划设计。法国人朗方将欧洲城市的方格网加放射性道路的城市模式引入了美国，成其为现代城市格局的经典案例。华盛顿城市设计的另一条成功经验在于新城很好地利用了特定的地形、地貌、河流、方向、朝向等自然条件，将自然条件与城市有机地结合在一起。华盛顿一直按照最初的设计构想，是通过几代人共同努力建设起来的城市（图 1-2-1）。

堪培拉是另一个从无到有的新城。在 1912 年举行的堪培拉规划国际

图 1-2-1　美国首都华盛顿

设计竞赛中，美国建筑师格里芬中标。格里芬采用了静态视点的方法来组织城市空间和景观，将花园城和城市空间轴线有机地结合在一起，把国家首都的尊严和花园城市生活的魅力调和在一起（图 1-2-2）。

图 1-2-2 澳大利亚首都堪培拉

二、详细阶段的城市设计

详细城市设计是当前我国城市建设中开展比较普遍的类型。它着重于功能相对独立的特别区域，如城市中心区、历史街区、商业中心、步行街等的规划设计。

这类项目的类型主要有：

①城市中心区；

②步行街；

③城市重要干道；

④传统风貌街；

⑤广场地区；

⑥滨水地区；

⑦旧城改造。

三、城市概念设计

在城市规划与建设之初，设计师“模拟未来”的能力需要很好地通过概念设计来体现。犹如你要写一篇文章之前一定要先想一下怎么写，大致提纲和内容是什么；在画一个肖像之前一定要先确定大致的轮廓和基本比例、透视一样。概念设计是我们做任何产品设计的第一步。

因为目的不同可以有很多种不同的方式和做法。比如，一些超现实的概念产品越来越多地出现在人们面前，汽车、数码产品、工业设计等等数不胜数。设计创新已经在产品竞争中越来越体现价值，甚至在某些品牌中超越了技术创新和模式的创新，例如“APPLE”。

在出台一个正式的、法定的规划之前，先进行城市概念设计，必要时在时间允许的条件下进行多轮、多阶段的城市设计研究。设计师在真正动手设计之前会用绘制“概念图”的方式围绕着城市未来模拟城市的生长过程。这种方式可以很好地促进和帮助设计师和委托方的沟通，让大家对于城市设计过程中的未来目标和实施途径进行准确评估；同时还能让委托方对于该设计给城市带来的价值有更加深入的认识，做出更加有力的决策。

概念设计是由分析城市需求到生成概念设计的一系列有序的、可组织的、有目标的设计活动。它表现为一个由粗到精、由模糊到清晰、由具体到抽象的不断进化的过程。概念设计即是利用设计概念，以其为主线贯穿全部设计过程的设计方法。概念设计是完整而全面的设计过程。它通过设计概念将设计者繁复的感性和瞬间思维上升到统一的理性思维，从而完成整个设计。

完成概念设计只是第一步，能不能进行第二步详细设计、第三步推出成果，甚至按此来建设城市，这里面存在极大的风险。设计师的概念设计毕竟难以预料城市建设过程中的许多变数，理想与现实存在很多差距。如何缩短这一差距，是概念设计者的难题。

四、个体要素及细部城市设计

建筑、桥梁、道路、市政管井、座椅、亭子、照明灯具、交通信号、公交站点、广告牌匾等个体城市环境要素及其细部的处理，也可以看作是城市设计的深化内容和对象。个体要素及其细部城市设计本质上是详细城市设计和景观小品设计。它是在较大范围详细规划设计之后，直接为个体要素实施制定具体的设计条件而开展的。在该要素的个体设计过程中，建筑师和设计师在本身艺术素养较高的前提下，遵循既定的城市设计导则，或自觉地运用城市设计的原则进行整体的构思。

第三节 城市设计的作用

一、城市设计与城市规划之间的差异

在城市空间规划设计实践上，城市规划与城市设计虽然都是处理城市空间问题，但是，两个领域在实践中所产生的效能差异非常大。

城市规划所涉及的空间范围比城市设计大。城市规划工作的空间尺度，不仅超越城市中的分区，还涉及整个城市的整体构成、城市与周边其他城市的关系。城市规划工作经常需要考虑城市在更大范围中的定位。此处所指更大范围，可以指涉城市群、区域，甚至国际政治经济网络。

当代城市设计的主要处理对象是“城市的一部分”。当城市规划将城市区域中的各种主要功能区域（工业区、商业区、住宅区、文教区、自然或历史保存区……）予以选址之后，城市设计专业便得以接手城市规划未能详细处理的工作——在各个特定区块之中，建立其空间组织与其所属建筑量体的整体形态。

城市设计与城市规划还在其他几个方面有所差异：城市设计不需要在互相冲突的城市功能之间决定城市内各分区的土地使用问题，这是城市规划的核心工作。城市设计比城市规划较少涉入城市政策制定的政治过程。城市规划与城市设计，都需要面对相当广泛的社会、文化、实质空间规划设计议题，其差别主要是在于对象、尺度、程度等的差异。

二、城市设计与详细规划的区别

我国历来把城市规划工作分为总体规划和详细规划两个阶段，总体规划解决全局性的城市性质、规模、布局问题；详细规划解决物质建设问题，分区规划则介于其间。总体规划、分区规划和城市设计的区别比较明显。但详细规划和城市设计的关系就存在重叠、交叉，在一定程度上非常类似。

详细规划和城市设计是在总体规划指导下对局部地段的物质要素进行设计，都有“定形”这一特点。从评价标准方面看，详细规划较多地涉及

各类技术经济指标，与上一层次分区规划或总体规划的匹配其评价的基本标准；它是作为城市建设管理的依据而制定的，较少考虑与人活动相关的环境和场所意义问题。而城市设计却更多地与具体的城市生活环境和人对实际空间体验的评价，如艺术性、可识别性、舒适性、心理满意程度等难以用定量形式表达的标准相关。

三、城市设计与建筑设计的关系

建筑构成城市空间，城市空间是建筑存在的基础，二者是既相互矛盾、又相互依存的辩证统一关系。

城市设计处理的空间尺度与时间跨度远远大于建筑设计。它涉及街区、社区、邻里，乃至于整个城市。其实现的时程少则十年，多则二十年，甚至更长的时间跨度。而建筑设计仅需处理单一地块内的建筑工作。建筑物从设计到完工仅需二到五年。城市设计与建筑设计相比，在空间和时间方面有着相当大的尺度差异。

建筑师对建筑设计物容易进行直接掌控。城市设计涉及内容较为复杂，另外加上实现城市设计所必需的漫长时程，城市设计的手段较为间接，城市设计所应用的工具与策略与建筑设计差异极大。城市设计方案与实现成果之间充满着高度不确定性。城市设计所面对的问题较建筑设计为多。一般城市设计的工作范围涉及都市交通系统、邻里认同、公共空间组织等，需要顾及的因素还包含城市气候、社会等，变量众多，使得城市设计的预期结果充满幻想和不确定性。

从物质层面看，城市设计和建筑设计都关注实体、空间以及两者的关系。事实上，建筑立面是建筑的外壳和表皮，但又是城市空间的“内壁”。建筑空间与城市设计互相交融，隔而不断，内、外只是相对的。

建筑师不能把他设计的建筑看做是孤立于原有环境的抽象构图。完美的建筑物对创造美的环境是非常重要的，建筑师必须认识到他设计的建筑形式对临近的建筑形式的影响。建筑师需要研究他设计的建筑物对城市景观的影响，他需要为景观的整体利益而克制自我表现的欲望。一个良好的城市形态环境更多地依赖于城市设计的效果，而不是单个的建筑设计。对于城市设计整体性，通常城市设计师比建筑师更具有自觉性。特别在房地产开发的项目上，投入产出效益、最高盈利原则往往会不恰当地增加建筑容积率和建筑覆盖率，缩小建筑日照间距及减少必要的配套设施等，使建筑单体设计脱离城市外部环境的约束而自行其是。只有建筑与城市形体环境达到良好的契合时，该建筑物才能充分发挥其自身的社会效益和经济效益，有效地传播文化和美学价值。因此，城市设计与建筑设计在城市建设活动中是一种“整体设计”关系。建筑设计、城市设计和城市规划应该成为城市建设发展的一项完整的工作，并在实施过程中不断地整合和完善，共同对城市良好的空间环境创造作出贡献。

四、替代修建性详细规划的城市设计

修建性详细规划中也应该区别不同的具体情况，采取不同的形式和对策开展城市设计工作。对于整个地段完全由一个业主开发建设的项目，应该结合功能内容、项目性质进行类似于控规前期概念性的城市设计研究，规划与建筑设计方案相结合，运用城市设计的方法同时进行“概念—规划方案 - 城市设计 - 建筑方案”之间的多次反馈推敲和设计评审等过程。

五、与控制性详细规划结合的城市设计

城市设计要在三维的城市空间坐标中化解各种矛盾，并建立新的立体形态系统。而控制性详细规划则偏重于以土地区域为媒界的二维平面规划。因此二者表现出不同的形态维度。

城市设计具有艺术创作的属性，以视觉秩序为媒界，容纳历史积淀，铺垫地区文化，表现时代精神，并结合人的感知经验建立起具有整体结构性特征、易于识别的城市意象和氛围。控制性详细规划的重点问题是建筑的高度、密度、容积率等技术数据，依然是通过各种数据平衡城市问题，

控制性详细规划包括的六项内容，其中对建筑高度、建筑体量、体形、色彩、建筑后退红线距离等要求做了原则规定。但这些设计的要求不够明确、统一和具体，造成当前实际规划成果质量高低不一。有的单位制定的控制内容往往随意性较大，缺少城市设计的研究作为依据。更缺乏城市设计可操作性的引导内容。

事实上，应该在制定控制指标体系之前进行系统的城市设计研究，以基础研究和城市设计研究为指标赋值依据。可以把这一阶段的内容包括城市历史环境特色、自然环境的利用与保护、结构框架构思、景观视廊组织、绿化、步行系统等作为“前期”规划研究。其次，通过城市设计引导内容的制定，将有关城市设计控制要素具体化，增强可操作性。这一阶段内容包括空间组织、景观组织、街墙界面、建筑群体形态、天际轮廓线组织、

人车分流、重要节点的引导要求等。城市设计作为对城市环境设计起控制和引导作用的深化规划工作手段，它与控制性详细规划相互配合，互相补充，发挥控制与引导相结合的作用优势，是详细规划阶段城市设计应用最广泛的形式。尽管在修建性详细规划阶段也有许多城市设计工作应该开展，但由于修建性详细规划本身的特点就是以形体规划为主要内容，事实上已经较多地纳入了城市设计内容，所以详细规划阶段加强城市设计工作的重点是控制性详细规划。

六、从管理入手的管控型城市设计

1．我国城市设计编制存在的主要问题

（1）城市设计编制缺乏应有的体制认可和法律保障

目前，我国城市设计的控制作用一般通过三种方式实现：第一种是直接在城市规划的各个层面增加城市设计内容，并将城市设计的要求在成果中体现出来；第二种是将独立编制的城市设计的有关要求在控制性详细规划的规划控制指标中反映出来，借助城市规划的法定性实现城市设计对城市空间环境的控制；第三种是在完成城市设计编制后，根据法定程序将城市设计的有关要求转化为管理法规条款，以指导城市规划编制和进行建设行为控制。

第一种城市设计与城市规划一体化的方式，其成果可直接用于管理，在当前城市环境控制任务紧迫的情况下，能实现较高的效率，但城市设计在其中仅充当“配角”，只能进行原则性控制，实施效果欠佳。第二种方式可以说是我国城市设计在不具备法律效力的情况下的一种无奈选择，借助控制性详细规划的“躯壳”确立自己的法律地位。第三种方式虽然确定了城市设计的控制要求在城市建设管理中的法律地位，但因这种形式的城市设计多偏重于战略的宏观层面，对具体建设实施控制还显得力不从心。并且繁琐的法定程序也不利于它的迅速推广，所以至今仅在少数具有一定立法权的城市中展开（如重庆渝中半岛城市形象设计的成果就转化成为规划控制管理规定，并经批准得以实施）。

（2）现行城市规划编制体系中有关设计的内容明显不足

现行的规划编制步骤一般是在详细规划批准后，紧接着进行单体设计，因此往往缺乏对三维及四维空间设计和对人的生理和心理的考虑。而单体设计侧重于建筑自身的形象和个性，容易与城市空间环境脱节。《城市规划编制实施细则》中也并未具体规定城市设计需要哪些内容。由此可见，在我国法定城市规划编制体制内，城市设计仅仅是一种原则性的规定，只是一种考虑问题的思想而贯穿于城市规划的各阶段，对于城市设计应考虑哪些因素，有什么样的成果均未予以统一规范。这一原则性的规定导致的结果是设计单位在规划编制时仅对城市设计做概要的、描述性的内容,政府在验收或评判成果时对城市设计篇只好采取“放任自流、任其发挥”的态度。

（3）城市设计编制重“设计”，轻“管理”

我国目前大部分城市设计都重视“设计”，关注的重点是广场、街道和地带等公共空间的具体形态设计，而编制成果往往是需要进行整体开发才可能得以实现的终极形态蓝图。

2.“管控型”城市设计的编制

“管控型”城市设计编制应体现重点控制的原则，其范围应主要集中在可控制的层面，不宜过大。区域层面的城市设计过于宏观，较多的是以一种观念或思想的形式出现。而修建层面的城市设计则过于具体，已经属于设计领域的工作，若将其纳入管理特征明显的“管控型”城市设计，就会抑制设计师的创新思维,影响环境的多样性。实际上,一项周密而详尽的、涉及建筑和空间细部的城市设计，在实际操作中往往会遇到许多不确定因素而难以实现，在建设项目规划管理的具体操作中往往会被抛弃而失去编制的意义，而且修建层面的城市设计与修建性详细规划或环境设计多有较多的重合。

基于以上原因，“管控型”城市设计编制省略了区域层面的城市设计和修建层面的城市设计，只分为总体设计和详细城市设计两个阶段，以对应于城市规划编制的相应阶段。这样的分法类似于河北、深圳的分类法，便于与现行城市规划编制体制相衔接。根据建设部颁布的《城市规划编制办法》，我国的城市规划编制阶段分为总体规划和详细规划，其中详细规划又分为控制性详细规划和修建性详细规划，城市设计则贯穿于这几个阶段。因此，将城市设计与法定的规划编制序列相对应，分为总体规划阶段的城市设计、分区规划阶段的城市设计、控制性详细规划阶段的城市设计和修建性详细规划阶段的城市设计。由于修建性详细规划也是以空间形态设计为主，已经涉及城市设计的大多数范畴，而且其强调对具体建筑、环境的“设计”，管理 因素已经淡化。为了简化序列，突出重点“管控型”城市设计体系中不再单独划分修建层面的城市设计。综上所述，“管控型”城市设计编制分为总体规划阶段的城市设计、分区规划阶段的城市设计（对于大城市可以增加该阶段）和控制性详细规划阶段的城市设计，分别简称为“总体城市设计”、“分区城市设计”、“详细城市设计”。

要将城市设计有效地运用于管理，不仅要解决好城市设计编制本身的一些技术难题，以及从编制到后期实施管理、监督和反馈等一整套制度和体系的问题，还要处理好城市设计与城市规划编制和管理体制的关系。

第二章　城市设计的过程

第一节　前期分析

一、“关系网”

在开始操刀做设计之前，先应通过前期分析仔细了解自己的目标对象，这是基本的功课。或许有同学会问：“可不可以不做这些基本功课而另辟蹊径呢？”当然可以，如果是一个功底深厚、基础扎实、经验丰富或者天赋异禀的设计师，那么可能只需要很短的时间就能一下子抓住目标对象的关键问题，从而帮助自己建立起独特到位的设计理念。但是不鼓励同学们在功底尚浅的时候就这么做，因为这可能成为偷懒耍滑的借口，并造成头重脚轻根底浅的糟糕状态。在修炼基本功这件事情上，宁作傻郭靖，不作俏黄蓉。

怎么开始做前期分析呢？不妨先借鉴结构主义的思路方法建立起一个“关系网”的概念。一个好的设计需要建立好的关系，在关系中思考问题而不是自说自话。假如把“做设计”和“谈恋爱”相比，二者有同有异。前者尽管也需要后者般的激情与冲动，但是就整体而言则是理性优先的，城市设计师的思维似乎应当更为圆熟，即在关系中考虑问题。同样以谈恋爱来打个比方，这时候不能只看其对象长得好不好看、气质谈吐与性格等等如何，而要既从外围观察他/她的家族与家族关系，也从周围观察他/她的朋友与社交圈，当然了，对他/她本人的观察仍是必不可少的，毕竟这是核心目标。以此类推，当面对一项设计任务时，设计师不该只看到场地本身，而要分析它的外层次（即与国家、政治、社会和历史文化的关系）、中层次（即与城市及其周边环境的关系）与内层次（即场地内部自身的各类状况）。

有哪些基本关系需要分析呢？比如交通关系、区位关系、气候关系、产业发展关系、地理关系、历史文化关系、城市的区域竞争关系、生态关系、政策关系等等。针对不同的项目，对关系的清理也是不同的。以交通关系为例：在当下快速流通的社会背景中，交通关系是前期分析中极为基本的环节，它直接涉及人、物与能量的流通状况。城市，尤其是大都市，其交通系统本身就十分复杂，包括城市车行道路网（又涉及高速路、交通性干道、生活性干道与次干道、支路等）、慢行（步行、自行车等）系统、地面公交线路、地铁线路、轻轨线路、（地面与地下）停车场分布、对外交通的主要站场（飞机场、火车站、长途汽车站、轨道交通站、码头）等。分析好交通关系就像是了解人体经络的运转状况，所谓“通则不痛，痛则不通”，交通不顺，则城市“疼痛”。

顺便说一下，如果作分析的同学是个很认真的人，想把目标对象的关系网分析透彻，这是好事。但是，如果想穷尽所有的关系，那就有点痴人说梦了。因为关系网的复杂与精密度是可以无限追加的，尤其面对城市这么庞大的客体时。需要做的是为设计提供依据，而不是纯粹地进行分析研究，对关系网的分析是为了启动，而不是拖延设计。此外，设计师积淀的城市知识对于他做出较为精准的分析很有帮助，但是这部分知识需要长期的积累，无法一蹴而就，也就是常说的专业修养的一部分。所以建议同学们多看些与城市有关的文献书籍（包括电影）而不要陷在专业主义的狭小框框内。

在分析“关系网”的时候要把关系弄具体——有些关系来自于宏大概念，比如“生态关系”。这种时候尤其要注意到“具体”的重要性，毕竟城市设计的结果是以空间与形态为导向的，而不是抽象的理论或者玄学。分析最好落实到空间形态的层面，不妨把宏大的“生态关系”具体为植被长得好、温度适宜、通风便利、上风向是某风景区、有良好的视野、建议推行某些类生态技术等等这些更能进行深入细致分析的方面。注意一点：尽量不要预设判断，尤其在学力不深的情况下。无论参阅了多少经典理论与名师言说，但那些都只是外在于同学们的“它物”，而非自己的观点，所以应该将其“悬置”（现象学概念）起来，不要急于使用它们所提供的结论——结论由自己来下。

随着阅历见识与思考的积累，当有了足够丰富的经验之后，设计师的预判能力会不断提高，就可以做些预判了。不过再是经验老到之人，面对众多新生事物的时候，也不免阴沟里翻船，所以开放平和与持续学习的态度与习惯是不可或缺的。

二、理论与经典

做设计离不开理论的指引，阅读理论书是一个设计师不可或缺的功课。但是理论不是结论，至少不是你的结论，需要特别强调这一点。如果分析者是个敬畏权威的人，当分析的结论与经典理论的结论不符合时，不要急于否定自己。任何理论都是有存在条件的，一旦条件改变，理论的适用性就会受损。所以你应该保持平等与平和的心态，认真比对结论不统一的原因，在这种比对中，无论你自己的独立性还是对理论的理解都会获得加强。

大多数经典理论的形成都基于创立者艰苦的努力与适当的幸运（理论的成功往往和所处时代的社会欲望相关，某些很可能更加先进的理论常会因为不能被时代理解而遭埋没），其创立者的思维逻辑、观点立场、研究方法与主要结论往往比较杰出，其中有些甚至是划时代的巨献。尽管如此，经典理论也只是用来学习、论证、尊重、怀疑与批判，而不是用来顶礼膜拜、亦步亦趋与束缚自己的想象力与创造力的。当面对一个哪怕是非常强大的经典理论时，城市设计师首先应该是一个拥有独立人格和判断力的人。

当然了，分析只能依靠着很多已有的观点和结论才能得以进行，是观点后的观点与结论后的结论，这也反应出了学科发展的积累性与渐变性。但是在进行分析的时候可能会发现某些已有观点或结论的不适应，比如分析一块场地的人流时，会发现存在一种说不清楚哪里是主人流，哪里是次人流的情况。问题何在呢？该矛盾发生的原因在于设计师进行分析之前就已经抱持着一种关于“主次”的观念，所以认为人流一定是要分主次的，在大多数情况下确实如此，但是不排除意外的可能。当意外发生时，应该对分析进行分析，从而得出这块场地分不出主次人流的结论，虽然看起来有些古怪，而这正是分析的意义之一：让事实说话，保持独立有据的观点，不被成见左右。

既然说到了理论，就不妨再说说与理论之理性相对的感性问题：大学生正当少年，少年时最富诗意，其中一个很大的原因是青春期荷尔蒙的化学作用，比较容易用一种难以压抑的自我抒情来理解分析对象。比如看到羊肠小道会想起暮色中漫步的浪漫牵手，而迷失于诗意的感动，反而忽略了交通的顺畅性问题，这种情况下就应该冷静地反观自己的情感立场与工作重点，调整好自己的分析思路。需要指出的是，青春期的这种美好诗意并非一无是处，恰恰相反，调配得当的话，它反而是设计师创造活力的源泉。因为城市设计追求的不是“无错”（事实上谁也做不出“无错”的规划设计）的而是“动人”的空间形制 / 城市形态，诗意是城市之所以动人的一个基本原因。

反之，当下社会中盛行而需要深刻反思的一种观念是“唯经济论”，这是全球资本时代的意识形态基础，对利润的追逐遮蔽了很多个人、机构与政府的眼睛。但是，城市设计师应该具有广阔的视野与知识平台，要看到，除了经济，还有许多重要的层面，如环境恶化、民生问题与平等问题等等。

所以进行分析的时候不要只从经济的角度出发，不要在没有经过认真的思考之前就自动想着怎么为资本集团牟利。当然也不要做天真派，视经济如无物。资本主义的发展壮大早已到了任何城市都不能无视它的地步，在城市设计中无视经济因素等于天真幼稚。学会分析它并不意味着一定会成为它的走卒。

第二节 敏感点与态度

一、敏感点与个人

在做城市设计的时候，每个同学都应该是一个有主见的设计师，不管教师或者其他同学怎样提出质疑，或者向他/她施加压力，设计始终都是出自这个同学之手，是他/她的作为，由他/她负责。

即使当下的年轻人非常迷恋现代高科技所创造的各种精美机器（比如变形金刚），但是设计师也还是个来自于母腹而非工厂的人。即使在做设计的时候使用了多种现代化手段，甚至离开了这些手段几乎都做不了设计了，但是那个使用手段的设计师还是一个人而非机器。每个人都有自己的爱与愁。经历了20多年的成长，其中的很大部分可能与城市设计无关，但绝不可能完全无关——他/她对于城市中的一切总有比较敏感的地方，拥有着属于自己的敏感。这种敏感不见得是特别强有力的，但是，对于设计师来说非常珍贵，因为这是他/她以专业方式独立思考城市问题的起点。虽然人们总是力图使前期分析尽可能的客观与理性，但是从来没有哪种分析能够脱离观念立场与意识形态而独立存在。再精密的分析也推导不出设计，从分析到设计，这之间有一次跨越，这次跨越的起跳点取决于设计师的敏感。

设计师的个人敏感有这么重要吗？城市设计师不是画家，不可能任由自己的意愿随意挥洒。他/她需要关心的是群体、社会的空间关系而不是某种个人的空间情怀，他/她更应该了解社会变化的规律而不是沉溺在自己的所谓敏感中。为什么还要强调他/她的个人敏感呢？其实个人敏感与社会关怀并不矛盾，二者是相反相成的。往往个体的敏感度能激发对群体的关怀度，如孔子在《论语》中所言“己所不欲，勿施于人”，或者如大仲马在《三剑客》中所言“人人为我，我为人人”。群体由个人组成，如果没有个人的敏感，那么对群体与社会的理解始终是空泛无着落的，个体敏感的目的正是社会关怀。

敏感不是天资，有很多后天习养的成分，深入的专业学习与广阔的背景知识能够帮助设计师加强敏感性。比如对尺度敏感，那么在做“旧城更新”一类的课题时，他 / 她就会注意，不要只把传统空间进行外观符号式的肤浅理解；假如对资本运作敏感，他 / 她就会知道，传统空间被破坏不能武断地归结为人性堕落与审美异化；假如对历史敏感，他 / 她就会明白，传统空间并非只是美轮美奂、宁静致远，也充斥着历史中无法避免的压迫、残忍与暴力。

从知识的角度理解的话，相对于特殊知识，城市更是通识性的知识积累，所以一定要在设计师的个人敏感与专业的通用知识之间搭建一座桥梁，将个人敏感通识化，将通识城市特色化。这就关系到了个性的问题，设计师应该是有个性的，不过这里所谈的个性不是生活个性，而是专业个性。我们不能想象一个有个性的城市是由一群没有个性的人设计的，设计师的敏感所在正是他 / 她的专业个性得以展现的地方，它们最终会影响到城市的个性（图 2-2-1 ～图 2-2-3）。

图 2-2-1 广东中山市小榄镇水网分析图

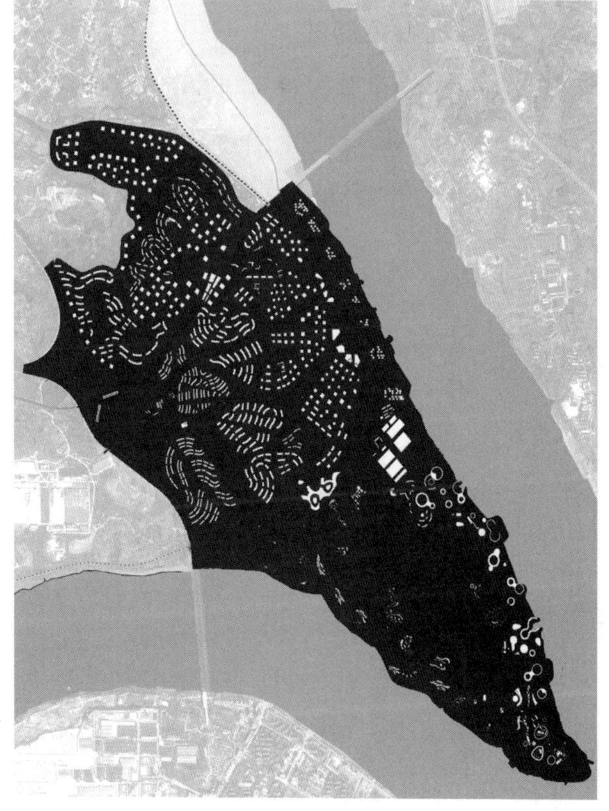

图 2-2-2 重庆大渡口钓鱼嘴片区图底分析图

图 2-2-3 广东中山市小榄镇现状建筑系统分析

二、态度与立场

沾亲带故的设计师是复杂的社会关系网中的一个节点，不是从石头里蹦出来的，所以无论是否主动选择，他 / 她都会站在某种立场上。

按照通识知识进行浅显理解的话，设计师当下的社会立场可以基本分成三类：权力型立场，即为政府设计；资本型立场，即为各类财团设计；社会型立场，即为社会大众设计。凡是抱持公正心的人都可能会选择为社会大众设计，遗憾的是，大多数情形下，为设计付费的恰恰是政府与财团。在理想状况下，政府应该是最公正的，可惜现实常常不理想；按照资本的生存逻辑，财团首先追求利润而不是社会道德，可是不同的利润诉求之间常会发生矛盾；人们总是想当然地认为社会大众就该是淳朴善良的，然而人性总有阴暗，民众也容易被误导与蛊惑，甚至做出许多愚蠢的事情。无论政府、资本还是社会大众，都有专心为他们服务的设计师群体。此外还有第四类：制衡型设计师，他们是立场游动者，会从博弈的角度考虑各个利益集团间的动态制衡关系。

其实还有更多的立场，比如生态主义、自由主义、无政府主义、封建主义、极权主义、威权主义、保守主义、民族主义、集体主义、个人主义、原教旨主义，等等。作为一个接受着外界复杂信息的生命体，每个设计师都不可能是某种立场的纯粹拥护者而排斥着其他所有的立场，因此他身后更是彼此关联甚至自相矛盾的立场群，他总会因势利导地在不同的立场间转换，而立场最终会通过设计获得表现。以滨水空间为例，如果将它设计为别墅区的住宅水景，那么设计师的立场是资本型的；如果将它设计为公共林带、步行道或者小游园，那么其立场是政府或者社会型的。或许设计师从来没有意识到这些，不过这并不表明他/她做的是无立场设计。

为什么要了解立场？是为了让设计师受挫时清醒，得意时冷静。城市设计的过程与结果都不是他/她一个人的事，是设计师个体对群体/社会欲望的、加入了他/她个人欲望的执行，是一项复杂的社会行动。虽然课程设计的环境相对单纯，似乎他/她只是在与教师及教育评判机制打交道，但是后者本身就是社会欲望的一种投射。就像一个剑客修炼剑术，到底学成剑术是用来惩奸除恶还是为虎作伥，他/她自己心里总该有个谱儿吧。

第三节 概念与构思

一、无概念、无设计

何谓概念？按照中华在线词典的说法，概念“是思维的基本形式之一，反映客观事物的一般的、本质的特征。人类在认识过程中，把所感觉到的事物的共同特点抽出来，加以概括，就成为概念。比如从白雪、白马、白纸等事物里抽出它们的共同特点，就得出‘白’的概念”。其实，概念不一定是本质的，也不一定是客观的，但它们一定是被人所给定的，具有相对普遍性的。人不能离开概念而生活，尽管人们可能并不在意概念的重要性，但是他们的生活行为是被概念系统所指示的。比如“钱不是万能的，没有钱却是万万不能的”就是一个关于金钱与生活关系的概念。按照同样的思维逻辑，“健康不是万能的，没有健康却是万万不能的”，“能力不是万能的，没有能力却是万万不能的”，“信心不是万能的，没有信心却是万万不能的”等等这些概念都能被建立起来。但是为什么没有被广泛传播呢？因为“钱不是万能的，没有钱却是万万不能的”这一概念直观地反映了当代社会对金钱的高度重视，即使大多数人不愿意被看成拜金主义者。只有在自己建立好或者被给定一系列概念之后，生活才能继续下去。或许有同学会说：“我不在乎概念，还不是一样做出了好设计？”是的，这是完全可能的。你可以不在乎概念，就像不在乎立场一样，但是你不能不使用概念，即使你自己没有意识到这一点。一个设计师的设计不一定是概念优先的，他/她可能具有其他的习惯性工作方式，比如总是喜欢从流线入手做设计，流线其实就是他/她一贯使用的核心概念，只是他/她不自知罢了。

概念不一定都是以文字语言来进行表达的，比如空间概念，它是城市设计的重要思想构件，借以表述自身的是图示语言而非文字语言。比如弗兰克•劳埃德•赖特（Frank Lloyd Wright）所设计的古根海姆博物馆，其空间概念就可以理解为类似于弹簧形式的螺旋空间。

建立概念的过程通常被称为构思。虽然美妙的构思并非总是理性的，但是前期分析及其激发的敏感点大多具有重要的牵引作用。与敏感点不同，构思更为成熟，也更有建设性，比如在前期分析之后，你所寻找到的敏感点是尺度，那么到了构思阶段你所建立的概念可能就是“空间尺度的渐变序列”、“尺度的对比与融合”、“小尺度街道与大尺度广场”，甚至反其道而构思出的“无差别尺度空间”等等。概念的成形依赖于设计师的个人气质与思维方法等，是相当个人化的过程，也是设计之所以让人迷恋的原因之一。为了让工作变得有趣，可以给概念取一个外号——取外号其实很锻炼人的观察分析与想象力，善意的外号也是朋友们促进情感的有效方式，给你的概念取个外号，你会获得交了个好友般的乐趣。比如将“空间尺度的渐变序列”这个概念戏称为“尺度串串”，将“尺度的对比与融合”这个概念戏称为“尺度冤家”，等等。取外号的思维逻辑特征是跳跃性与不规范性，运用得当的话，能与理性思维形成良性互补。

二、构思与空间

设计是做出来的，不是想出来的，概念是构思出来的，不是拍脑袋拍出来的（除非你天纵奇才或者功力深厚再或者机缘巧合），动手构思是获得好概念的有效途径。

在勾画构思图的时候，是选择用手画还是电脑软件呢？年长的教师常会建议用手画。他们强调心手合一的理由确有其可取之处，况且在不过于全面追求细节准确性的构思阶段，手画的轻松能使设计师处于一种自在的心态下，这也是大多数的设计师都选择手画草图的原因。在电脑普及的时代，手画更是一种难能可贵的体验。不过电脑软件有其不可取代的优点，比如GIS分析能得出精准的高程关系(图2-3-1)，CAD软件能帮助分层对位，SU软件能进行体块组合（图2-3-2），空间句法软件能分析空间集群的组构（configuration）关系（图2-3-3）。构思时如果采用某种系统操作法而不是直接勾画平面、剖面或者透视关系的话，电脑软件大有作为，当然，“组

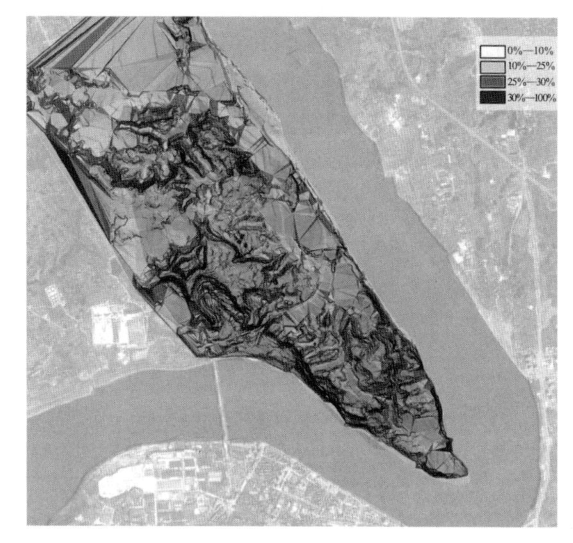

图 2-3-1 重庆大渡口钓鱼嘴片区高度与坡度分析

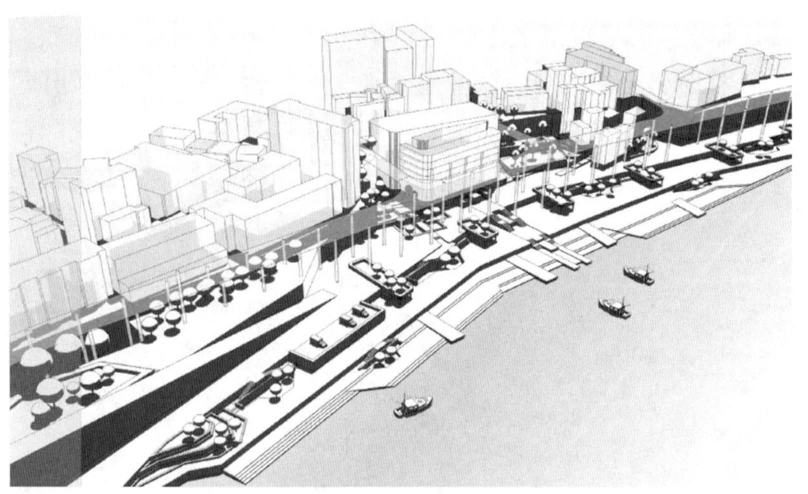

图 2-3-2 SU 模型

图 2-3-3 空间句法分析图

合拳”或许更有效。

分析 / 找关系→发现敏感点→选择态度→构思→建立概念（甄别真假概念），看起来是顺理成章的“一条龙”程序，其实数次反复的情况才是常态。时而会在构思的时候发现有些重要的方面忘记分析了，那就补做分析；或者发现立场的选择有问题，想关心的不是该关心的，那就调整立场；又或者发现敏感点和概念对不上，那就重新判断是调整敏感点还是调整概念……总之会颇多波折，设计师在心烦意乱的同时也体会到设计的辗转之乐。“一条龙”就这么经历着龙翻身、龙打滚、龙扑腾、龙摆尾和龙抬头等等。

构思方法多种多样，一般取决于敏感点的倾向。假如敏感点强调功能，那么通常就该建立功能关系。惯用路数是功能分区，但是假如敏感点强调功能混合，该方法可能会失效，分析各种功能的混合关系或许才可取。比如敏感点强调商住混合，构思中就需考虑如何混合，是前店后宅、下店上宅还是外店内宅？或者店即是宅？不同的选择及其推进就会导致截然不同的概念。

有一点必须注意：构思要落实在空间上，虽然城市设计触及到城市的制度政策、管理模式、意识形态和文化原型等多个层面，但是设计师的作为只有通过空间才能得以实现，空间是手段也是目的（图 2-3-4，图 2-3-5）。

三、概念的真伪

要小心“伪概念”。所谓“伪概念”指的是看似概念，其实没有概念之统领作用的虚假言说，也就是对设计无意义的概念。比如面对一个社区项目，设计师在构思后提出概念是“和谐社区”，这基本就是个伪概念，因为按照这个概念将无法推进设计。且不说是否追逐时髦，乱贴“和谐”标签，总得将“和谐”转化为更加具体可行的设计策略才行吧。比如打算在社区内建立一条健康运动圈，上面陈列着供居民健身的各类便利设

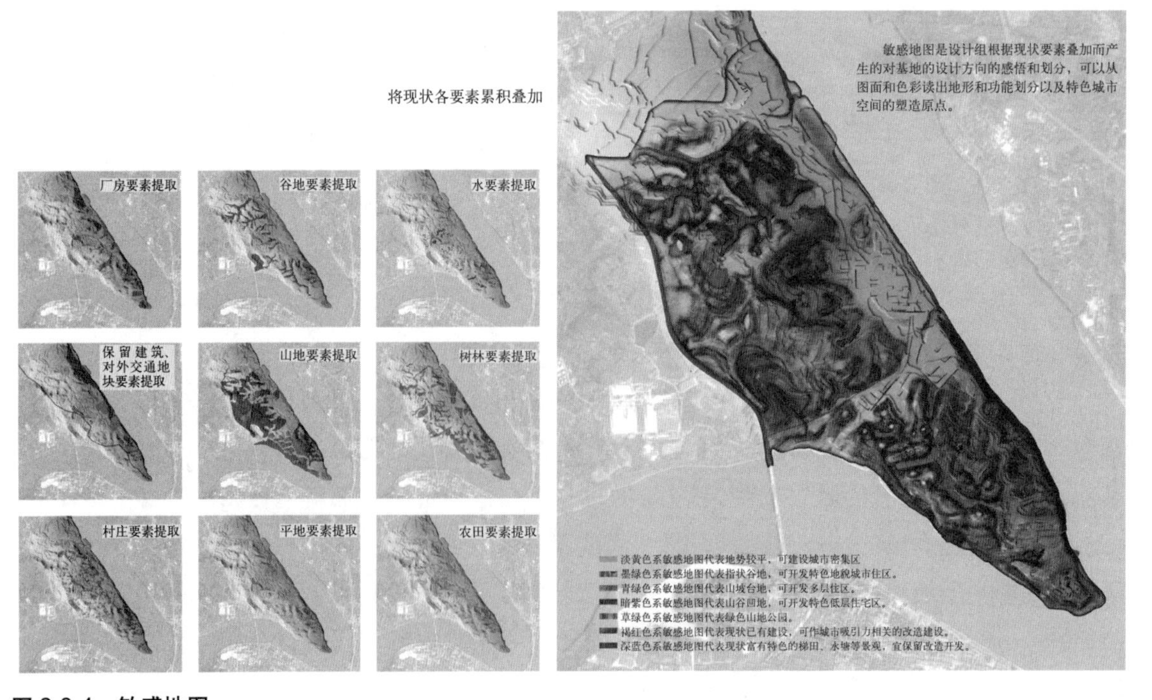
将现状各要素累积叠加
厂房要素提取
谷地要素提取
水要素提取
保留建筑、对外交通地块要素提取
山地要素提取
树林要素提取
村庄要素提取
平地要素提取
农田要素提取
敏感地图是设计组根据现状要素叠加而产生的对基地的设计方向的感悟和划分，可以从图面和色彩读出地形和功能划分以及特色城市空间的塑造原点。
淡黄色系敏感地图代表地势较平，可建设城市密集区
墨绿色系敏感地图代表指状谷地，可开发特色地貌城市住区。
青绿色系敏感地图代表山坡台地，可开发多层住区。
暗紫色系敏感地图代表山谷凹地，可开发特色低层住宅区。
草绿色系敏感地图代表绿色山地公园。
褐红色系敏感地图代表现状已有建设，可作城市吸引力相关的改造建设。
深蓝色系敏感地图代表现状富有特色的梯田、水塘等景观，宜保留改造开发。

图 2-3-4 敏感地图

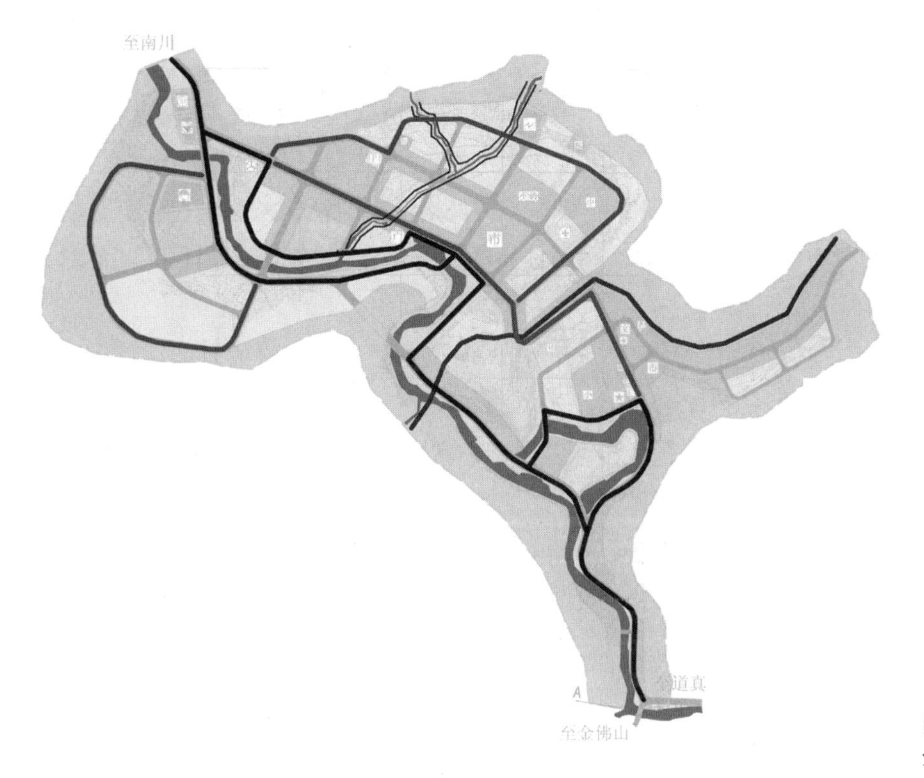

图 2-3-5 概念构思分析

施，那么不妨将概念定义为“圈着运动的社区”，或者戏称为“和谐圈圈”。“伪”即虚假，在设计课程中总会有些同学缺乏真诚心态，急功近利、投机取巧或者没有独立思考的习惯，人云亦云，在这些心态作用下就很容易产生伪概念，不客气地说，不排除虚假性甚至来自一些教师的可能。概念之伪其实更多地反映了设计师之伪，设计如为人，真诚是基本条件。

常见的伪概念有如下几种：

第一类：宏大口号。给自己的设计带上一顶天地不着调的大帽子，张口就是“和谐”、“生态”、“低碳”、“绿色”等等，其实对这些宏大概念并无深究。如此一来，这些概念就像“生活”、“幸福”、“未来”、“爱情”、“魔鬼”与“妖孽”等一样，说起来谁都知道是啥意思，却无法做精细的甄别，所以在很大程度上被毫无心理障碍地使用，成为一种对设计的纯装饰。

第二类：诗意书写。来段浪漫小调，抒写浓情蜜意，如“生活的脉搏”、“诺亚方舟”、“青青悸动”、“灵性写真”、“城市梦想”、“感受律动”与“一道靓丽的风景”等等，把飘忽且不着边际的想象移植在设计中，却找不到合适的土壤。

第三类:张冠李戴。即直接挪用其他学科领域内的概念，比如“细胞”、“切片”、“DNA”、“引擎”、“CPU”与“超链接”等等。本来这种嫁接式思考可能会带来新发现，但如果接口不匹配就难免牵强附会了。

第四类:古为今用,如“阴阳”、“经络”、“太极”、“八卦”、“五行”与“原罪”、“救赎”等等,其状况类似前述的嫁接,需要能落实到设计中,不然的话,就不是概念而是忽悠。

上述例举的概念不是不能用，而要看怎么用，用的时候应仔细分析，探讨其是否切题与可否深入。

设计成果的标题≠概念。同学们常常会给自己的设计取个标题，就像给孩子取个名字一样,响亮好听容易记。不过需要强调的是,标题不是概念。标题就像广告，总会追求字面的美感与吸引力，好的标题就像一个指路牌，引起读者的注意，并指向正确的理解方向。概念则是对设计思维本身质朴与诚实的反应，不需要任何花哨。

第四节　空间的基本系统与核心系统

一、直面现实的游戏

设计可以是一场游戏吗？从一定层面来说，可以。人们常常把游戏误解为不严肃和不认真的行为，其实玩好一场游戏很需要严肃认真——虽然心态可以松弛，但态度得认真，每款经典的游戏无不是认真严肃的思维成果。抱着游戏的态度做设计，回复孩子般的松弛状况，这能有效地激发设计师的创作潜能。但这是一场必须直面现实的游戏，从该角度讲，设计就不那么具有游戏性了。游戏之所以成为游戏，在很大程度上恰恰是因为和现实保持着足够的距离。城市设计的客体是城市，城市是很现实的，它的强大也源于此。教学中常常会遇到的情况是：有些同学提出了很好的概念，但是与现实离得太远，就像各取所需的终极社会一样太不具有可实现性，这样的概念就难免其空中楼阁的命运了。需要强调一点，直面现实不是屈从现实，否则就可能滑入犬儒主义的轨道。我们学习设计不只是为了习得专业技能，也是为了养成专业伦理，这就要求我们的设计应该比现实更理想，哪怕只是将现实推动了一点点，亦属可贵。

所以对基本系统的把握就非常重要了，基本系统来源于用系统学方法对现实进行的分析。比如道路系统、交通系统（交通系统不等于道路系统）、基础设施系统、建筑系统、土地功能布局、绿化系统、防火安全、通用建造方式、政治制度的基本逻辑、社会化空间生产的普通程序等等。无论你获得了怎样妙不可言的概念，最后也跳不出和这些基本系统打交道的命运。它们之所以基本，源于目前的城市离不开它们。以其视而不见，不如好好面对，认真思考自己的概念如何与它们形成友好/积极关系。

真正具有力量的概念，尤其是那些堪称经典的设计概念，往往触动了基本系统的原型。比如"人车分流"、"功能分区"、"居住小区"、"立体交通"和"流动空间"这些目前看来十分普通的概念，被第一次提出来的时候是相当具有杀伤力的，它们改变了业界的思维习惯，对后世设计师以及城市影响巨大。

在处理概念和基本系统的关系时，建议同学们尝试可行性分析，即概念是否能在现实中落地/行得通。如果可以的话，继续推进概念，深化设计；如果不行的话，调整甚至放弃概念。进行可行性分析时应多请教江湖经验丰富的人，比如教师、执业规划师和高年级师兄、师姐等，他们的知识和阅历积淀相对较深，对现实的制约力常有着切身的体会。不过也要防止被无意识地犬儒化——萨义德曾经指出"必须以兼顾现实与理想的方式，而非犬儒的方式来探究。王尔德说，犬儒者知道每件事的价钱，却连一件事的价值都不知道。仅仅因为知识分子在大学或为报纸工作谋生，就指控他们全都是出卖者，这种指控是粗糙、终致无意义的。'世界太腐败了，每个人到头来都屈服于金钱'，这种说法是不分青红皂白的犬儒式说法。另一方面，把个体知识分子当成完美的理想，像是身穿闪亮盔甲的武士，纯洁、高贵得不容怀疑会受到任何物质利益的诱惑，这种想法也同样草率。没有人通得过这种考验，即使乔伊斯的戴德勒斯也通不过。戴德勒斯如此纯洁，一心孤意追求理想，最终还是力不从心，甚至更糟的是，只得噤声不语。"

二、对空间原型的思考

社会学家做过实验，把一群陌生人聚在一个小房间里讨论某个问题，自然而然地就会形成一两个主要人物，他们引导和控制大家的思考。且不论这种现象的好坏，至少得承认它的普遍性。相信同学们在进行设计构思时，多数情况下产生的不是一个，而是一组概念，甚至有些概念之间还相互矛盾。怎么办？必须取舍，不能总是脚踏两条船，得有一个概念要压住其他概念成为核心/领袖。有时候，指定一个核心比指定谁作核心更重要。

社会中总是少数人统治多数人，在概念界也是如此，如果都是核心或者没有核心，设计很难做下去。就像是一出戏，多数是配角，少数（常常是一个）是主角，戏才演得下去（图 2-4-1）。

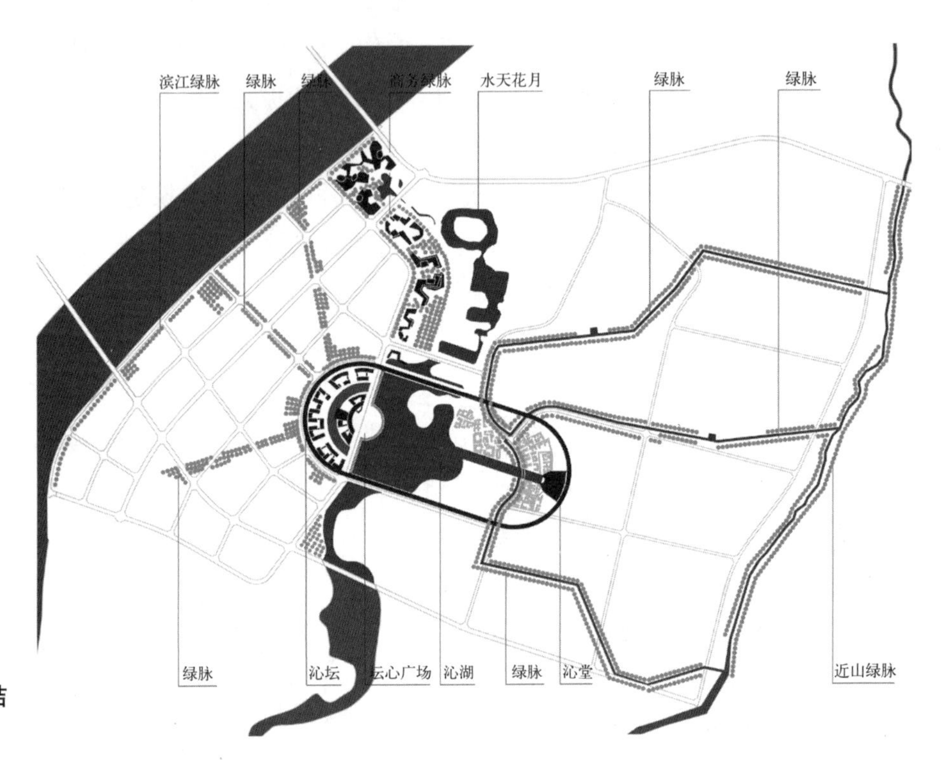

图 2-4-1 核心系统结构图

那么该如何选择主角和配角呢？在此，可以提供一个参考经验：就像拍电影选主角一样，导演 / 设计师总得选那个他 / 她认为有魅力的人 / 概念做主角吧。在自己想出来的一组概念中，总有相对更偏爱的吧。不过完全凭着喜好判断概念核心与否太感性了，更需要设计师的理性分析，所以这个时候，对概念和基本系统的关系分析就很重要了。最适合做核心的概念通常具有 3 个特点：现实层面的可作为性较大；和基本系统的关系较积极；通过它更能把控设计的全局。

存在一种质疑的可能性：干嘛一定要有主配角？如果设计师是个具有批判精神的人，他 / 她可能会继续反问：城市不是一出戏，所以谈不上演得下去还是演不下去。每个（生活在城市里的）人都不希望成为生活的配角，那么干嘛一定要有主配角？这个问题提得很好，潜在反映了一种相对于等级主义的平等主义倾向。但是必须强调的是：在现实中，各系统以及系统内部各要素相互博弈和制衡的常态决定了等级是绝对的，平等是相对的，就像统治、控制和集权是绝对的，而自由、放任和民主是相对的一样。理想的状况很可能是形成多元化的制衡关系。

那么几个概念都是主角的可能性存在否？存在，确实存在。只不过此时设计的核心已经转移，不再是某个或者某几个概念，而是这些概念之间的关系 / 结构。以日本导演岩井俊二执导的电影《燕尾蝶》为例，故事里有好几个主角，但叙事重心不是其中一两个，而是他们各自的故事之间的关系。如果某同学对设计的核心系统的思考达到了这样一种状态，那么恭喜他 / 她进入了更为高级的设计层次。但是需要提醒的是，更高级的设计层次会给设计师提出更高的要求，设计难度也更大（图 2-4-2）。

图 2-4-2 电影《燕尾蝶》广告

同学们可以了解一下“空间原型”——“原型”（archetype）的字面意思是指原始 / 最初的类型。瑞士心理分析学家荣格（Carl G. Jung）将其推演到了一个历史高点，意指人心理经验的先在决定因素。它能促使个体无意识地按照本族祖先所遗传的方式去行动，人们的集体行为也会在很大程度上受控于这种无意识的原型，即“集体无意识”（collective unconsciousness）。由于“集体无意识”可用来解释多种社会行为，所以荣格的这一概念对于社会心理学有着深远的意义。用系统学方法进行再解释的话，“原型”指的是系统内部最为关键的稳定结构 / 关系，它具有容易被系统无意识接纳、传递与推广的特点，就像是“母本”。那么空间原型指的就是系统的空间结构母本。（图 2-4-3）在（城市）设计的范畴内理解的话，核心系统所要起到的作用

图 2-4-3 荣格

就类似于成为空间原型/结构母本。首先，核心系统应当是空间性的，这决定于城市设计的基本特点；其次，核心系统应该具有原型性，惟其如此，才能很好地引导整体空间系统的发展变化。它就像是电脑主板，建立起基本的空间关系，能在一定范围内适应不同的插件，并尽量保证系统的整体有效运转。按照荣格的思维逻辑，原型往往是集体无意识形成的，是先在的，但是城市设计作为一种设计行为，创作/创造性是其基本特点，所以设计师应当创造空间原型。

设计所创造的空间原型对后世的影响越深远，学术价值和社会意义越大，其"原型性"越强，并往往能成为划时代的巅峰之作。比如美国首都华盛顿与中国古代（而不是当代）的北京城（图2-4-4、图2-4-5），都被贯彻了鲜明意识形态和空间形制/形态原则的城市设计创造出了强大的空间原型。对于本科同学来说，要做到这一点实在太难，不过能有意识（而不是无意识）地思考原型则是非常有益的训练过程。

曾经有过哪些经典原型呢？如果你像日本建筑师原广司或者藤井明那样对世界上起源于不同文明的聚落进行过计划性较强的探访的话，就会发现，古代文明史曾经创造出了众多令人赞叹的空间原型（图2-4-6，2-4-7，2-4-8）。遗憾的是，随着资本主义和全球化的迅猛扩张，原型的多样性正面临灭顶之灾，这也是雷姆·库哈斯（Rem Koolhaas）提出"普通城市"的一个现实前提。比如中轴线、3～5米宽的轮廓凹凸变化的老街、我国的传统院落和园林、岭南地区夹持河道发展的村落、欧洲古城的紧密街区、巴黎的放射状路网、纽约的方格路网、城市滨江路等等，都是比较经典的空间原型。不过经典不等于理想和万能。

上文所列举的空间原型似乎内容宽泛，过于随意且分类方式不明确，这其实是种错觉，此处对空间原型的设定标准是空间生产的动力机制。"空间生产"是新马克思主义的重要概念，由亨利·列斐伏尔所创立。他发现，在社会化大生产中，不只是各种物质产品被生产出来，各类城乡空间也能被生产出来，比如皇室所居住的宫殿和穷人所居住的贫民窟就是被生产出来的、差异巨大的空间产品，前者宽敞奢华，后者局促简陋。其空间生产的巨大差异其实取决于一定的动力机制，即特定的社会、经济、文化、生态作用力以及滋养它们的制度与习俗等。比如皇室拥有崇高的地位以及驱使平民的权力，所以他们会运用这些权力为自己建造生产豪华的宫殿，整个社会也认可，甚至共谋式地促成这种生产；相对于此，穷人无权无势缺钱，只能无奈地蜷缩在陋室。权势与财富的差别以及认可甚至强化这种差别的

图 2-4-4 华盛顿

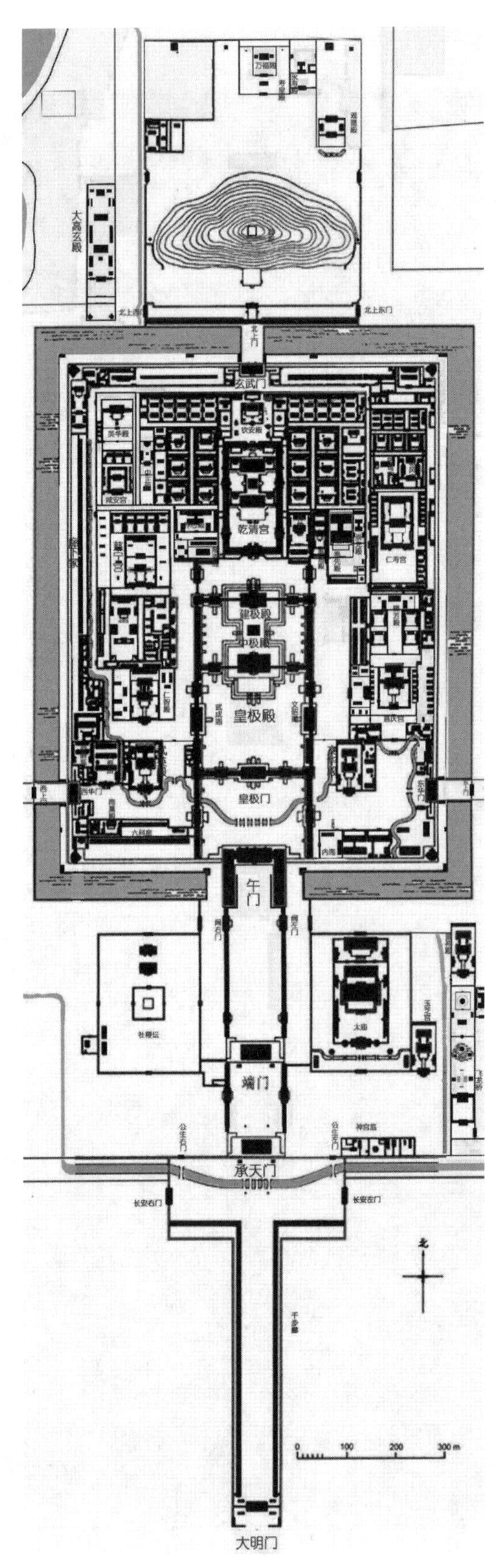
大高玄殿
北上东门
北门
玄武门
乾清宫
建极殿
中极殿
皇极殿
皇极门
午门
太庙
社稷坛
端门
神宫监
承天门
长安右门
长安左门
千步廊
北
0
100
200
300 m
大明门

图 2-4-5 北京紫禁城

图 2-4-6　希腊白色小镇圣托里尼岛

图 2-4-7　里约热内卢的贫民窟

图 2-4-8 贵州千户苗寨

社会制度与文化习俗就是这种空间生产的动力机制。

针对于此，特定空间原型的存在就一定对应于特定的空间生产动力机制。之所以选择这样的设定标准，是因为从空间生产的政治经济学角度来理解空间及其设计，能帮助设计师深入到城市社会生活之中，而不流于抽象的推想。比如把城市广场的空间原型设定为矩形、三角形、多边形、圆形和不规则形，看起来似乎很洗练，很概括，但是这种几何学方法的归纳无法帮助我们理解形成城市广场的社会动力，是宗教？皇权？还是某种共和或者民主精神？它都没有触及。这样设定原型就只具有设计图形学的手法意义，而割断了空间原型和生活现象（更重要的是催生现象的原因）之间千丝万缕的联系。

举例而言，通常中轴线对应的空间生产动力主要是集权式的控制欲望，无论古代中国、古代欧洲，还是“新世界”美国或者新中国，不同的意识形态和思想观念之所以都选择了它，正是出于（统治阶级）控制欲望的空间化需要；我国的传统院落和园林对应的空间生产动力主要是意识形态（如等级制与家长制以及对此逃逸的文人心理）和价值观（儒家或者道家哲学）及其后面的社会生产方式（如农业为主的社会生产）；3 ～ 5m 宽的轮廓凹凸变化的老街对应的空间生产动力主要是自发的民间协调（左邻右舍多年的协商与磨合）与步行生活习惯；巴黎的放射状路网对应的空间生产动力主要是帝权和资本的结盟；纽约方格路网的空间生产动力则主要是简明的资本主义式空间分割。

以系统思考方式来看，空间原型具有层次性、交织性和迭代性的特点，这取决于对空间生产动力进行的分析和归纳的层次性、交织性和迭代性。比如"轴线"可以作为第一层次的空间原型，具有不能更加收敛和提炼的特征（如果将其精简成"线"就太没意义了）。那么"中轴线"作为强调两侧对称的轴线成为第二层次的空间原型。北京古城的中轴线和美国华盛顿的中轴线则可分别构成更下级层次的空间原型。前者源于古老帝制的控制欲，后者源于新兴共和体制的控制欲，前者封闭而后者开放。由此可以看出空间原型的层次性。再来看北京的新时代中轴线，以2008年形成的奥林匹克公园的中轴为主，沿着它既陈列了历史的符号，也安放着各类体育场馆、设施、广场和景观水体等，交织了对传统的不舍、对强盛的向往、对自由的期盼和开放的姿态等多种情绪，由此可以看出空间原型的交织性。至于空间原型迭代性方面最常见的例子就是旧城改造了。旧城区的老街被拆改后拓宽拉直，看起来似乎只是"发现问题—分析问题—解决问题"思路下的就事论事，其实是空间原型之间的迭代（替换），即以车行优先的简明格局—直线型—宽幅面路网取代几乎纯步行的、传统的细碎格局—折线型—窄幅面路网。总的来说，对空间原型的提取来自于对空间生产的动力分析，其分析越概括，得到的空间原型就越洗练、越普遍和越空泛无趣；反之，得到的空间原型就越啰嗦、越特殊和越具体生动。

对每种空间原型的提取/设定都依赖于分析者/设计师的客观分析、主观立场和价值判断，原型不是真理。分析者从现实中提取的空间原型只是对社会真相的某种方式的显形，而设计师出于专业理想而设定的空间原型则是他/她追求其所理解的真理时的一种方式。

三、设计中的分岔

设计推进和深化的过程也是设计师成长的心路历程，就像被每天的日常生活堆积起来的一生，难免面临某些分心甚至想变心的时刻（这里指的是广义的分心和变心，不单指爱情）。比如去同学寝室聊天的时候，或者在课堂上听老师讲述的时候，或者在郁闷中随手翻阅一本书籍的时候，一个让人怦然心动的概念会突然出现在面前，使你心痒难搔，难以自持。可以确定，此刻你分心了，但是否会变心还说不准。分心的时候就是站在心路的岔道口上了，至少有两个方向让你选择，甚至更多。有选择不一定是好事，你得为此消耗掉一些脑细胞。变心？还是不变心？换概念？还是不换概念？这是一个问题。在供你选择的概念中，有些像鱼，有些像熊掌，还有些像别的什么，几者不可得兼，你怎么办？孟子选了熊掌，因为他觉得熊掌更珍贵，你要是更喜欢鱼的话，那就选鱼吧。就像前文说的，有时候，指定一个核心比指定谁作核心更重要。那么选择一个概念，也比选谁作为概念更重要。

尽管不能避免岔道口的出现，但是奉劝一句，不能把心力过度耗费在做决定上，而是应该尽量充分地投入在深度中。就是认准一个方向把设计狠狠地深入下去，只有这样，才能体会到深度那积重难返和精微细腻的魅力。这是靠着时间、思考和操作酝酿出来的，如好酒，历久弥香，没有取巧和走捷径的方法（尽管同学们又一次生逢一个急功近利的时代）。设计是做和磨出来的,这个“做”和“磨”的意义及其对人心智的锤炼无法通过“抄借”和“拼凑”进行赶制，与成绩无关，与个人成长密切相关，经历了做和磨之后在脸上弯出来的淡定笑容不是靠投教师所好而得高分者能摆得出来的。

第五节　城市形态的生成

一、整体大于部分之和

随着时间的流逝，不管是否已将设计中的各类问题处理妥帖，你也该感觉到交图期限逐渐接近的压力了。按照正常状况，贵方案的系统群应该差不多建立起来了，它主要由核心系统、基本系统和外围系统组成。或许你还不太适应用系统方式来思考，那换个角度说明一下：你的设计成果应该主要包括三大部分——核心概念部分、基本的常规部分和必需的外围部分。

核心系统、基本系统和外围系统应该建立起一组完整的空间形制，即构成基本完备的城市形态，设计才能实质性地进入成图阶段。所谓空间形制，意指空间整体的形态组织结构，这是城市设计成果所要表达的东西。通俗来讲，土地功能、建筑、道路（不只是车行道，还包括慢行道等）、树木、草地、水体与场地等基本的规划型物质要素应该被界定清楚。

不过要控制好设计的深度，并非越深越好，城市设计毕竟不是建筑设计，通常无需画到柱网、布置房间。对深度的理解应该围绕你的核心概念和基本系统来进行，也就是在协调好基本系统的基础上，对核心系统所设定的空间原型进行比较到位的落实。那么，不要空间原型不能落实吗？能，当然能，不过这种落实没有多大意义。要知道，在现实城市规划管理的层面上，城市设计的成果通常都转化为图则，大多以道路所划分的地块作为基底，列出对以后建筑与景观设计的相关要求。也就是说，在城市设计阶段设计出来的建筑形态都只是一种引导性的示意，不具有现实建造意义，所以城市设计成果应该是原则性和指导性的。那么有哪些原则？如何指导？如果没有一个思想内核与组织结构的话，原则难以设定，指导也就无从进行。思想内核正是通过空间原型获得落实，组织结构正是通过空间形制得以呈现的（图 2-5-1）。

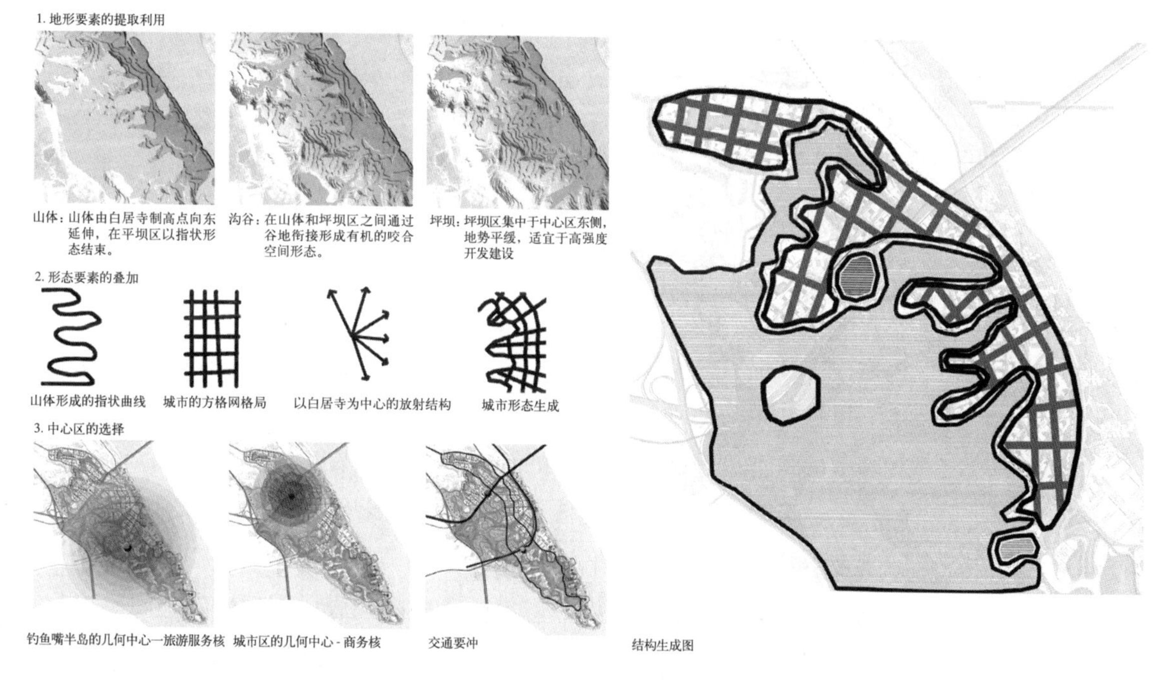

1. 地形要素的提取利用
山体：山体由白居寺制高点向东延伸，在平坝区以指状形态结束。
沟谷：在山体和坪坝区之间通过谷地衔接形成有机的咬合空间形态。
坪坝：坪坝区集中于中心区东侧，地势平缓，适宜于高强度开发建设
2. 形态要素的叠加
山体形成的指状曲线
城市的方格网格局
以白居寺为中心的放射结构
城市形态生成
3. 中心区的选择
钓鱼嘴半岛的几何中心—旅游服务核
城市区的几何中心 - 商务核
交通要冲
结构生成图

图 2-5-1

基于上述阐释，你该明白了，尽管人们容易被建筑形态所吸引和迷惑，但是城市设计的意义更多在于对（公共）空间的控制，所以设计师建立的空间形制 / 城市形态应该主要是（公共）空间主导而不是建筑主导。从空间生产的角度看，建筑生产主要由（资本）集团决定，城市公共空间的生产则主要由政府决定，它体现出一种政策性（即规则）的特点。

最后的设计阶段请不要对细节反复纠缠，而是将精力用于对整体系统的完善。按照系统学的一个基本观点，整体大于局部之和，这是对“整体涌现性”的反映。举个大家耳熟能详的例子，金庸的武侠小说《射雕英雄传》

里的天下第一高手“中神通”王重阳知道自己时日不多，但是东邪、西毒、南帝和北丐这四绝都是一等一的高手，自己的徒弟全真七子和他们比起来实在是天差地远，七个联手打一个也只有败算没有胜算。所以他创造了天罡北斗阵，全真七子只要组成阵势，就可以和四绝相抗，从而保全自己门派的江湖地位。这天罡北斗阵就是系统整体涌现性的一个典例。我们再看看现实世界中的足球比赛也能明白此理，个人技术最强的明星并不能组成整体最强的球队。

二、成图阶段

最后成图的时候到了。如果认为设计是一次登高决战的过程，那么该走向自己的“紫禁之巅”了，尽管步履可能蹒跚。不同于商业角逐中的竞标和名利场上的竞赛，尽管也有挥之不去的成绩和名次之争。但是作为课程，城市设计的意义更在于青春期的一次专业性成长，登高决战的对手不是和你争夺好成绩与好名次的同学，而是你自己。教育不是生产，尽管现实中的教育越来越像生产。每个同学都有着专属的喜怒哀乐悲思愁，是受过高等教育能够独立思考的人而不是教育的产品。

除了规范性成果（如总图、立面图、透视图、地形与交通分析图等）内容（图 2-5-2），成图的关键是想清楚自己的图纸要说些什么。这应该取决于设计师“核心概念→核心系统→空间原型→空间形制”的思考链。该思考链的重点就是成图要讲述的重点，其他枝节以及规范性内容与思考链的关系越紧密，成图绩效越佳。举个例子，比如某方案的核心概念是“现代水乡”；核心系统是两条平行蜿蜒的水道；其中一条水道的空间原型是“绿房夹水”，另一条是“水房夹绿”，两条共同构成肌理反转的空间原型；空间形制则需要清楚地制定土地功能、建筑布局、道路布局、水体和场地等。那么图纸的讲述就该回答这些问题：为何用“现代水乡”作为核心概念？如何体现“现代”？如何体现“水乡”？与传统水乡是何关系？为何将核心系统定为两条平行的水道？基本系统与它们是何关系？“绿房夹水”与“水房夹绿”从何而来？它们是如何具体体现“现代”与“水乡”的呢？所带来的成效如何？

好了，抓紧画图吧。或许你的电脑里已经储备了足够的原材料（也就是你多年收集的各种你认为的好设计、好方案）供你做个电脑“剪刀手”。但是请重视原创的价值，它能保证你的专业成长之路不那么“山寨”。在思索表现方法的时候请尽量别像个购物控观光客那样没心没肺

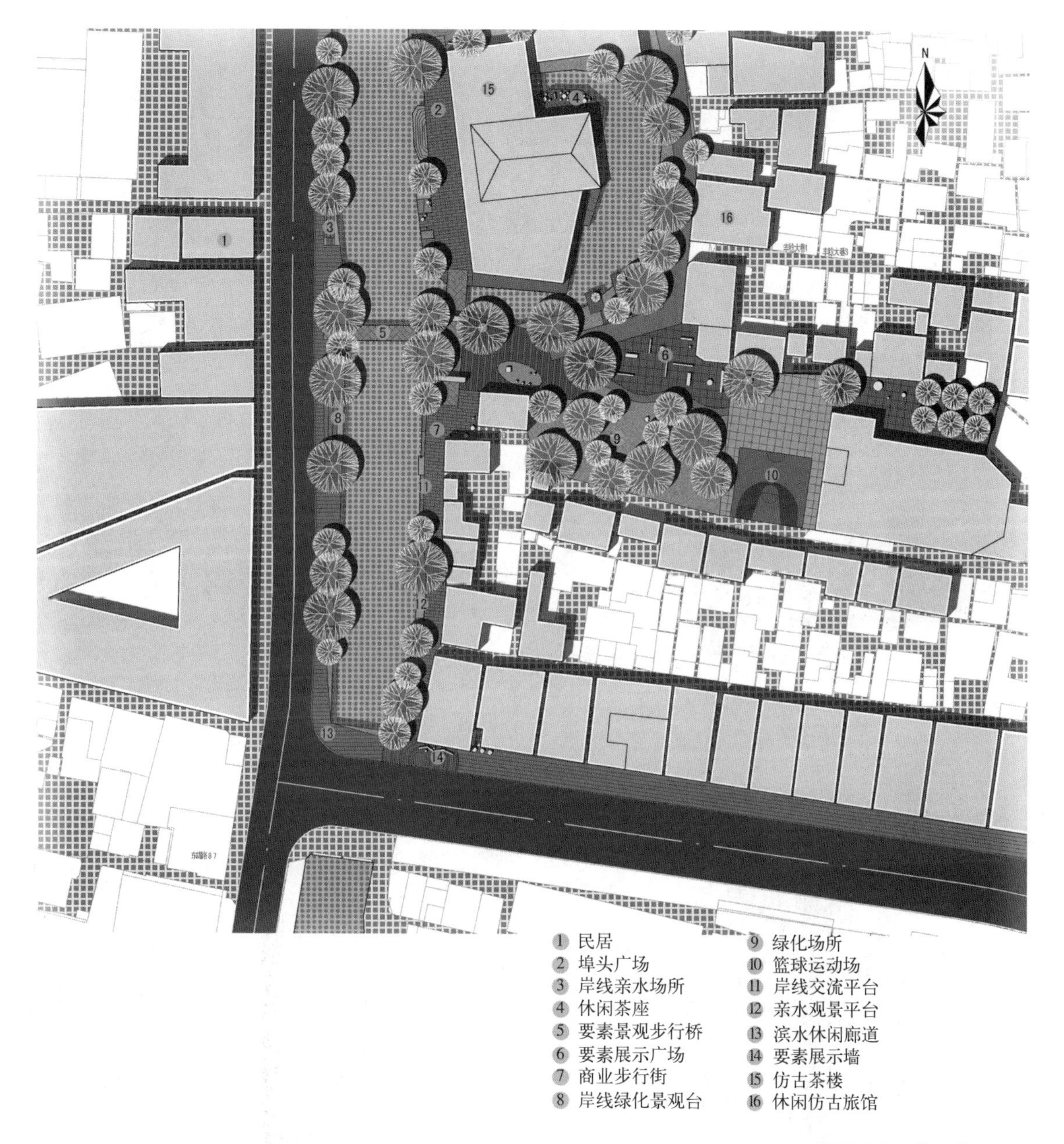

图 2-5-2 社区总平面图

地借鉴这个借鉴那个的，而应当围绕着自己的核心系统和空间原型的特点进行安排，包括对透视角度的选取和对色调的把握。仍以上文的“现代水乡”为例，如果想设计出清雅宁静的水乡，那么透视角度宜平和，而配色宜淡雅；假如想设计出时尚热烈的水乡，那么透视角度可奇特，而配色可浓郁。这也表达了一个有态度的设计师对城市生活的预期（图 2-5-3 ～图 2-5-8）。

图 2-5-3 重庆大渡口钓鱼嘴片区鸟瞰图

图 2-5-4 表现图

图 2-5-5 表现图

图 2-5-6 表现图

图 2-5-7 表现图

图 2-5-8 表现图

第六节 一些小建议

自成一套——这是高要求。自成一套几乎就意味着自成一家了（虽然还有大家与小家之分）。这也意味着设计师的专业自我的形成，也可认为是专业独立人格的形成，既不人云亦云随波逐流，也不刻意离经叛道哗众取宠，即便面对压力和质疑，还能按照自己的想法思考、推进、深入和表达。到了这种程度，就懂得了专业的尊严。

看问题和想问题的方式——学习设计的过程更是学习看问题和想问题的方式的过程。设计是看重创造力的，当形成了不同凡响的看待问题和思考问题的独特方式时，创造就不再是无米下锅的尴尬事儿。这样的不同凡响同样来自于独立的专业人格，以自己而不是被他者给予的方式来看和想，设计之路就会展现出不同的面貌。

怎么面对成绩？——好吧，我承认成绩对你的影响很大，关系到你在朋友中的地位、本科求爱难度系数及保研、工作、出国甚至婚姻和你未来对孩子炫耀的资本。但是某句名言不是说过“有意无意之间”吗，你对它太衷情了就会被它折磨而迷失自我，从而沦陷在恶性循环之中。成绩的高低决定于被主流建制赋予权力的教学系统（其代表是不同的教师）而不是某种真知，所以你可以参考，但无需臣服于它。

不奉迎，不逆反——成长的过程也是学习自我如何同主流社会相处的过程。当自我膨胀而又稚嫩脆弱的青春期遭遇主流社会势力的时候，不免出现很多矛盾。我的建议是不奉迎，不逆反，因为这二者都是精神虚弱的表现。不要刻意讨好掌握了你的成绩分数裁定权的教师，尽管这不容易；也不要无谓从心理上排斥教师，尽管这也非易事。教师也是凡人，同你一样。

自学——自学非常重要。说句实话，大学里学到的大部分知识不是来自教学，而是自学。无论你是自学理论还是设计案例，我个人认为，最重要的是那些理论家 / 设计师看问题、想问题与做事情的方式，而不是那些看似很酷的文句、说辞或者建筑造型。《汉书》曰：“临渊羡鱼，不如退而结网”。

第三章 城市设计的分析方法

城市设计的各种方法是开展城市设计和实施项目的必要手段。城市设计的特殊性决定了其设计方法既不同于城市规划，也不同于建筑设计。城市规划作为城市空间的一种公共政策，关系到城市几十乃至上百年的发展，以及数十乃至上百万城市公众的切身利益，矛盾繁多，责任重大，因此其规划设计的过程更强调理性的思辨。建筑设计是具体项目的设计建设过程，涉及面相对较窄，建筑形态的塑造至关重要，对建筑师的创造力有较高要求，因此其设计过程更强调感性的创造。城市设计作为一种城市空间环境的塑造过程，既涉及物质形态的美学创造，又涉及城市政治、经济、社会等公共政策。因此城市设计强调设计师理性思维和形象思维交叉融汇的能力，一方面考验设计师的空间想像力，要求设计师遵循技术和艺术的法则"苦思冥想"、"找寻灵感"，从构思到构图，从内容到形式，做出一个好的方案来。另一方面要求设计师注重科学的设计方法和理性思维过程，从调查研究入手，将丰富的基础资料和信息进行综合分析，结合城市运行的基本规律以及人的行为、认知、感受等人与空间的互动关系，再融合设计师个人的智慧、经验、价值观和审美观，形成方案。这个过程可能要反复多次，经过多方案比较，方能臻于成熟。

城市设计发展到今天，早已超越了传统意义上唯物质形态论的局面，逐渐向经济学、社会学、生态学等方面拓展。因此，当下的城市设计方法也从原先注重技术和美学的分析技法转向对技术、美学与经济社会、生态环保的双重关注。无论是宏观层面的总体城市设计还是微观层面的局部地段城市设计，政治、经济、社会、生态、行为等学科的加入，为构建宜人、有特色、有活力和公平公正的城市环境提供了有效补充。

城市设计层次的多样性决定了其复杂性，很难找到一种既切实可行又一劳永逸的操作方法，只能从不同的侧面来探求，找到一些有价值的方法路线或技术线路，为城市设计过程组织提供有效的技术支撑。这类方法路线和技术线路有些可以作为设计方法直接作用于城市设计的实际操作过程，有些仅仅是城市空间环境的分析方法，表达城市空间的特征、优劣，因此只能从侧面对城市设计的实际操作过程起到支撑作用。

城市设计涉及城市的方方面面，从某种程度上来说，城市设计过程也是城市各要素的整合过程，这种要素的整合类似于建筑设计中的空间组合，是城市设计的基本方法，也是城市设计师的看家本领。城市要素包括：建筑、市政工程物（如桥梁、道路、天桥、堤坝和风井等）、城市雕塑、绿化林木、自然山体等实体要素，也包括街道、广场、绿地、水域等空间要素，这些都是城市设计中被整合的内容。城市要素整合还包括：地下与地上空间、自然与人工空间、历史与新建环境、建筑与公共空间，以及区域与区域之间等的整合。城市设计的多要素整合，相对于城市规划，更重视二维形态的整合。整合过程强调要素的开放、渗透与结合方式。

第一节 定形分析法

城市公共空间是城市设计的主要对象，城市设计的成功与否与城市公共空间形态有着直观的因果关系，城市空间的形态组织也就成为最早、最容易被设计者理解和采纳的方法，也是达成美观环境和特色环境目标的重要方法。城市空间的形成与围合空间的物质形态密不可分，因此讨论城市空间不能脱离物质形态。空间与形体是城市公共空间组织的基础，从空间形态的角度来探讨城市设计在现代城市设计实践中已被大量运用。这种方法由来已久，最为受美学教育并习惯于用艺术品来关照城市的设计师所青睐。以西方为例，至少在文艺复兴时期，以美学的眼光来追求城市空间秩序就已成为城市设计师的一种自觉意识和实践力量。例如，丰塔纳(Fontana)和西克斯特斯四世教皇所作的罗马更新改造设计和斯福佐所作的米兰城改建设计，就完全建立在美学的基础上，而且是“以城市作为尺度的，系统的和意象性的改造……在形状和规划上明显表述出一种对意象性的美学和理论强设的价值取向”。其后奥斯曼所作的巴黎城市改造及郎方的华盛顿规划设计也延续和强化了这一分析方法。1889 年，奥地利建筑师卡米洛·希特（Camillo Sitte）发表了著名的《城市建设艺术》一书，更是将这种方法上升到理论高度。该书通过总结欧洲中世纪城市的街道和广场设计，归纳出一系列城市建设的艺术原则，成为后世讨论广场设计“必然要引用的著作”。西特十分强调城市设计师和规划师可以直接驾驭和创造城市环境的公共建筑、广场与街道之间的视觉关系，而这种关系应该是“民主的”、相辅相成的。他非常欣赏中古时期的街道拱门，因为它打破了冗长的街道空间和视觉透视效果。

现代建筑思潮兴起以后，在功能主义和机械美学的双重作用下，在城市规划设计中，从视觉美学原理来获取城市空间的秩序感得到了广泛的运用。上世纪实施完成的澳大利亚堪培拉和巴西新首都巴西利亚的规划设计是最为典型的案例。

从视觉美学出发的城市设计分析途径注重城市空间和体验的艺术质量，其实质是关注城市空间的视觉秩序（Visual Order），这是任何一个城市的设计、建设都必须认真加以考虑研究的重要方面，也是城市设计师的看家本领。要使城市的空间形态获得良好的视觉秩序，可从以下几个方面进行综合考虑。

一、群体空间的协调

宇宙万物，尽管形态千变万化，但它们都各按照一定的规律而存在，大到日月运行、星球活动，小到原子结构的组成和运动，都有各自的规律，这种规律可理解为某一系统的统一性或协调性。当一个系统由两种以上的要素所组成，从整体上看，当部分与整体，以及各部分之间所给人们的感受和意识存在着两种状态，一是杂乱无章，找不到秩序；二是系统暗含着某种结构，体现出整体协调性。当然，绝对的统一也会给人一种单调乏味与枯燥的感觉，因此和谐的组合也要保持部分的差异性，这就是经常谈到的多样性统一。但当差异性表现为强烈和显著时，统一的格局就向对比的格局转化，甚至带来混乱。

在城市设计中，面对复杂多样的空间组成要素，首要的任务是将其纳入到一个统一的框架中来，从而获得了一定的完整性与统一性。框架的建立通常可借助轴线对位、对称与均衡、主从与层次等具体手法而获得。

1. 轴线对位

城市轴线作为一种表现空间序列的手段，成为城市设计的重要手法。从物质层面看，城市轴线起到了组织和控制城市空间的作用，是城市空间的结构骨架，通过轴线可串联城市各空间要素，从而获取城市的空间秩序。城市轴线是简单并易于操作的城市设计方法，为广大设计师所熟悉，故而从古到今得到了广泛的运用。如奥斯曼的巴黎改造、郎方的华盛顿新城、中国古代的都城建设都成功地运用了轴线。巴黎在奥斯曼构建的城市轴线基础上，经过几百年的发展，形成了一系列交错的城市轴线，将巴黎重要的城市节点联系起来（图 3-1-1）。以香榭丽舍大道为主轴，串联起卢浮宫、协和广场、凯旋门、德方斯大门；同时通过一系列的

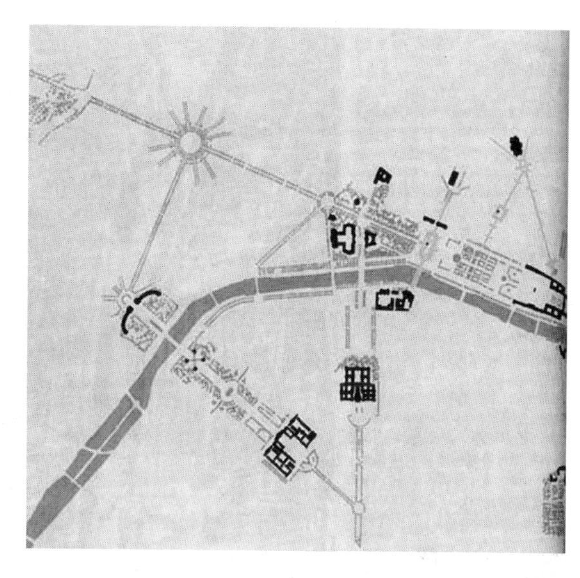
图 3-1-1 巴黎的轴线

次轴将夏宫、埃菲尔铁塔、荣军院、国家大剧院连成整体。郎方的华盛顿新城在十字正交的城市路网中加入斜向的放射性道路，将城市重要的空间节点连成整体，典型的案例是核心区城市轴线的构建（图 3-1-2）。通过东西向的城市绿轴将国会大厦、华盛顿纪念碑、林肯纪念堂联系起来；同时由斜向的城市林荫道将国会大厦、白宫、杰斐逊纪念堂连成整体；南北方向上，白宫、华盛顿纪念碑、杰斐逊纪念堂虽然隔着绿化、水体，看似相互分离，实则由一条轴线而获得统一性。我国的北京城通过中轴线的运用，达到了美学上的高度统一与和谐。按照前朝后寝的原则，故宫将政治与居住两大功能的建筑群体纳入到轴线范围，从而形成秩序上的美感。北京中轴线以永定门为起点，终止于钟鼓楼，成为长达八公里全世界最长也最伟

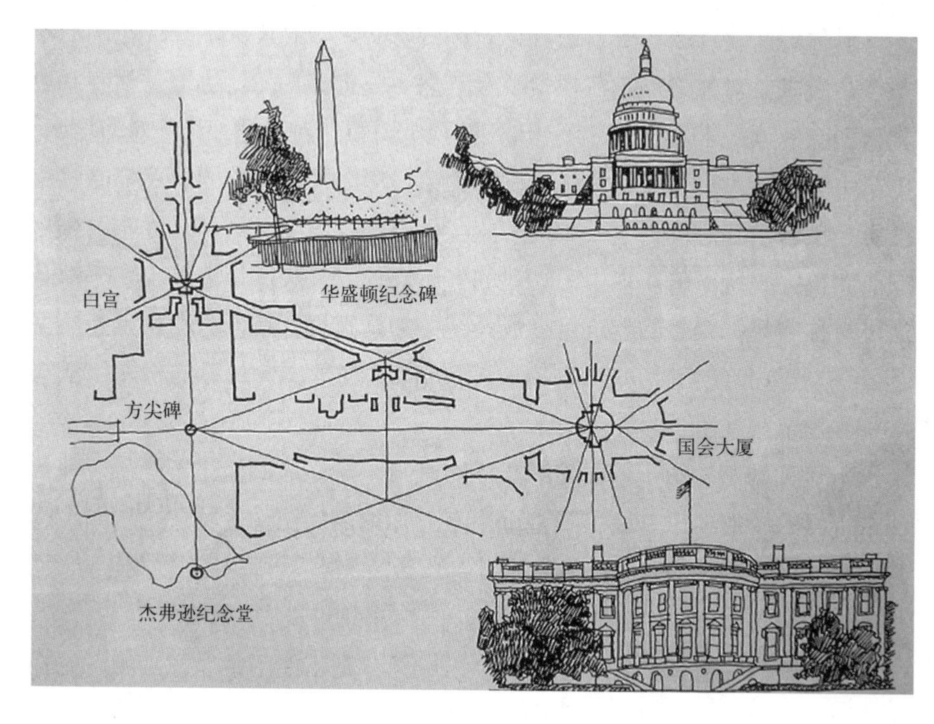

图 3-1-2 华盛顿的轴线

图 3-1-3 北京的中轴线

大的南北轴线（图 3-1-3）。

2. 对称与均衡

处于地球重力场内的一切物体只有在重心最低和左右均衡的时候，才有稳定的感觉。如下大上小的山，左右对称的人等。人眼习惯于均衡的组合。通过建筑的实践使人们认识到，均衡而稳定的建筑不仅实际上是安全的，而且在感觉上也是舒服的。

对称均衡。自然界中到处可见对称的形式，如鸟类的羽翼、花木的叶子等。所以，对称的形态在视觉上有自然、安定、均匀、协调、整齐、典雅、庄重、完美的朴素美感，符合人们的视觉习惯。对称是一种绝对的均衡。由于中轴线两侧必须保持严格的制约关系，所以凡是对称的形式都能够获得统一性。中外建筑史上无数优秀的实例，都是因为采用了对称的组合形式而获得完整统一的。如中国古代的宫殿、佛寺、陵墓等建筑，几乎都是通过对称布局把众多的建筑组合成为统一的建筑群。在西方，特别是从文艺复兴到 19 世纪后期，建筑师几乎都倾向于利用均衡对称的构图手法谋求整体的统一（图 3-1-4）。

不对称均衡。由于构图受到严格的制约，对称形式往往不能适应现代城市空间的功能要求。设计师常采用不对称均衡构图。这种形式构图，因为没有严格的约束，适应性强，显得生动活泼。

3. 主从与层次

在一个有机统一的整体中，各个组成部分是不能不加以区别的，它们存在着主和从、重点和一般、核心和外围的差异。例如植物的干和枝，花和叶，动物的躯干和四肢等，都呈现出一种主和从的差异。在城市设计中，面对纷繁复杂的各组成要素，整体构图为了达到统一，从平面形体组合到竖向体量处理，从交通流线到绿化体系，从空间实体到空间虚体，都必须处理好主和从、重点和一般的关系。如佛罗伦萨老城区，虽然街巷纵横，建筑繁多，但形体上大教堂、市政厅钟楼等高耸的体量，映衬着其他的多层建筑，拉开了层次，获得了良好的视觉景观。空间上以西格诺利广场、各教堂广场为主体，辅以街头广场、庭院，力求突出重点，区分主从，以求得整体的统一（图 3-1-5）。

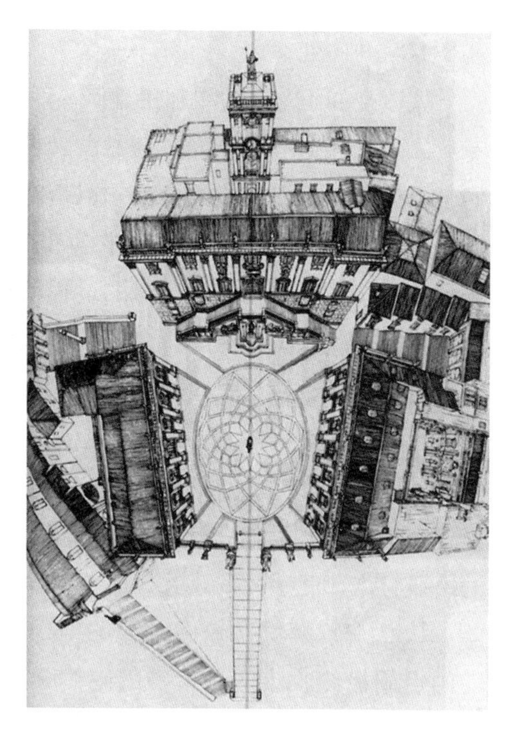

图 3-1-4 罗马老市政厅

图 3-1-5 佛罗伦萨老城区群体风貌

4. 空间序列

城市空间不是一个单体的建筑，通常是以一种复杂的空间体系而存在。专业人士尚能通过总平面、鸟瞰图来领略整体空间构成，现实场景中的人们却不能一眼就看到它的全部，只有在连续行进的过程中，从一个空间到另一个空间，才能逐次看到它的各个部分，最后形成整体印象。事实上，在现实生活中，通过连续行进的过程所获得的空间感受和以巨人的角度鸟瞰整体空间所获得的空间感受有着本质的区别，研究显示，场景中的空间感受更有意义。从空间体验出发，逐一展现的空间变化必须保持连续关系。此外，城市的空间体验不仅涉及空间变化，同时还涉及时间变化。组织空间序列就是把空间的排列和时间的先后两种因素考虑进去，使人们不单在静止的情况下，而且在行进中都能获得良好的观赏效果。特别是沿着一定的路线行进，能感受到其既和谐一致，又富于变化。

从北京紫禁城宫殿中轴线的空间序列组织中可看到：经金水桥进天安门空间极度收束，过天安门门洞又复开敞。接着经过端门至午门则是两侧朝房夹道，形成深远狭长的空间，至午门门洞空间再度收束。过午门穿过太和门，至太和殿前院，空间豁然开朗，达到高潮。往后是由太和殿、中和殿、保和殿组成的“前三殿”，接着是“后三殿”，同前三殿保持着大同小异的重复，犹如乐曲中的变奏。再往后是御花园。至此，空间的气氛为之一变——由雄伟庄严而变为小巧、宁静，表示空间序列的终结（图 3-1-6）。

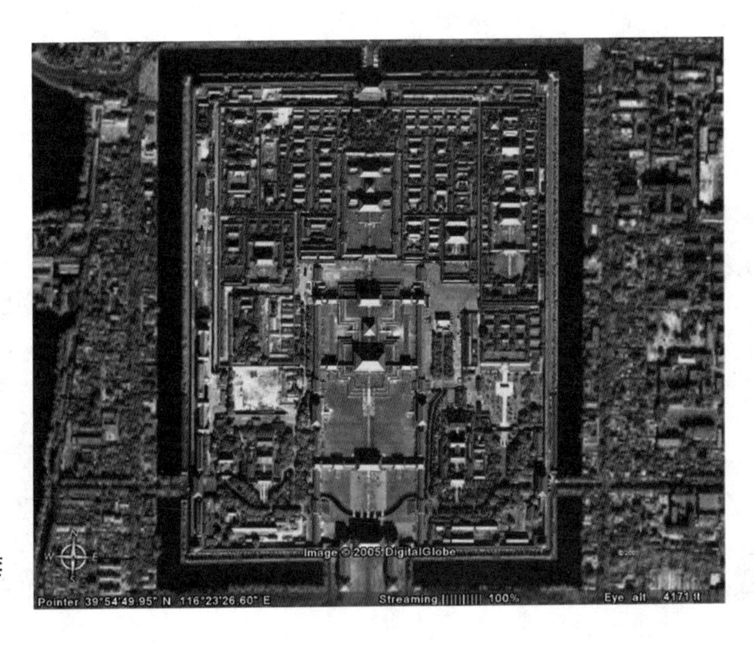

图 3-1-6 北京紫禁城的空间序列

戈登·库伦（Gordon Cullen）以速写捕捉个人在空间中移动时的感受，以透视图示的次序，将二维平面图赋予生命，提醒人们如何体验空间，说明对比和转化，强调三维空间的强烈效果。明确、有力地说明如何掌握及图解分析既有公共空间的个别风格和序列（图 3-1-7）。

图 3-1-7 戈登·卡伦的城镇景观的透视序列

二、比例与尺度的把握

比例主要表现为整体或部分之间长短、大小、高低、宽窄等关系，是相对的，一般不涉及具体尺寸。尺度则涉及具体尺寸。不过，研究空间形体的具体尺寸意义不大，重要的是探讨不同环境中建筑或空间与人的感受之间的关系。

在城市设计中，无论是空间实体、空间虚体以及空间实体与虚体共同组成的整体空间环境，无不保持着某种约定俗成的比例与尺度关系。这种关系中的任何一处，如果超越出了人们习以为常的范畴，就会导致比例尺度的失调。人们在长期的城市生活中，逐渐积累了相应的城市空间尺度的认知，许多学者对此进行了广泛而有意义的研究，如通过 D/H 比来研究城市街道、广场的比例与尺度。

1. 广场的比例与尺度

关于广场的尺度，芦原义信在《外部空间设计》中提出有关外部空间尺度的两个理论：

（1）外部空间可以采用内部空间尺寸 8 ~ 10 倍的尺度，称之为“十分之一理论”。在日本，人们通常不是按餐室、起居室、卧室等功能来称呼房间的，而按空间大小来分类的，如“四张半席房间”、“一百张席房间”等（图 3-1-8）。按照人们相互联欢，并根据一致的内部空间限制和传统性来考虑，日本的宴会大厅通常是八十张席房间（7.2m × 18m）或一百张席房间（9m × 18m）。把这一尺寸加大至 8 倍或者 10 倍折算成外部空间，这些就成为统一的大型外部空间。它与卡米洛・西特所说的欧洲大型广场的平均尺寸 190 英尺 ×465 英尺（57.5m × 140.9m）是大体上相称的。但芦原义信同时认为“十分之一理论”，实际上也不是很周密适用的，只要把内部空间与外部空间之间有这样一个关系放在心上，作为外部空间设计的参考就行了。

（2）外部空间可以采用行程为 20 ~ 25m 的模数，称之为“外部模数理论”。当设计师创造空间时，外部空间可以采用内部空间尺寸 8 ~ 10 倍的尺度，称之为“十分之一理论”。不管是内部空间还是外部空间，总希望有个作为依据的尺寸系列。这个数据是根据人在 20 ~ 25m 这样的距离可

图 3-1-8　四张半席和一百张席房间

以刚好识别人脸而得出的。进行外部空间设计时，如果把这一 20 ～ 25m 的坐标网格重合在图面上，就可以作为实感而估计出空间的大体广度。

根据芦原义信经验得出，在外部空间每 20 ～ 25m，或是有重复的节奏感，或是材质有变化，或是地面高差有变化，那么，即使在大空间里也可以打破其单调，有时候会一下子生动起来。例如日本驹泽的奥林匹克公园，其中央广场约为 100m × 200m，是个相当大的外部空间。在其中轴线上每隔 21.6m 配置有花坛和灯具，这一处理照样延续到水池当中。采用这样的模数制布置，正是使外部空间接近人的尺度的一种尝试。

卡米洛·西特则从广场和周边建筑之间的关系来确定广场的尺度。他指出，广场的最小尺寸应等于它周边主要建筑的高度，而最大尺寸不应超过主要建筑高度的 2 倍，亦即 1<D/H<2。

2. 街道的尺度

街道也有相应的 D/H 比，一般认为，使人感觉舒适的街道尺度应该符合 0.5< D/II<2 的要求。当然，这是基于以多层建筑为街墙的尺度研究结果，在当前大体量的中高层建筑普遍风行的中国城市，D/H 比与人的实际空间感受之间的关系还不能生搬硬套上述数字关系，需要研究高层建筑的分布状况、裙房的高度以及裙房与高层建筑的组合关系等因素。

在芦原义信的《街道的美学》中写到，当 D/H> 1 时，随着比值的增大会逐渐产生远离之感，超过 2 时则产生宽阔之感；当 D/H<1 时，随着比值的减小会产生接近之感；当 D/H=1 时，高度与宽度之间存在着一种匀称之感，显然 D/H=1 是空间性质的一个转折点。 D/H=1、2、3 等数值可考虑在实际设计时应用。由城墙围成的意大利中世纪城市中，因空间所限，街道狭窄，D/H ≈ 0.5（因中世纪城市的街道不大一致，这只是大概的数值）。文艺复兴时期的街道较宽，达·芬奇认为宽度与高度相等，亦即 D/H ≈ 1 较为理想。巴洛克时期，中世纪的比例被颠倒过来，街道宽度为建筑高度

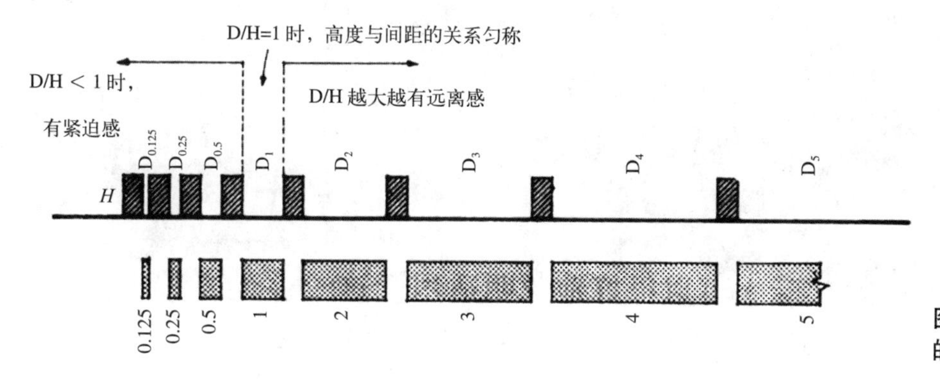

图 3-1-9 建筑中 D/H 的关系

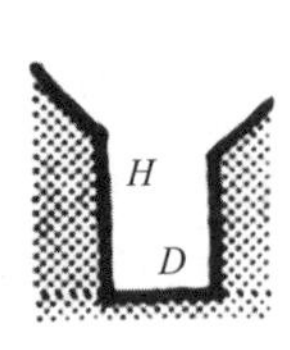

D/H ≈ 0.5

中世纪城市

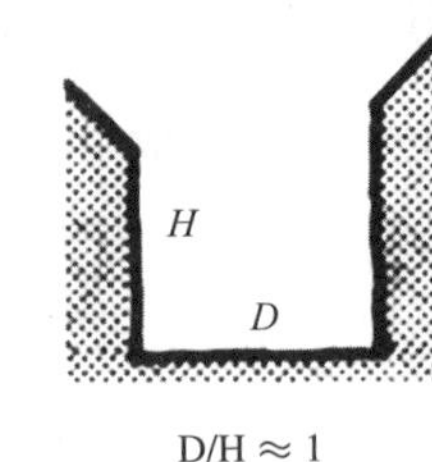

D/H ≈ 1

文艺复兴时期的城市

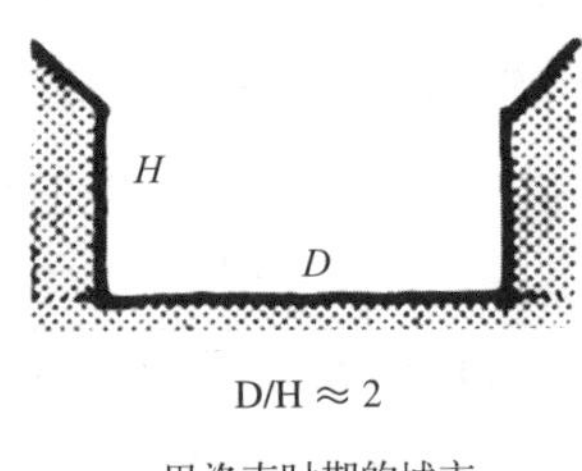

D/H ≈ 2

巴洛克时期的城市

图 3-1-10　意大利街道的 D/H

的 2 倍，即 D/H ≈ 2（图 3-1-9、图 3-1-10）。

来到意大利的背街，即使今天仍有 D/H<0.5 的狭窄小巷，窗于窗之间悬挂着绳子，经常看到晾晒着衣物（图 3-1-11）。日本京都传统的铺面同“外面”的关系约为 D/H=1.3 的舒适宽度，可以说是“人的尺度”的成功之例吧（图 3-1-12）。不过这里需要注意，即使相同的 D/H，西欧街道要比想像的宽阔，换句话说，建筑要比想像的高大。D/H 只是表示道路宽度与建筑高度比例的指标。

三、图底关系的运用

从物质层面看，城市由建构筑物实体和虚体空间构成，如果以图形的

图 3-1-11　意大利的小巷 D/H 小于 0.5

图 3-1-12　日本传统街道

观点来看待城市实体与虚体的关系，则有类似格式塔心理学中“图形与背景”（figure and Ground）的关系，建筑物是图形，空间则是背景。以此为基础对城市空间结构进行的研究，就称之为“图底分析”。这一分析方法始于18世纪诺利地图（Nolli Map）（图3-1-13）。诺利在1748年所作的罗马地图中，把墙、柱和其他建筑实体涂成黑色，而把外部空间留白，于是，罗马市容及建筑物与外部空间的关系便一目了然。从图中我们看到，建筑物覆盖密度明显大于外部空间，因而公共开敞空间很容易获得“完形”（Configuration），创造出一种“积极的空间”或“物化的空间”（Space-as-Object）。由此推论，罗马当时的开放空间是作为组织内外空间的连续建筑实体群而塑造的，没有他们，空间的连续性就不可能存在。

诺利地图反映了传统城市城市空间实体与虚体的图形关系，揭示出建筑与周围环境浑然一体的整体特质。现代城市设计的研究者在进一步的研究中，发现传统城市图底关系具有一种特质——图与底可以互换，既当把建筑看成图形，空间作为背景时，作为画面的图形是完整的；反之，把空间看成图形，建筑作为背景，完整的图形依然存在（图3-1-14）。以此视角来分析现代城市空间，可以看出现代城市空间的图底关系不能反转，建

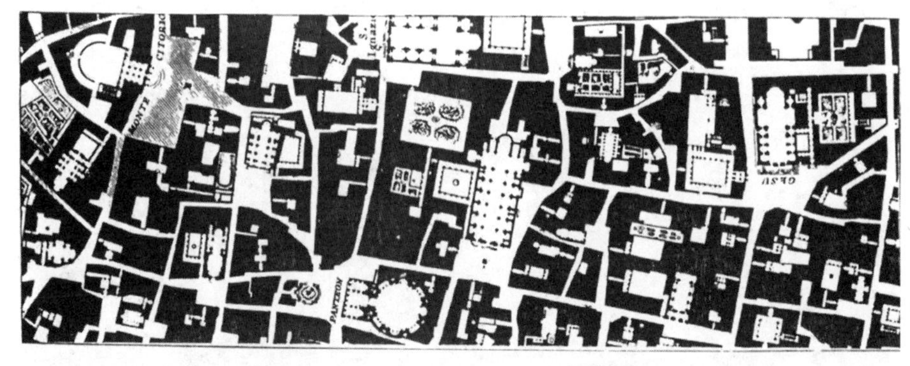

图3-1-13 诺利所绘的罗马地图

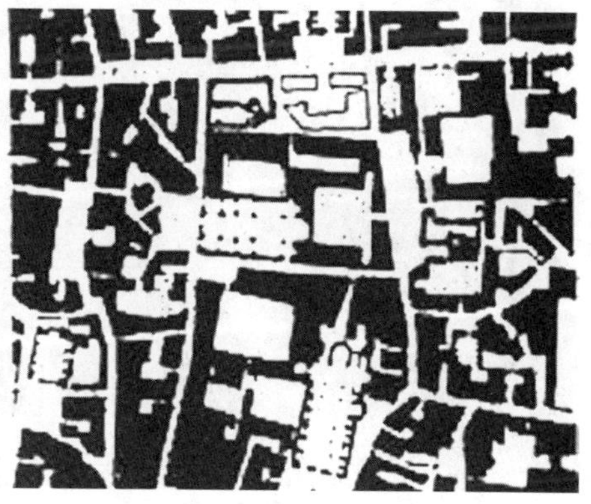

图3-1-14 同一地块的图底反转关系

筑物是纯图像化的、独立的，空间是一种“非包容性的空”（Uncontained Void），揭示出现代城市空间非人性化的一面（图 3-1-15）。特兰西克在《找寻失落的空间》（Finding Lost Space）一书中指出：“当都市形式由水平改向垂直发展时，点状高楼、集合住宅、或现代景观中常见的摩天大楼等，几乎不可能创造一个和谐的都市空间。一般将垂直元素配置在大片基地中的作法，常造成辽阔、但罕见人烟的沉闷开放空间。由于垂直建筑物的地面层建蔽率低，拔地而起的垂直建筑物只是景观中的孤立物体，无法赋予环境任何空间结构意义”。

为了改变现代城市空间在图底关系上的缺陷，特兰西克认为，应该妥善处理空间及街廓外缘，以转角、壁龛、角落及通廊等，建立户外空间系统。实际上，要获取积极的外部空间，首要的任务是吸取传统城市形态的精华，运用水平向的建筑群，加大建筑的覆盖率，形成一种“合理的密集”。

“图底关系”是分析现代城市错综复杂的空间结构的基本方法之一。需要指出的是，它并不是一种万能的方法，有一定的适应范围。一般说来，历史街区、城市中心区、低层建筑区等建筑密度较高的城区，运用“图底关系”理论的相关理论方法来分析研究，有一定的实际意义。反之，对于那些建筑密度比较小的城区，“图底关系”理论可能派不上用场。虽然特兰西克对低密度的城区持强烈的批判态度，认为它是造成城市失落空间的

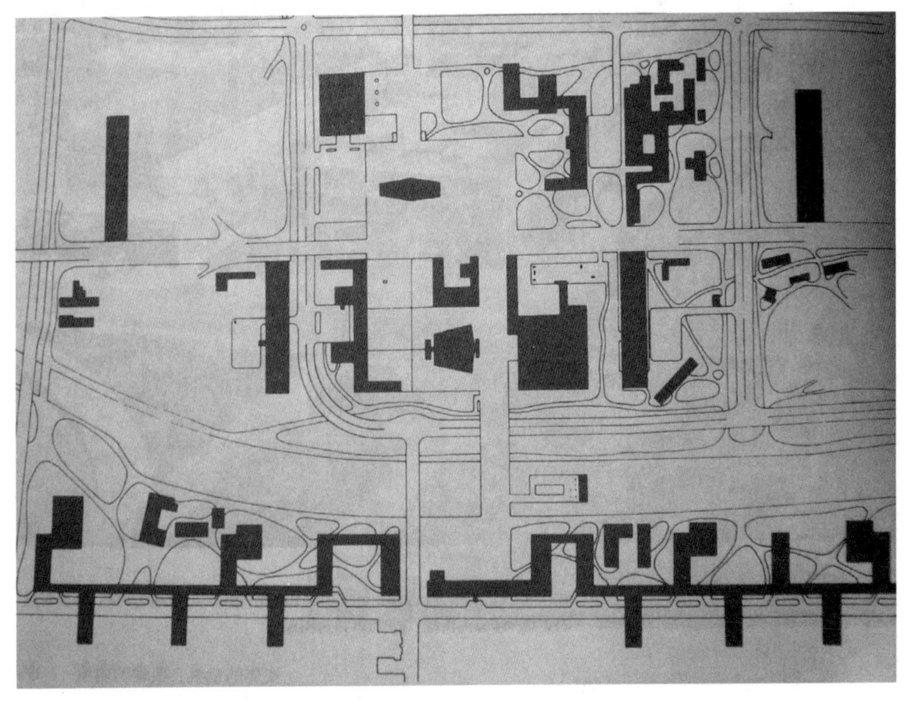

图 3-1-15 昌迪加尔城市中心区的图底关系

罪魁祸首之一，但在现代城市，尤其是中国的现在城市中，人地关系的压力很大，不太可能都走传统城市低密度的道路。对于这些低密度的城区，要获得积极的城市空间，需要采用另外的方法，如空间的亚划分等。

四、城市肌理的延续

肌理是指物体表面的组织纹理结构，即各种纵横交错、高低不平、粗糙平滑的纹理变化，是表达人对物体表面纹理特征的感受。如果我们以此视角来观察城市，建构筑物、大街小巷、庭院、园林绿地等各种要素所组成的城市总平面图，呈现出特定的纹理结构。这种纹理结构给人的视觉感

图 3-1-16 不同肌理的城市空间

受或粗犷，或细腻，或整齐划一，或自由灵动（图 3-1-16）。城市肌理既可以反映出各构成要素的尺度，如建筑物及建筑群体的体量大小、街巷的宽窄，也可以反映出各构成要素的密度，如建筑密度、街巷的密度。城市肌理的形成是城市历史发展的结果，其本身可以体现城市的历史、人文以及人们对城市空间的认同感，是特定时期内的社会价值倾向的反映。在长久的历史冲刷下，很多城市肌理能完整地保留下来，最关键的就是活跃在空间肌理下隐含着的人文情结，院落、里弄、胡同等传统城市肌理可以像年轮一样成为时间的印记。从空间的街巷和建筑排布的肌理中可以看到历史的琢磨，从新与旧空间交织的街区肌理对比中可以感受到历史的纵深与时空的张力。因此，对城市肌理的研究有助于更加透彻地理解这个城市。

在城市设计过程中，是“兼济天下”还是“独善其身”，反映出设计者对待城市肌理的两种不同的态度 —— 延续与突变。肌理的延续是以背景的方式存在，呈现的是一种谦虚的态度，让新的设计融入到建成环境中。如重庆磁器口商业街的设计，设计者充分考虑磁器口古镇小巧灵动的城市肌理，将商业建筑化整为零，力图让新建建筑融入到传统场镇中（图 3-1-17）。在德国柏林的波茨坦广场重建规划中，中标方案采用了柏林城传统的街巷划分模式，再现了柏林传统街区生活（图 3-1-18）。而肌理的突变以视觉中心的方式出现，体现的是一种傲慢的以自我为中心，随我其谁的姿态。一个最容易被人想起的例子是央视新大楼，设计者将其视为建筑艺术的先锋试验，所有者为其令人瞩目的风格而自豪，而民众则极尽嘲讽，归根究底

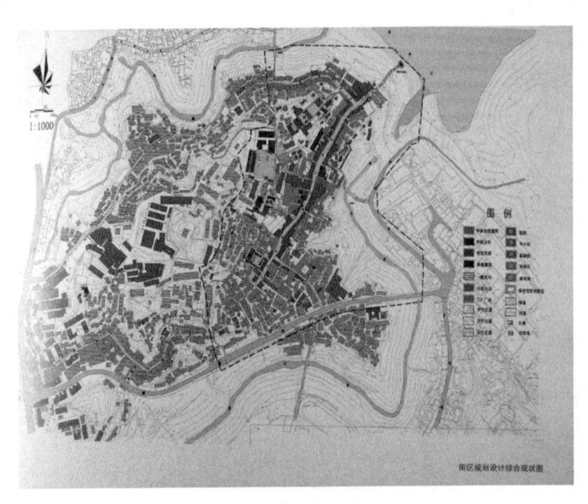

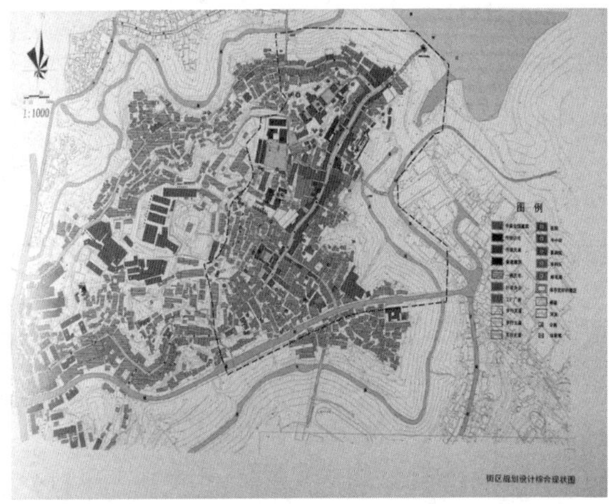

图 3-1-17 重庆磁器口设计前后对比

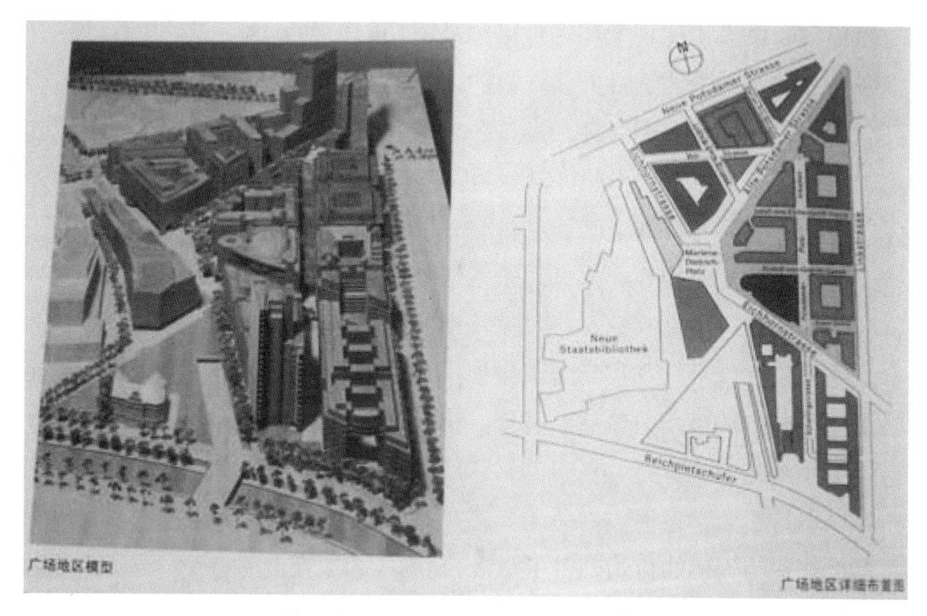

图 3-1-18 德国柏林波茨坦广场

图 3-1-19 北京央视大楼

是对这种漠视建成环境肌理的不满（图 3-1-19）。

五、空间界面的处理

1. 广场的空间界面

在广场空间中，空间的界面处理是形成广场空间的重要因素。广场空间界面处理主要分为水平界面和垂直界面两个方面。

（1）广场空间的水平界面是指允许人通行的地面或架立起的顶面，它是广场空间中人们的视觉和触觉接触最密切的一种界面。广场中，水平元素所界定的空间是通透性的、开敞的，它与周围空间是流动的，在视觉上可以通达，有组织人们活动、划分广场空间领域和强化景观视觉效果等作用。根据其界定方式的不同可以分为以下几种水平界面处理方式：

①运用地面材质划分广场空间

由于人的视觉规律，人们总是习惯于注视着眼前的地面，单从其构成材料的质地、平整度、色调、尺度、形状等在其环境中呈现的轮廓线作为空间的界定，就可以在广场上限定出不同性质的空间。其材料质感的界定效果越强，它的场所分割感就越强。但无论如何，地面所限定的空间被一个连续不断的空间穿过，所以其对广场的限定作用是最弱的。同时，人们在广场中行走或休息时，总是希望最便捷、最安全、最舒适，所以空间的底界面往往为人们的行为确定了路线，影响人们最直接的感受（图 3-1-20）。

②抬高地面划分广场空间

为了在视觉上强调广场的某一空间范围，可以将广场的一部分地面抬高，从而会在视觉上加强该范围与周围地面的分离。抬高的地面将在广场空间中创造一个空间领域，并产生突现、隆起，可令人兴奋，并诱导人们的视线。随着升起的高度不同，人们对广场空间的连续性感知也不同，相对于人的尺度来衡量的话，当抬高的尺度在人的视线以下时，空间范围得

图 3-1-20　广场铺地划分空间

到了良好的限定，视觉和连续性仍然存在，广场会给人一种亲切的感觉；抬高的高度在人的视线高度附近时，视觉不受到影响，但空间的连续性中断，必须通过台阶进入抬高的空间，这时抬高的空间会让人感到很有吸引力；抬高的高度远高于视线高度时，视觉与空间的连续性都被打断，这时的空间给人一种高高在上的感觉，视觉上有一种俯视或仰视的关系。而现代建筑有时为了体现“高大”的形象，也运用类似的方法（图 3-1-21）。

③下沉地面划分广场空间

广场的部分下沉可以巧妙运用垂直的高差分隔空间，以取得空间和视觉效果的变化，这个空间是通过下沉的垂直面限定的。下沉式广场是孕育于主广场中的子广场。主广场应当是尺度很大、视野十分开阔的大广场。下沉面的四周形成空间的墙，其私密性比抬高地面限定的空间私密性强很多。下沉的广场是内向的，给广场中的人一种保护性和宁静感，围合限定性强。当下沉深度在人的视线以下时，广场仍然与周围保持整体性；当下沉深度接近人的视线高度时，广场明确地同周围分隔开；当下沉深度超过人的视线高度时，广场周围的面成了下沉空间的顶界面。广场部分下沉在当代城市建设中应用最多，特别是在一些发达国家。相比之下，广场下沉不仅解决了不同交通的分流问题，而且在现代城市喧嚣嘈杂的外部环境中，更容易取得一个安静、安全、围合有序且具有较强归属感的广场空间。许

图 3-1-21　德国路易森广场

多广场的下沉部分还结合地下商业街、地铁乃至公交车站使用（图 3-1-22）。

④运用顶面界定划分广场空间

常言道："大树底下好乘凉。"这实际是在大树伞形结构底下形成了一个遮阳的空间。同样的，在广场上架设顶面如货亭、遮阳伞、掩饰空间的舞台等均可产生开敞、无任何障碍的流动空间。它常用于广场某个空间的界定加强，使空间的范围划定更明确。传统建筑空间中，常常可以看到以这种方式来强调和突出一划定的场所空间，增强这个空间的限定，达到提高这个空间的质量和价值类似的效果。顶面的高度标准直接决定其空间形式的效果，通常均以人体尺度为界定的标准。若其高度小于人身高，则空间引力感较强，给人以压抑之感；若其高度接近人身高，则既有引力感，又能让人感到亲切自然；若其高度大于人身高较多时，则引力感减弱，让人产生虚幻漂浮的感觉（图 3-1-23）。

（2）广场的垂直界面是指两侧的建筑立面或柱子，可以利用它的高低、前后的错落来增加空间的深度感。在广场空间中，对垂直界面进行围合与封闭的处理有利于广场空间的界定，而且使空间具有较强的内聚力和收敛性，地域感或私密性强，可增进内部活动的人们的彼此交往；而封闭性差的空间，则常表现出更多的扩散性和外部化。根据垂直界定要素的不同，可以把其界定方式分为线要素和面要素两种界定方式。

①运用线要素划分广场空间

图 3-1-22 美国先锋法庭广场

垂直的线要素如一根柱子，可以在广场平面上确定一个点，而在空间中则会令人注目。单个的线要素可以聚焦人们的视觉，在没有干扰的情况下，其“向心力”是非常明显和强烈的。在广场设计时，其中心往往被垂直的线要素占据。尤其在广场具有某种主题时，垂直的线要素不仅是广场的中心，而且较好地完成了点明主题的任务。如古代广场中的纪功柱、英雄雕像、方尖碑等都可以是广场的中心雕塑。现代广场设计中，雕塑、喷泉往往成为广场的主角。在纪念建筑群设计中，垂直线要素也常常是点明主题的高潮部分。两个垂直线要素可以限定一个面，在其中间形成一张透明的空间的墙，随着限定垂直线要素数量的增加而得到加强。一排柱子，可以在保证空间连续性的同时将大空间加以划分。广场中经常有一定间隔的花岗岩石柱或小金属柱等将广场空间划分为人行区、车行区（图 3-1-24）。

②运用面要素划分广场空间

用垂直面要素界定广场的方式有很多变化，由于人的心理感应，即使是单个的面状建筑也可以在自身的张力范围内界定出一个虽然无形但却明确有感的“空间”。根据面的形状不同，可以分为单面、双面、三面和四面围合几种方式。在广场中独立的单面通常是一片墙或广告牌小景观等（图 3-1-25）；双面可分为“L”形面与两平行面的划分方式，“L”形组合的广场空间的两个边缘受到建筑的明确界定，而另外两个边缘则

图 3-1-23 法国斯特拉斯堡铁人广场

图 3-1-24 梵蒂冈广场

是模糊的。这种既明确又含糊的特征使得“L”形组合在广场空间的创造中具有极大的灵活性；两个互相平行的垂直面，也可以限定广场的一个空间范围，虽然其限定作用不及“L”、“U”形组合对广场的限定，但置身其中，仍很容易感受到广场的范围及宽窄（图 3-1-26）；三面围合的组合一般呈“U”形面的形式，可以很明确地限定一个空间，并且产生一个内向的焦点，而另一个面则有外向性。如著名的卢浮宫广场，它的整体建筑呈“U”形，由建于不同时期的新、老部分组成（图 3-1-27）；四面围合的广场形式是对广场空间限定作用最强的一种方式，容易使人感受到广场的大小、宽窄和形状等。四面围合可以限定一座重要的建筑物的空间和视觉范围，使竖立在其中的建筑物成为一个中心目标，同样，在广场中心设置雕塑能吸引人们视线，为

图 3-1-25 澳门“大三八”牌坊

图 3-1-26 意大利吉贝利纳广场

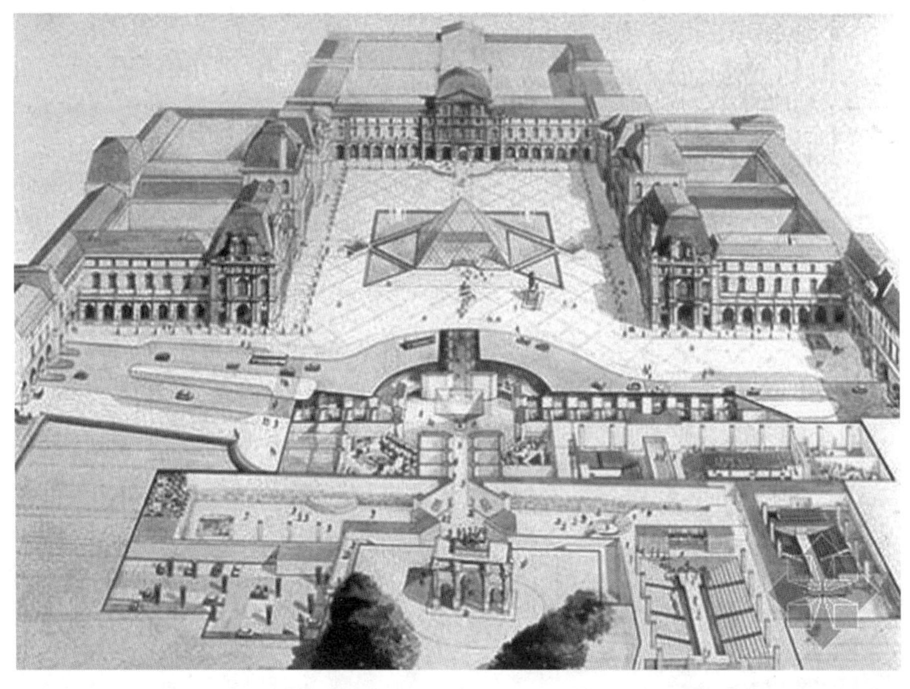

图 3-1-27 法国卢浮宫广场

广场增添活力和动感。广场的围合可以由周围的建筑或连廊、廊道空间限定。当然，四面围合的广场空间，因其不同的围合条件而产生不同的围合效果：围合的界面愈近、愈高、愈密实其封闭感愈强；围合的界面愈远、

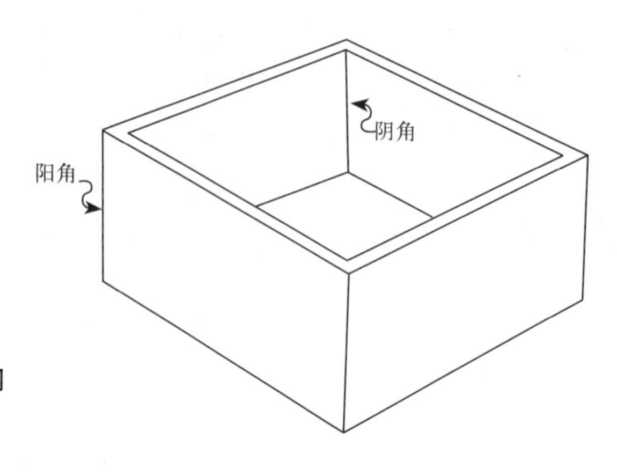

图 3-1-28　阴角空间

愈低、愈稀疏其封闭感则愈弱。

芦原义信还在《街道的美学》中提出了“阴角”空间的概念，即以升起的垂直面相交为参照，内侧凹进去的空间为“阴角”空间，外侧突出的则为“阳角”空间（图 3-1-28）。在外部空间中，“阳角”空间很容易创造，相对地，从道路和建筑的关系来说，“阴角”空间是很难成立的。以纽约的华盛顿广场这样的大城市空间为例，这个广场有 13 条道路进入，在转角道路有道路而豁缺，无法形成“阴角”空间（图 3-1-29）。这一点正是同欧洲常见的具有真正“阴角”空间的外部空间如巴黎的旺多姆广场（图 3-1-30、图 3-1-31）、哥本哈根的阿玛利安堡广场（图 3-1-32）之区别所在。

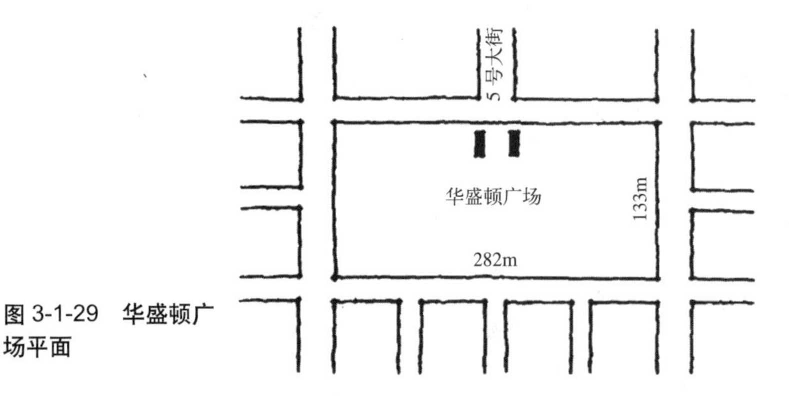

图 3-1-29　华盛顿广场平面

图 3-1-30　旺多姆广场

在实际广场观察中可以发现，转角围得牢实即形成封闭性强、亲切而令人安心的空间。这种外部空间的构成用格式塔心理学的法则来分析：由轮廓线包围或包含于内侧，那么作为“图形”来说就更容易看到。在外部空间中，这种“阴角”空间实际上是在领域上包围广场，包含于内

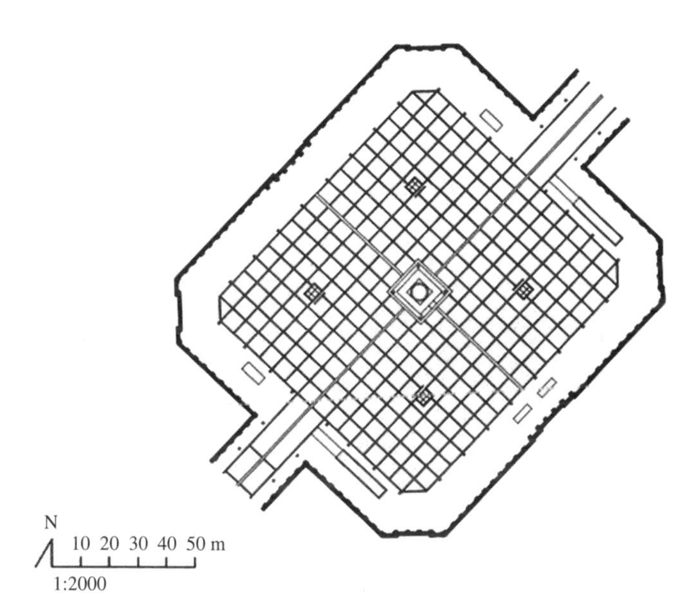

图 3-1-31 旺多姆广场平面

图 3-1-32 阿玛利安堡皇宫广场

侧之中。在这些地方，就像流水淤塞一样，或是人流汇集，或是摆上椅子休息。在欧洲，保持转角的“阴角”空间，多为城市增添魅力而吸引人们。当沿着棋盘状道路布置建筑时，全都成了“阳角”空间，形成要把人挤出去似的非人性城市空间。相反，用“阴角”空间可以创造出一种把人拥抱在里面的温暖、完整的城市空间（图 3-1-33）。如果在现在这样的道路四通八达的大城市空间中，想创造“阴角”空间，可以让面相道路的建筑大胆的后退，如果可能，让对面的建筑也同样后退，并且不要把出现的空间单纯作为停车场之类的空间，而应以积极地向市民提供街道广场的精神作为前提（图 3-1-34）。

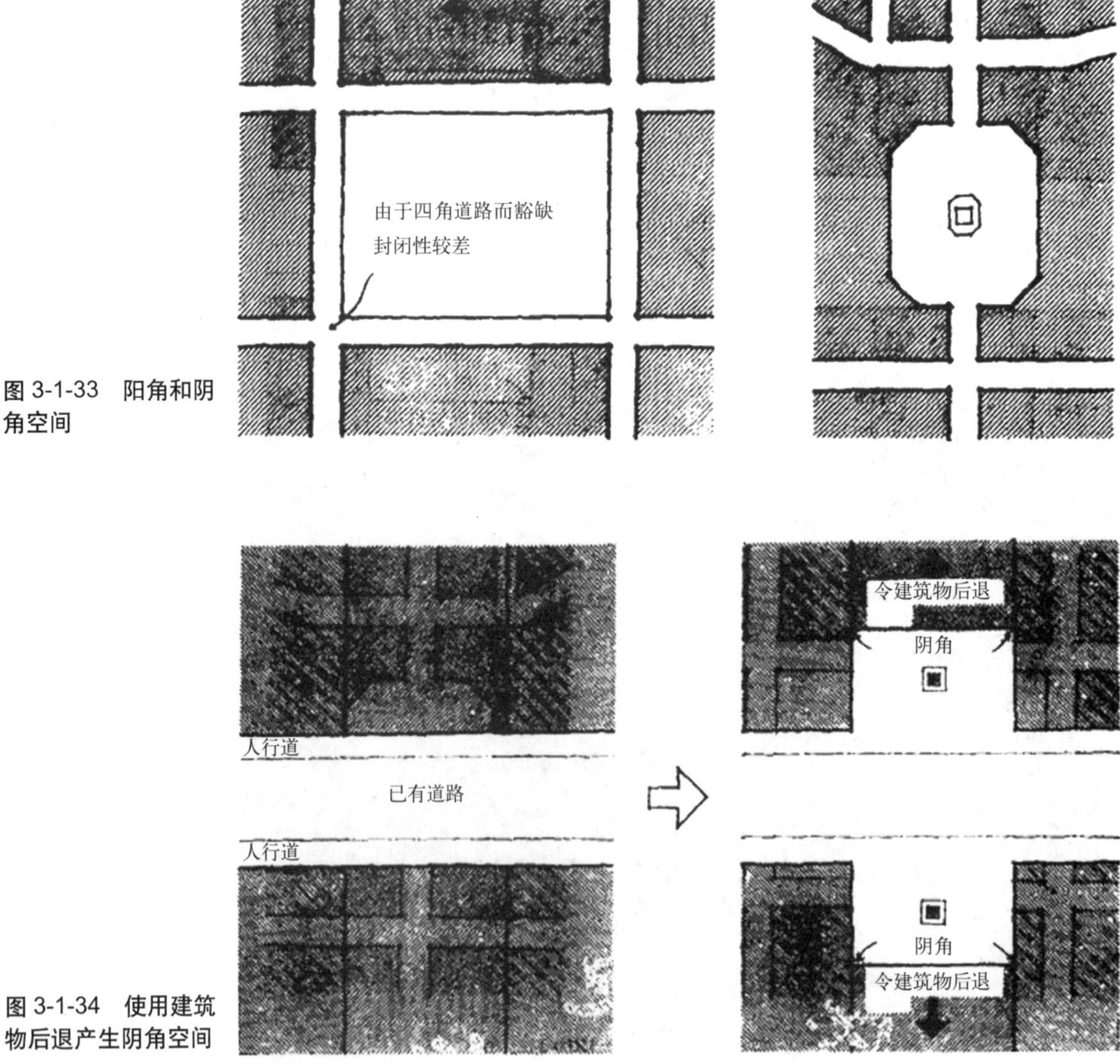

图 3-1-33 阳角和阴角空间

图 3-1-34 使用建筑物后退产生阴角空间

2. 街道的空间界面

街道的空间界面与建筑退线息息相关，建筑退线决定了“街道”空间的形成与否。建筑退线所形成的空间、界面、尺度、用途等对步行者的心理感受造成最直接的影响。从而决定了人们在街道上的活动以及相应的空间活力。通过研究建筑退后的地块建设模式，应尽力解决其退后过多、窗户减少而导致的行人感觉被隔绝等问题。

首先，街道的空间界面应先处理好建筑退线。建筑退线分为街墙退线和塔楼退线两部分。这两部分退线分开控制，在此基础上，并规定街墙的高度以形成街墙。街墙高度以上的建筑退让（塔楼退让）和建筑体量控制的目的在于减少高层建筑对地面公共空间的不利影响。在《悉尼城市中心管理图则》规定：市中心建筑街墙高度控制在 20 ~ 45m 之间。街墙高度以上部分应作退让（图 3-1-35）。

其次，统一建筑街墙退线的距离和贴线率。建筑退后街道的距离不能太大，例如在欧美的普遍标准是不多于 25 英尺（约 7.6m）。然后统一退线，并且在街墙部分不得多退，用此规定贴线率来形成连续的“街墙”界面。贴线率又称界面建筑裙房贴线率，指街墙贴近建筑后退线建设的比率，是衡量街道空间连续性的重要指标。可知，这个比值越高，沿街面看上去越齐整。一般规定，在集中绿地或活动广场周围的展馆建筑界面贴线率不得低于 70%，而在《悉尼城市中心管理图则》的第一个规定就是：“建筑沿街对齐”（图 3-1-36、图 3-1-37）。

第三，退线空间的使用。大多数城市设计规定，建筑退线空间应直接与步行道相邻，形成完整的步行空间，以加强建筑底层与街道空间的活动联系。如绿化带应集中布置于步行带与车行道之间；设计良好的建筑前遮蓬空间可用于摆放餐座；建筑退线空间不应用于停车。停车场应设于地下或建筑背面。

第四，建筑街墙界面的要求以及建筑底层使用功能的规定。《FortLauderdale 市中心城市设计导则》中规定，临街建筑底层必须为商业功能；建筑底层应采用通透的

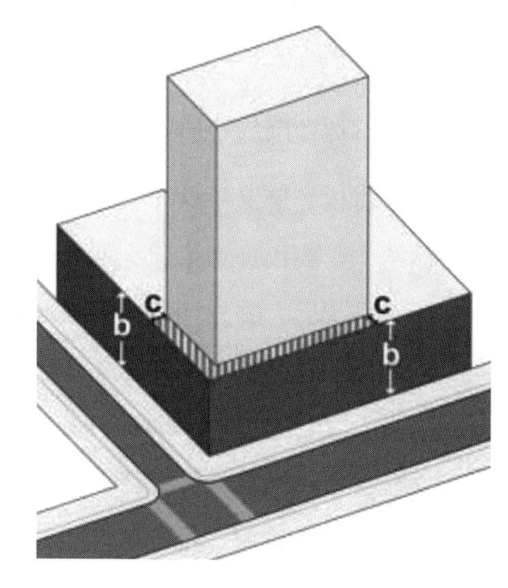

图 3-1-35 塔楼退距

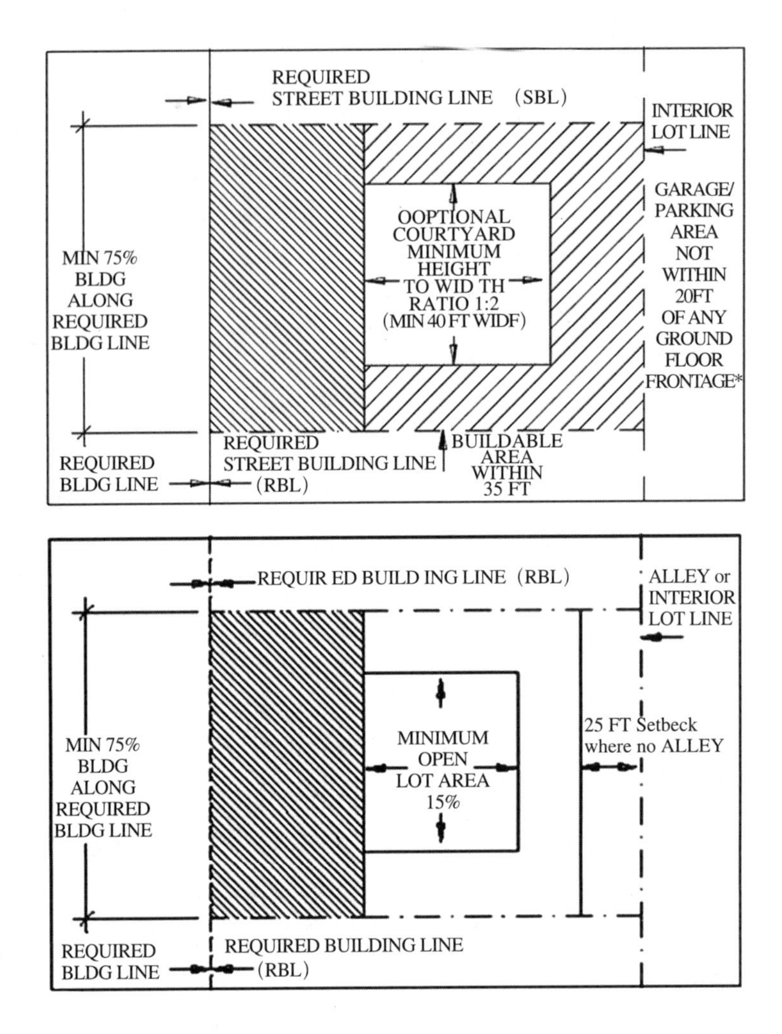

图 3-1-36 统一建筑街墙退线的距离和贴线率

开门、开窗立面处理，而不是无法引发任何活动的空白墙面；有些规定街墙窗墙比不少于 50%。

六、群体轮廓的塑造

城市群体轮廓又称城市天际线。这是由城市中的高楼大厦与天空构成的整体结构，或由许多摩天大厦构成的局部景观。天际线被作为城市整体结构的人为天际，并扮演着每个城市给人的独特印象，现今世上还没有两条天际线是一模一样的。在城市中，天际线展开一个广阔的天际景观（多数为全景），因此大城市都被叫作“城市风光影画片”。在许多大城市，摩天大厦在其天际线上都扮演着一个重要角色（图 3-1-38）

天际线是西方城市规划的定型理念。他们认为，城市若是一个人的肌

图 3-1-37 建筑街墙退线不一，界面参差不齐

肤，天际线则是服饰包装。因而，在天际线的定义里，就格外地赋予了美学的最大化内涵。天际线应该表达海市蜃楼般的美轮美奂的美。中国传统的城市规划思想，突出了城市的中心街区性和政治、经济、文化的集中辐射性。所以，中国的旧城，最繁华的地段和最精美的建筑，几乎都在这一城市的中轴线上。城市天际线具有直觉直观的人文特点、审美特点、标识特点和造型特点，是城市发展进程中，一个非常时代化的理念，但不是西方的专利。中国沿海经济发达区，早已意识到城市天际线在文化概念上的超然意义，并起步力行。

在对城市天际线设计中，应该遵循以下原则：

动态性——城市天际线并非局部的从某一点或某一时间所得到的城市面貌，而是城市在动态发展中的静态展现，必须依据城市整体的风貌规划，着眼城市空间总体布局，优化土地配置，协调建筑形态，引导城市的健康发展，才能将城市的总体发展成果以天际线的形式展现出来。

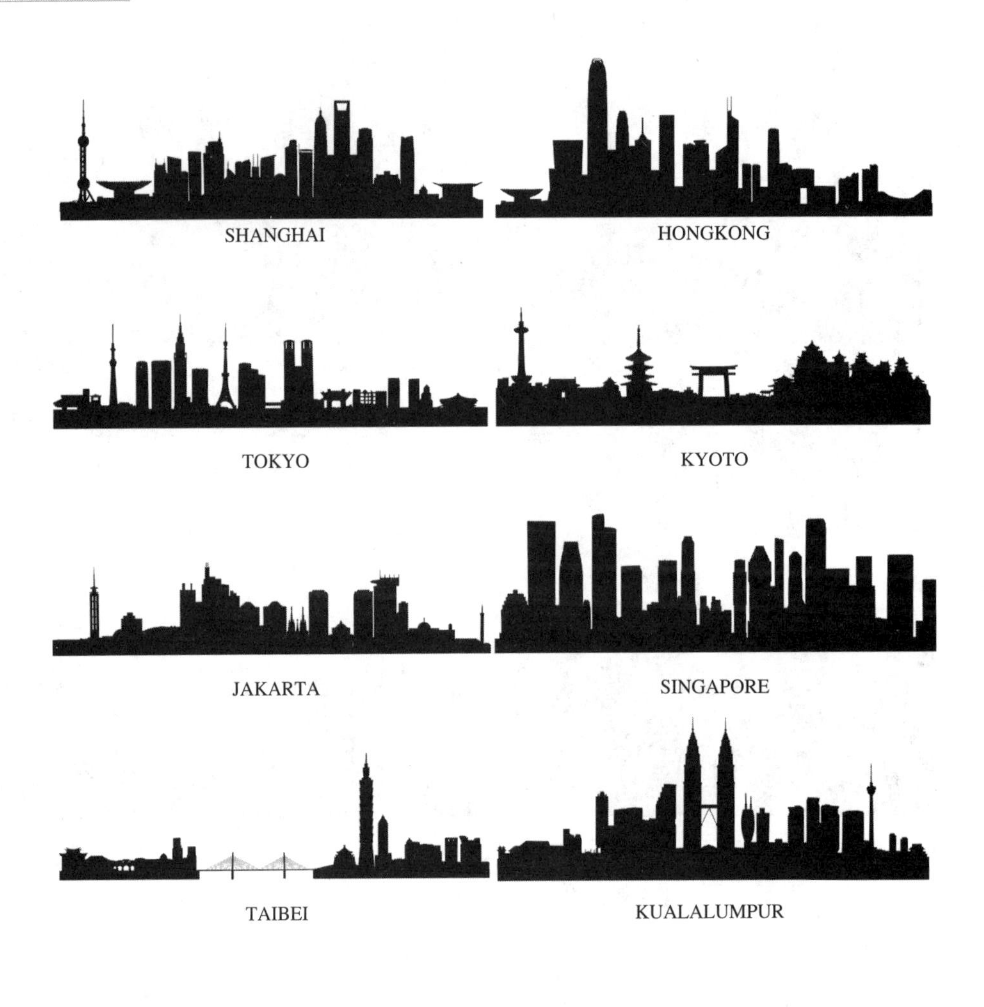

图 3-1-38 世界城市天际线剪影

整体性——空间上，城市天际线应该是城市基地、建筑物、构筑物、自然风貌的有机综合；时间上，城市天际线是城市不同发展时期的沉淀，不能被某一时期的建筑流行趋势所掌控，应该是在保护原有特色建筑基础上，建设布局新的建筑。

美学性——在空间投影上，城市天际线需要遵循美学的一般规律，但也不能局限于单纯的平面构图，需要合理规划建筑与自然的关系和城市的空间格局。

综合性——不应以控制指标和技术性艺术化图纸，掩盖城市天际线形成背后的多方利益求诉和历史原因。科斯塔夫（Spiro Kostof）说“谁有资格和能力去设计城市天际线？谁能代表公众去决定城市在地平线上的形态？这是一个根本性的问题”。城市设计需要在公共调查的基础上，尊重城市发展规律，契合城市土地经济效应，反映人民的意志和城市风貌，鼓励公众参与，强化法规立法的现实可行性和调控作用。

第二节　定性分析法

一、场所文脉的维护

1920 年代，在机械美学和功能主义价值观引导下，借着商业资本的强大推动力，现代主义建筑风靡全球，并迅速改变城市的面貌。声势浩大的现代主义在改变了城市面貌的同时，也带来了诸多的问题。现代主义基于经济、简单易行的营建方式，一切由空白开始，不尊重地方文化和环境特征，沉迷于追求完美的图面设计中，造成都市之内的建筑物与空间的分离，城市特色的丧失，甚至带来了城市文化的断裂。

二次大战后，针对现代主义建筑运动的负面效应，人们开始重新审视建筑与环境的问题。“小组 10”针对现代主义空间——时间观及技术等于进步的教条，率先提出了场所的概念，他们认为，城市设计思想首先应该强调一种以人为核心的人际结合和聚落生态学的必要性。设计必须以人的行为方式为基础，城市形态必须从生活本身结构发展而来。与功能主义注重建筑与物质环境关系不同，“小组 10”关心的是人与环境的关系，他们的公式是“人 + 自然 + 人对自然的观念”。从中可以看出，“小组 10”对空间的理解已经超越了几何学或图形学上的意义，城市空间的意义不在于图案的形态，而在于人对其的感知。城市空间的塑造不能停留在创造优美的图案上，而是建立起一种场所感（Sense of Place）。“小组 10”认为，场所感是由场所和场合构成，在人的意象中，空间是场所，而时间就是场合，人必须融合到时间和空间意义中去，这种永恒的场所感已经被现代主义所抛弃，现在必须重新认识、反思。

1. 场所

物理学、几何学的空间——物理学、几何学意义上的空间既可以理解为抽象空间，也可以理解为一个实在的空间，它可以用 XYZ 三个向度的坐标或数字来表达，如一个 20m × 15m × 8m 的三维空间。这种空间是纯理论意义上的空间，属于物理学、几何学和哲学的研究范畴。德国哲学家康德对此空间有过研究，他把空间和客观事实现象区别开来，并看作是独立的、人类理解力的一个基本范畴。

实用空间 —— 物理、几何学的空间概念，把单纯的全部体验定量化，结果就得到了抽象的各种关系的认识世界，可是，它同日常生活基本上没有直接的关系。现实生活中，空间是有使用功能的，如一棵树占据一定的空间而获得生存所需的养料、阳光；城市市民需要街道广场进行户外活动。关于这一点，古罗马诗人、哲学家鲁克莱泰有过精辟的总结，他认为："整个自然基于两种东西，即物体和物体所占场所，它又是可以移动的虚空"。在城市中，实用空间使用主体是人，亦即城市空间是为人服务的，为人所用，被人所感受。所以，讨论城市中的实用空间，必须要加进人的行动因素，这样的空间才有现实意义。空间被人所用，意味着空间中不时地有事件发生，或穿行，或静坐，或聊天，或嬉闹。如果把空间看成容器，那么容器中除了装有空气、水外，还装载着人，并且人不断地在容器中运动。城市空间正是在不同的时间中获得存在的理由。

空间从社会文化、历史事件、人的活动及地域特定条件中获得文脉意义时方可称为场所（Place）。要理解场所和现代主义所追求的图形空间的区别，可以借用诺伯格 · 舒尔茨描述存在空间（Existential Space）对空间的拆分方式来表达。

场所空间。空间有了使用功能，承载着各种事件，使空间超越了物质性质的边缘，向空间的社会属性迈进了一步。到此，我们还不能在空间和场所间画上等号，它还需要向前再迈进一步，才能达到所谓的场所境界。这一步正是"小组 10"和诺伯格 · 舒尔茨所关注的，即空间要有意义。这种空间的意义他们称之为场所感（Sense of Place）。换句话说，人类在长期和空间环境的互动中（事件的发生），对空间产生了某种情感，表现为对空间的认同感或归属感。至此，空间完成了从物理、几何空间到实用空间再到场所空间的转换过程，它从社会文化、历史事件、人的活动及地域特定条件中获得文脉意义，成为有别于普通空间的场所（Place）。

将上述论点做进一步的简化，我们可以得到场所的线路图：

几何空间 → 事件（人与空间长时间互动）→ 场所（空间的意义）

场所是人通过在特定空间的长期活动过程使空间获得了一定的意义，这表明场所的获取不能以简单的物质形态设计为手段。简单地说，场所是不可能一蹴而就设计出来的，而是要通过长期的历史沉淀才能形成。因此，与其说“场所设计”，不如说“场所维护”。正如已故意大利著名建筑师罗西在《城市建筑》（L’architura della Citta）一书中所言：城市依其形象而存在，是在时间、场所中与人类特定生活紧密相关的现实形态，其中包含着历史，它是人类社会文化观念在形式上的表现。同时，场所不仅是由空间决定，而且由这些空间中所发生的古往今来的持续不断的事件所决定。因此，要建立场所感，必须要强调以下几点。

（1）明确单凭创造美的空间环境并不能直接带来一个改善的社会，向“美导致善”的传统概念提出了挑战；

（2）强调城市设计的文化多元论；

（3）主张城市设计是一个连续动态的渐进决定过程，而不是传统的、静态的激进改造过程，城市是生成的，而不是造成的；

（4）强调过去 — 现在 — 未来是一个时间的连续，提倡设计者“为社会服务”，面对现实的职业使命感，在尊重人的精神沉淀和深沉结构的相对稳定性的前提下，积极解决处理好城市环境中必然存在的时空梯度问题；

（5）边界（Boundary）或明确边界（Definite Edge），对能否传达场所的意义非常重要；

（6）个人必须保有一些控制环境的能力。

诺伯格·舒尔茨也认识到了这一点，他说：如果事物变化太快了，历史就变得难以定形。因此，人们为了发展自身，发展他们的社会生活和变化，就需要一种相对稳定的场所体系。这种需要给形体空间带来情感上的重要内容 —— 一种超出物质性质、边缘或限定周界的内容 —— 也就是所谓的场所感（Sense of Place）。于是，建筑师的任务就是创造有意味的场所，帮助人们栖居。最成功的场所设计应该是使社会和物质环境达到最小冲突，而不是一种激进式的转化。其目标实现应遵循一种生态学准则，即去发现特定城市地域中的背景条件，并与其协同行动（图 3-2-1）。

场所的设计维护主张从历史中寻找线索，主张从外向里设计。这里的“外”包含的内容绝不止于形体层面。特兰西克指出，城市设计师的角色并不仅是玩弄形式，制造空间而已，而是组合包含社会因素在内的各种元素，塑造一种整体环境，创造场所。城市设计的目标是在实质及文化涵构、现代使用者的需求及欲望间，寻求一种最佳方案。

场所结构分析理论和方法具有深远的、世界性的影响。“拼贴城市”的观点则直接影响到一些国家的城市设计实践。法国巴黎城市形态研究室

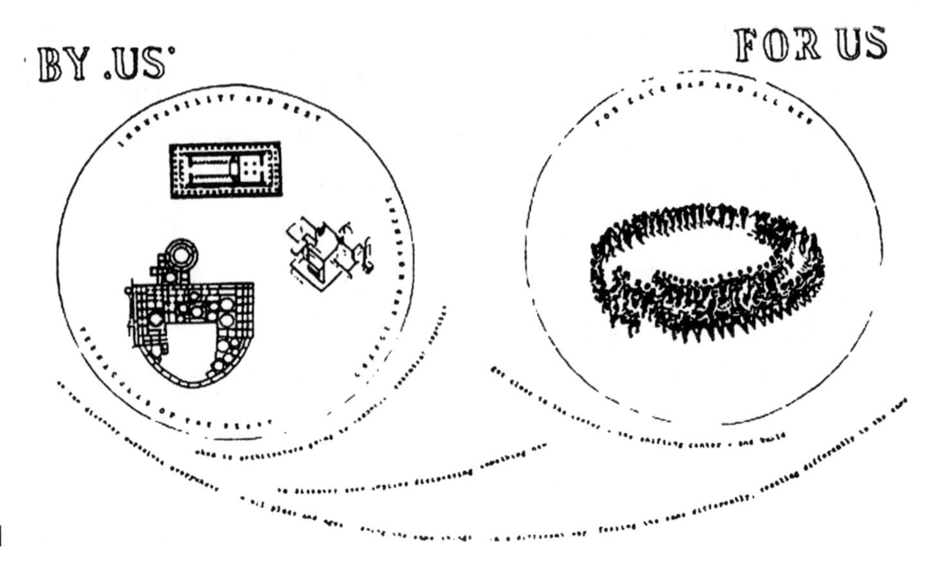

图 3-2-1 奥斯陆圈

(TAU Group）认为，城市改建中新旧文脉的转换是关键。于是，他们潜心探索新古典意向的开发，并“通过开创作为一个连接城市各部分的盔甲（Armature）式的纪念碑来寻求更有意义的连续性”。在城市组织中，他们审慎地引用了对比因素，运用能交融于现存空间几何特点的、成角度的建筑物和空间，结果可以造成一种“城市形态分层积淀式的拼贴，并使连接体作为陌生的相邻格局之间的减震器（Shock Absorbers)”（图 3-2-2)。欧斯金、克莱尔兄弟、罗西、霍莱茵等也将场所结构分析理论应用于城市设计中。美国学者索兹沃斯曾收集了 1972 年以后 70 项城市设计案例资料，并进行了系统分析。结果表明，场所分析是规划设计人员最常用的分析方法。1972 年以后的实例中，大约有 40% 运用了这种方法。

2. 文脉

文脉是从英文 Context 翻译来的，本意指的是上下文的关系。城市文脉指的是城市的过去 — 现在 — 未来的连续关系。它既是物质与空间的概念，又是运动与时间的概念。一般而言，城市不是在短时间内就能形成的，而是在一个相对较长的时间段内沉淀出来的。因此，任何城市空间乃至建筑的产生都有一定的文化背景，并反映一定的模式。文脉虽然属于“虚”环境，却是客观的存在，文脉与场所是一对孪生姊妹。场所是人们在长期的空间活动中所沉淀出来的，意味着场所的形成离不开文脉。

虽然场所与文脉息息相关，但二者之间不能画等号。场所强调的是空间的社会、历史意义，落脚点在空间上。文脉强调的是过去 — 现在 — 未来的

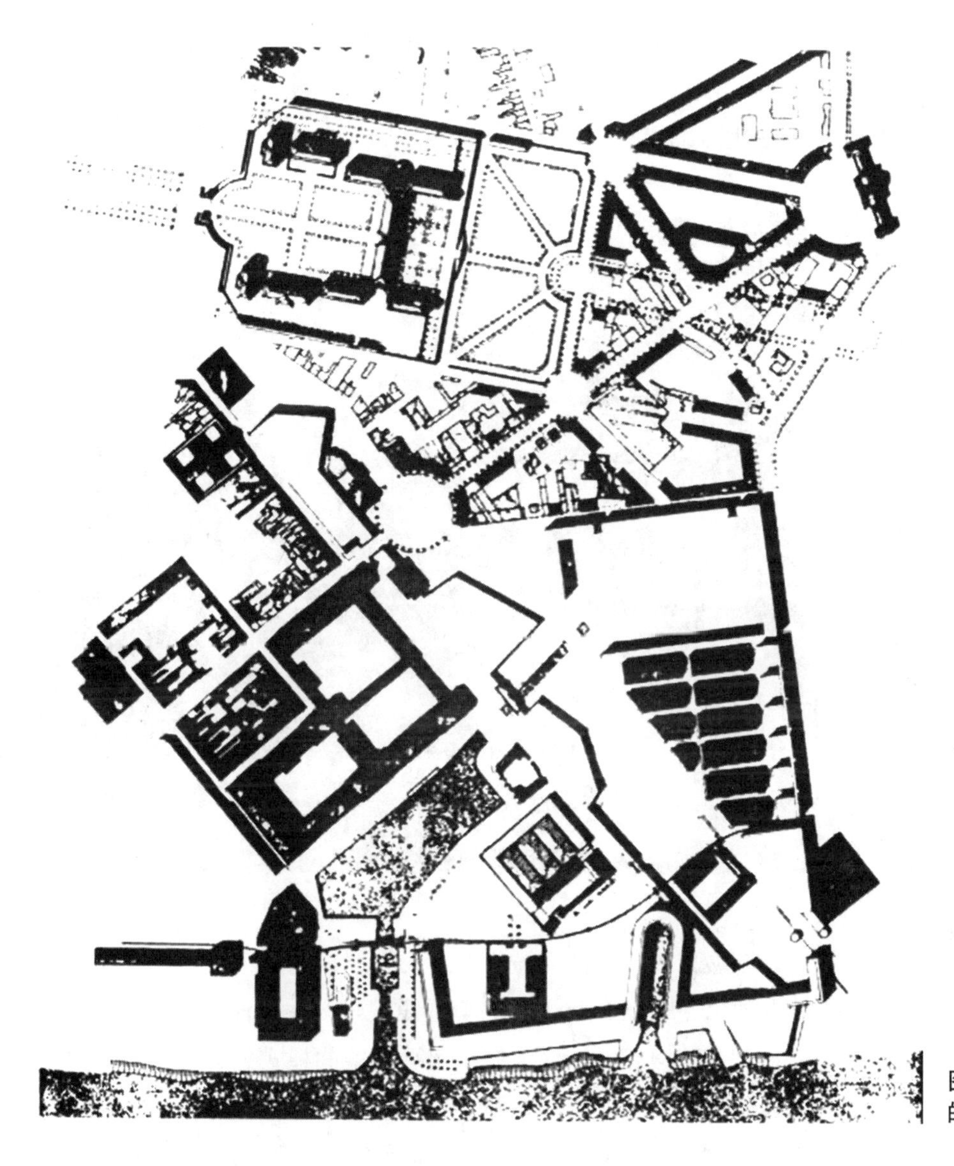

图 3-2-2 TAU Group 的 Rochefort 计划

连续关系，落脚点在时间线索上。

城市的空间环境是城市厚厚积淀起来的历史，反映出时间的纵向痕迹。一个有历史的城市才具有魅力，才有特色。历史看起来是抽象的，但它总是会以这样或那样的方式投射到具体的物质空间上。如通过建筑、街道广场、园林绿地、空间的分隔等等物质形态表达出来。二战后，随着后现代主义建筑理论的出现，人们逐渐认识到这些带有城市历史信息的物质环境是城市的宝贵资源。在城市设计中，尤其是在旧城更新中，设计者采取何种姿态相当关键，是仅着眼于当下还是向后看，抑或是向前看，设计者必须做出抉择。现代主义曾经无视城市的历史，以一种机械的、放之四海皆准的、简单易行的方式无情地摧毁了城市的历史、地理信息，成为二战后世人所批判的对象（图 3-2-3）。

图 3-2-3 巴西利亚中轴空洞宽阔的城市空间

二战后，在城市设计中注重城市文脉的延续成为广大设计师关注的重点，雷昂·克利尔（Leon Krier）在卢森堡重建规划中，他根据永恒与短暂的价值观进行规划，以正式、多方向、水平等空间模式整合城市。公共空间成为一个与新旧、高低、石头与玻璃、黑白等有关的正性整体（图 3-2-4）。拉尔夫·俄斯金（Ralph Erskine）也许是最著名、最受尊崇的文脉主义者，他的作品在人性上及实质上都反映出地方文化，所以在欧洲广受好评。不论是住宅区、商店群、工厂等，皆以街道的实质形式反映场所的人性意义及基地的历史文脉。他以非正式、有机的配置手法，混合新旧结构，看上去就像由当地或地区风土性格中自生的一样。俄斯金所塑造的强烈、村落式空间，令人立刻觉得它恰得其所（图 3-2-5）。俄斯金在英格兰纽卡斯尔拜克社区重建规划中，探讨了如何在大环境中保存个别邻里的独特品质。他认为，保存邻里的自明性比创造社区与周围城市的连续性和谐关系更为重要。因此，这个案例强调，城市设计不应只是重视整体秩序，且应重视各组成要素的特性。拜克更新规划说明，如何维系社区的历史意义和延续性至关重要。该规划和先前造成社会严重损失的大规模拆除重建式的城市更新不同，它保存现有的邻里尺度、密度及重要的地标，并在设计过程中，主动邀请居民参与设计（图 3-2-6）。

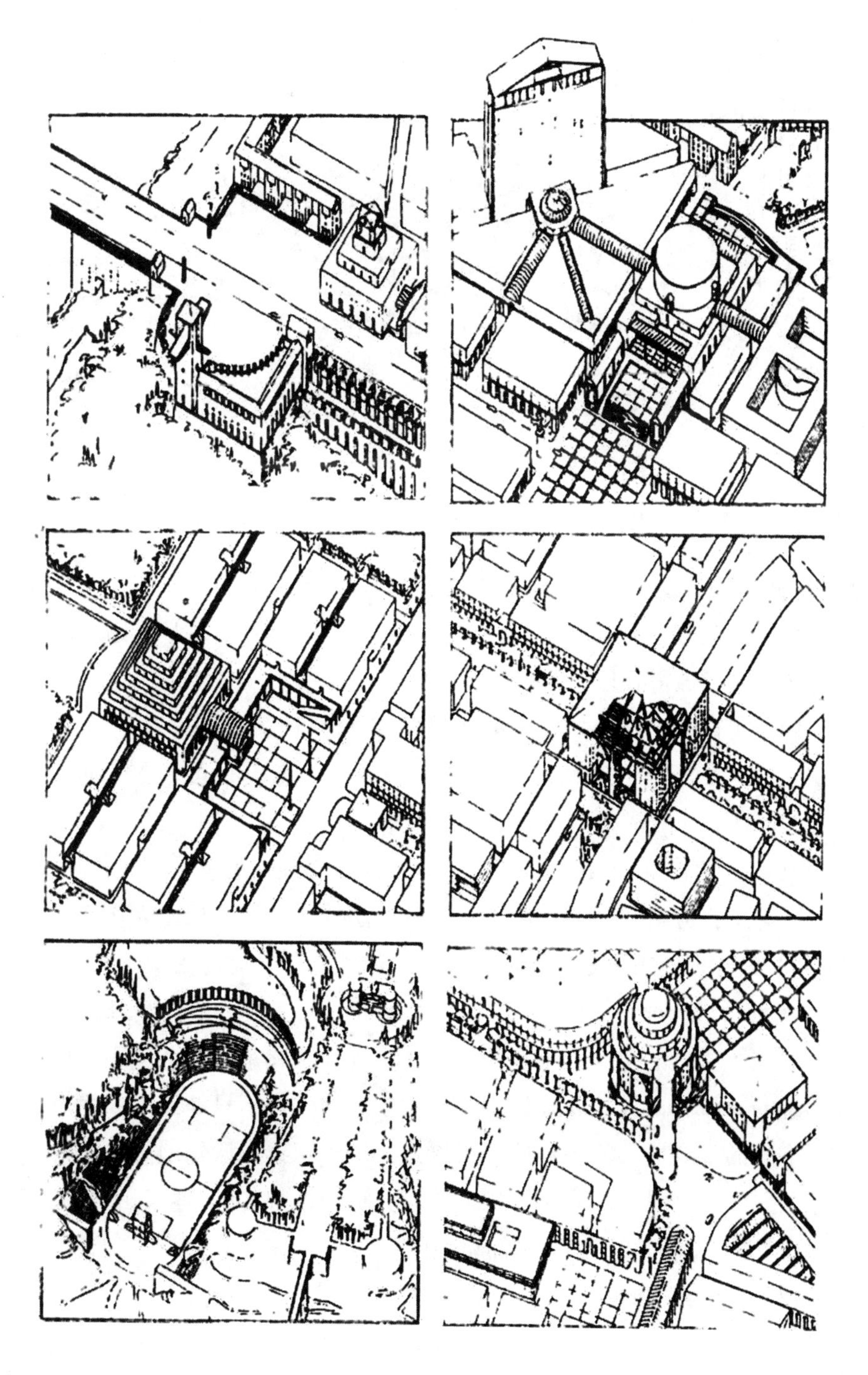

图 3-2-4　卢森堡重建计划

图 3-2-5 俄斯金的瑞典 Vastervik 都市核心更新计划

二、认知意向的分析

“意象”（Image）是心理学中的一个术语，用以表述人与环境相互作用的一种组织，是一种经由体验而认识的外部现实的心智内化。其现代用途由博尔丁建立。今天，意象的概念已经在政治学、地理学、国际研究和市场研究等领域得到广泛的应用。

博尔丁认为，所有的行为都依赖于意象，“意象可定义为个人累积的、组织化的，关于自己的和世界的主观知识”。而意象的心理合成则与“认知地图”（Cognitive Map）密切相关。

凯文·林奇（Kevin Lynch）借助于认知心理学和格式塔心理学的方法对城市进行分析，开创了城市意象分析法，其分析结果建立在居民对城市空间形态和认知图式综合的基础上。其结论集中发表在《城市的意象》（Image of the City）一书中。

凯文·林奇的主要贡献在于，他使认知地图和意象概念运用于城市空间形态的分析和设计，并且认识到，城市空间结构不只是凭客观物质形象和标准，而且要凭人的主观感受来判定。由于意象和认知地图是一种心理现象而无法直接观察，所以需要一些间接方法使之外显。他采用的方法有：

（1）请人默画城市意象和简略地图；

（2）晤谈或书面描述；

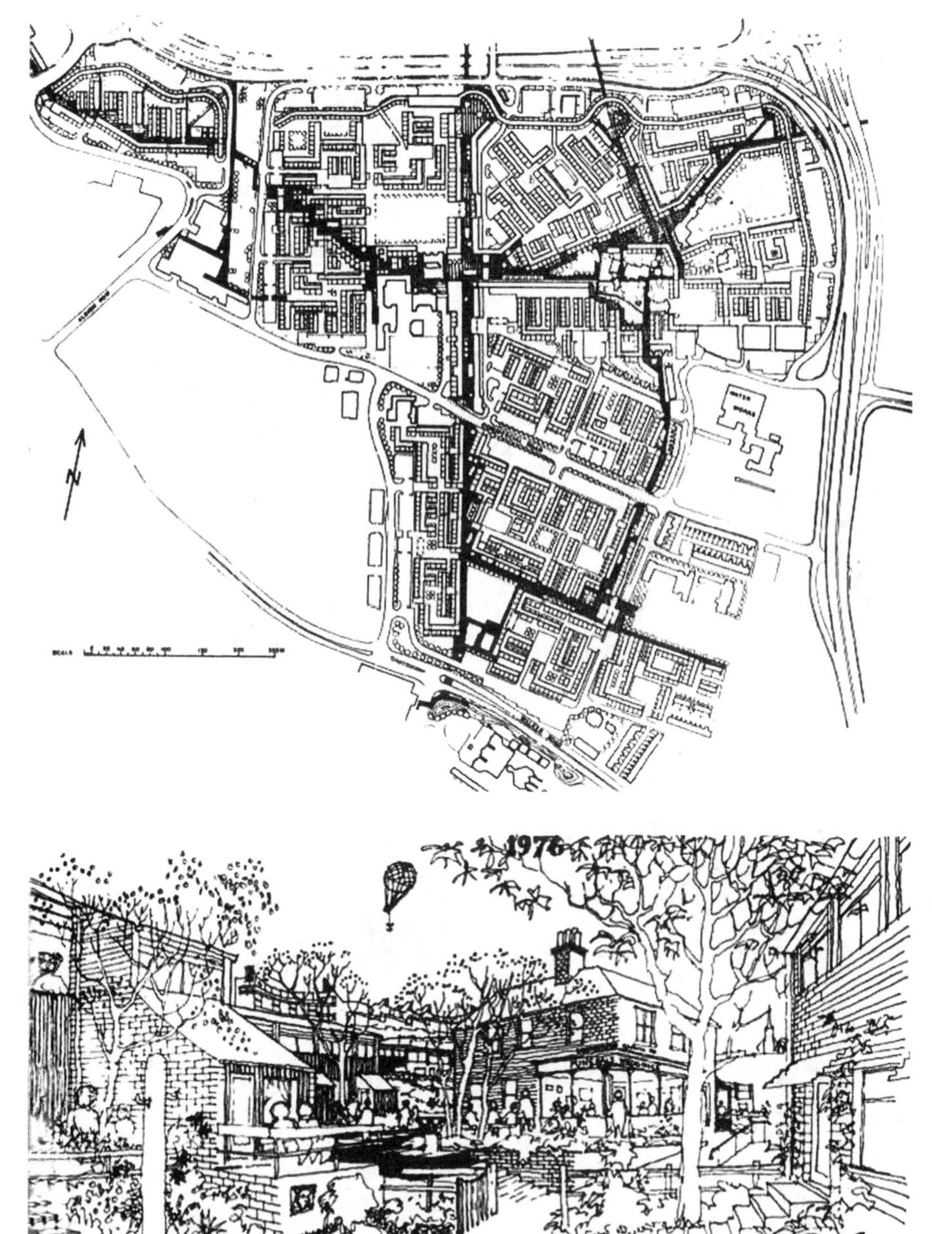

图 3-2-6 俄斯金所作的英国纽卡斯尔拜克社区计划

（3）做简单的模型。

认知意象对城市空间环境提出了两个基本要求。即可识别性（Legibility）和意象性（Imaginability）。前者是后者的保证，但并非所有易识别的环境都可以导致意象性。意象性是林奇首创的空间形态评价标准，

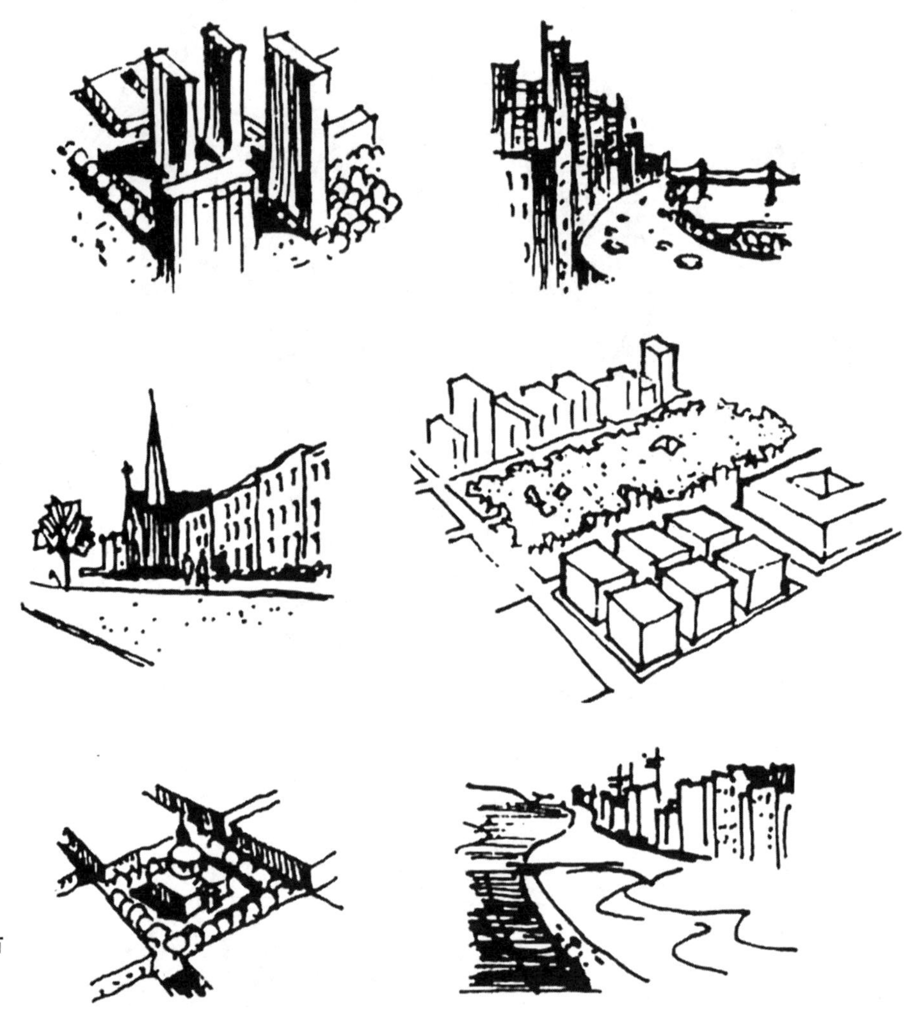

图 3-2-7 林奇的城市意象五要素

它不但要求城市环境结构脉络清晰、个性突出，而且应为不同层次、不同个性的人所共同接受。

通过研究，林奇概括出今天大家已经熟知的城市意象五要素（图 3-2-7），即：

（1）路径（Path）：观察者习惯或可能顺其移动的线路。如街道、小巷、运输线等，其他要素常围绕路径来布置。设计时要注意它的特性、延续、方向、路线和交叉（图 3-2-8）。

（2）边界（Edge）：指不做道路或非路径的线性要素。通常是两个面的分界线，例如河岸、湖岸、铁路路垫、围墙等。这类界面对城市环境至关重要（图 3-2-9）。

（3）区域（District）：中等或较大的地段，这是一种二维的面状空间要素，人对其意识有一种进入“内部”的体验（图 3-2-10）。

图3-2-8 巴黎街道景观

图3-2-9 瑞士小城的滨河界面

（4）节点（Node）：城市中的战略要点，如道路交叉口、方向变换处；抑或城市结构的转折点、广场，也可大至城市中的一个区域的中心和缩影。它使人有进入和离开的感觉，设计时应注意其主题、特征和所形成的空间力场（图 3-2-11）。

（5）标志（Landmark）：城市中的点状要素，可大可小，是人们体验外

图3-2-10 贵州镇远古城风貌

图3-2-11 巴黎德方斯城市节点

部空间的参考物，但人不能进入，通常是明确而肯定的具体对象，如高大建筑物、构筑物、山丘等，有时树木、店招乃至建筑物细部也可以视为一种标志（图3-2-12）。

一般说来，认知意象分析较适用于小城市或大城市中某一地段的空间结构研究。

图3-2-12 罗马的标志物——斗兽场

三、城市活力的关注

城市开放空间的价值，在于城市居民可依据自己的意愿，选择自己想参与的活动和团体，学习和不同阶层的人交流。换句话说，城市开放空间不是一种简单的图式空间，而是一种涵盖了社会、文化的活动空间。空间的主体是市民的使用活动，空间本身则仅仅是使用活动的客体。所以，空间是否有活力是城市环境好坏的重要指标。

特兰西克在《找寻失落的空间》一书中论及到现代都市空间中的所谓“反空间”、“失落空间”，认为它们丧失了传统空间的基本结构原则。从城市活力分析看来，这类空间实际上是一种缺乏活力的空间。究其原因，他认为，是汽车、城市郊区化、现代建筑运动、城市更新、分区使用政策、私人利益凌驾于公共利益之上，以及都市内部土地使用形态的变化等因素。

简·雅各布在《美国大城市的死与生》中也对“大规模开发式”的城市建设导致城市活力丧失的模式进行了猛烈的抨击。她认为，城市设计最基本的、无处不在的原则应是“城市对错综交织使用多样化的需求，而这些使用之间始终在经济和社会方面相互支持，以一种相当稳固的方式相互补充”。对于这一要求，传统“大规模开发”的做法已证明是无能为力的，因为它压抑想像力，缺少弹性和选择性，只注意其过程的易解和速度的外在现象，这正是城市病的根源。

在雅氏看来，柯布西耶和霍华德是现代设计的两大罪人，因为他们都是城市的破坏者，都主张以建筑为本的城市设计。她认为，城市的多元化是城市生命力、活泼和安全之源。城市最基本的特征是人的活动。人的活动总是沿着线进行的，城市街道担负着重要的任务，是城市中最富活力的"器官"，也是最主要的公共场所。

雅氏认为，除交通功能外，街道还有三项基本变量，它们都与人的心理和行为有关。这三项变量是安全、交往和同化孩子。因此，现代城市更新改造的首要任务是恢复街道和街区"多样性"的活力，而设计必须要满足四个基本条件，即：

(1) 街区中应混合不同的土地使用性质，并考虑不同时间、不同使用要求的公用；

(2) 大部分街道要短，街道拐弯抹角的机会要多；

(3) 街区中必须混有不同年代、不同条件的建筑，老房子应占相当比例；

(4) 人流往返频繁，密度和拥挤是两个不同的概念。

简·雅各布的街道眼（Street eyes）在保证了街道安全的同时，也给街道带来了活力。她认为，人行道上必须总有人，这样既可以增添看街道的眼睛的数量，也可以吸引更多的人从楼里看街道。同时这些盯着街道的眼睛不能是警察、保安等值守人员的，而应属于我们称之为街道的天然居住者。

从前面各学者对城市活力的探讨结论看来，要使城市开放空间获得活力，除了改善空间环境自身的质量外，还必须做到以下几点：

(1) 适度的多样化。多样化包括功能配置的多样性和环境设施的多样性，前者能在不同时间段内给开放空间带来不同的使用人群，后者能给使用人群带来多重的选择性。

(2) 良好的可达性。空间的可达性包括距离的可达性和视觉的可达性两个方面。

(3) 活跃的空间界面。活跃的空间界面需要街道主导建筑，需要规定街墙的高度，将建筑退线分为街墙退线和塔楼退线；规定建筑街墙退线的距离和贴线率；规定退线空间的使用。建筑退线所形成的空间、界面、尺度、用途等对步行者的心理感受造成最直接的影响，从而决定了人们在街道上的活动以及相应的空间活力。

（4）适当的尺度。大而无当的尺度非但不能给城市带来美好的视觉景观，反而会削弱单位面积内的活动频率，从而影响城市外部空间的活力。

（5）空间使用的复合型。现实生活中，空间的使用远非设计师设计阶段所预想的那样，一种空间只对应一种使用活动，实际上一种空间可能支撑着多种使用活动。如一座雕塑可能是人们拍照留影的背景物，也可能是人们休息的依靠物，还可能是儿童游玩的场所。

（6）减小交通影响。在可能的情况下，尽量使空间步行化或使交通慢速化。

在实际操作中，可以借助图标的方式来分析城市开放空间的活力状况，如图 3-2-13 所示。整个图表由三部分组成，大图由纵横两条轴线组成，横轴表示不同的时间段，纵轴表示不同的方位（也可以表示不同的功能体或不同的活动类型）。通过该图表可以看出，不同的位置在各时间段内的使用活动状况。图 3-2-14 是连续时间下的活动次数曲线，清晰地反映出随时间而变化的活动规律。右图活动人数的统计表，清晰地反映出不同方位的活动总人数。

第三节　生态分析法

一、景观生态学的基本概念

生态的定义是由德国生物学家何克尔（Ernst Heinrich Haeckel）于 1869 年首次提出，并于 1886 年创立生态学。自 20 世纪 70 年代以来，生态学得到了前所未有的发展和应用，并于其他学科相互渗透和交叉，在扩大本学科内容的同时，产生了许多分支，形成庞大的综合性学科。

在这个庞大的学科体系里，景观生态学——以生态学理论为基础，吸收了地理学、系统学等内容。把景观（土地镶嵌体）作为研究对象的生态学，自 20 世纪 80 年代以来发展迅猛。“土地镶嵌体”的概念生动地描绘了自然过程和城市发展在区域空间中紧密交织、无法分离的现实。这里的“景观”实际上就是指的这种“土地镶嵌体”。

景观生态学着重研究景观的三个特征：

结构：特定的生态系统间或存在于“元素”之间的关系。

功能：指空间元素之间的相互作用。

变化：生态镶嵌体的结构与功能随时间的变化。

换言之，景观生态学的研究侧重点是，在区域环境里的生态系统和各种类型的土地使用分布之间的水平过程，包括土地镶嵌体的空间格局，生态要素的水平流动与交换，物种、物质和能量的流动，以及干扰过程的空间扩散。

基于景观生态学的观点，景观（土地镶嵌体）的结构单元不外乎 3 种：斑块（patch）、廊道（corridor）和基质（matrix）。因此景观具有明显视觉特征，它处于大地理区域之下的中等尺度，通常大都市圈或者城市区域即落在这样的尺度单元上。我们可以在城市区域的任何部分找到斑块、廊道和基质特征结构。而城市设计是从整体出发，综合考虑环境因素而进行的城市形体空间的三维设计，城市的建筑实体空间和开放空间相互交错的形态也能够和上述特征结构发生关系。所以景观生态学为生态科学和城市规划设计两个不同领域的研究者进行沟通提供了理论基础。

既然斑块、廊道和基质是景观生态学用来解释景观结构的基本模式，那么如何定性、定量地描述这些基本景观元素的形状、大小、数目和空间关系，以及这些空间属性对景观中运动着的生态流有什么影响就显得十分关键了。因此，景观生态学研究得出的景观结构与生态关系的一般性原理为城市设计中的生态分析提供了可靠的依据。

二、景观生态学的基础理论

1. 斑块研究

边缘生境和边缘种、内部生境和内部种原理：将一个大斑块分割成两个小斑块时边缘生境增加，往往使边缘种或常见种丰富度增加，内部种的种群和丰富度减少（图 3-3-1）。

斑块大小原理：大斑块中的种群比小斑块中的大，因此种绝灭概率较小。大面积自然植被斑块可保护水体和溪流网络，维持大多数内部种的存活，为大多数脊椎动物提供核心生境和避难所，并允许自然干扰体系正常进行。面积小、质量差的生境斑块中的物种绝灭概率较高。但是，小斑块可作为物种迁移的踏脚石，并可能拥有大斑块中缺乏或不宜生长的物种。

斑块数目原理：生境斑块的消失会导致生存在该生境中的种群减小、生境多样性的减小，进而导致物种数量减少。生境斑块消失会减小复合种群，从而增加局部斑块内物种的灭绝概率，减缓再定居过程，导致复合种群的稳定性降低。在景观中，若一个大斑块包含同类斑块中出现的大多数

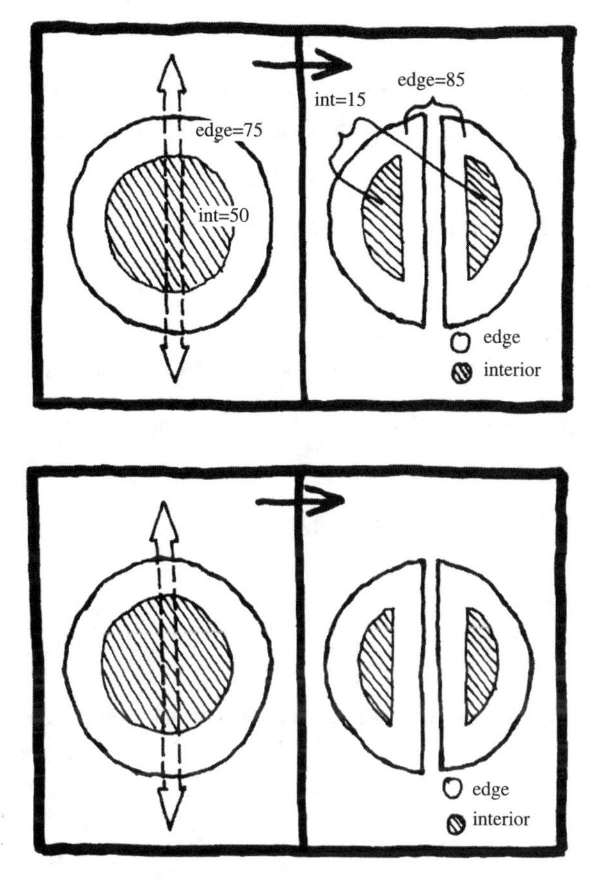

图 3-3-1　将一个大斑块分成两个小斑块

物种，那么至少需要两个这样的大斑块才能维持其物种丰富度。然而，如果一个大斑块只包含一部分物种，为了维持这个景观的物种丰富度，最好是有 4 ~ 5 个大斑块作为保护区。在缺乏大斑块的情况下，广布种可在一些相邻的小斑块中存活。这些小斑块虽然是离散的，但作为整体还能够为这些广布种提供适宜的、足够的生境（图 3-3-2）。

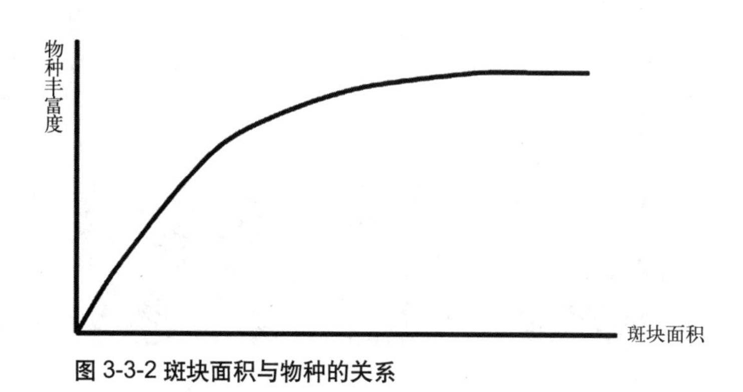

图 3-3-2 斑块面积与物种的关系

斑块的位置原理：在其他条件相同的情况下，孤立的斑块中物种灭绝概率比连接度高的斑块中的要大（图 3-3-3）。生境斑块的隔离程度取决于与其他斑块的距离以及基地的特征。在一定时间范围内，与其他生境斑块或种源紧邻的斑块的再定居率要高于相距较远的斑块。在自然保护中，生境斑块的选择应基于斑块在整个景观中的重要性（如有的斑块对景观连接度起着枢纽作用）和斑块特殊性（即斑块中是否包含稀有种、濒危种或特有种）。

斑块形状原理：大多数自然边界是曲折、复杂、和缓的，而人工边缘多是平直、简单、僵硬的。生物对平直边界的反应多为沿着边界方向运动。而 弯曲边界促进生物穿越边界两侧的运动。斑块的形状越曲折，斑块与基质间的相互作用就越强。最佳形状斑块具有多种生态学效益，通常具有一个近圆形的核心区、弯曲边界和有利于物种传播的边缘指状突出（图 3-3-4）。

图 3-3-3 孤立的斑块与连接度高的斑块比较

图 3-3-4 最佳形状斑块

2. 廊道研究

廊道功能的控制原理：宽度和连接度是控制廊道的生境、传导、过滤、源和汇 5 种功能的主要因素。

廊道空隙影响原理：廊道内的空隙对物种运动具有影响，影响的大小取决于空隙的长度和物种运动的空间尺度，以及廊道与空隙之间的对比度（图 3-3-5）。

踏脚石连接度原理：在廊道间或没有廊道的地方，加设一行踏脚石（小斑块）可增加景观连接度，并可增加内部种在斑块间的运动。

廊道宽度原理：廊道在宽 3 ～ 12m 时，物种基本是边缘种，物种多样性没有明显差别。大于 12m，有内部种出现，物种多样性和丰富度提高。所以 12m 以上是带状廊道，12m 以下是线状廊道。廊道宽度 >30m，含有较多边缘种，但物种多样性较低；廊道宽度 >60m，对于草本植物和鸟类而言，具有较高的多样性和林内种，满足生物迁徙及保护的功能。廊道 >100 ～ 600m，创造自然化、物种丰富的景观结构。

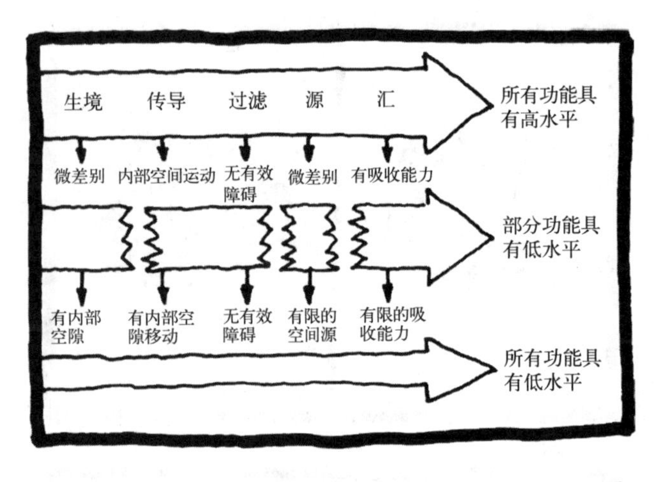

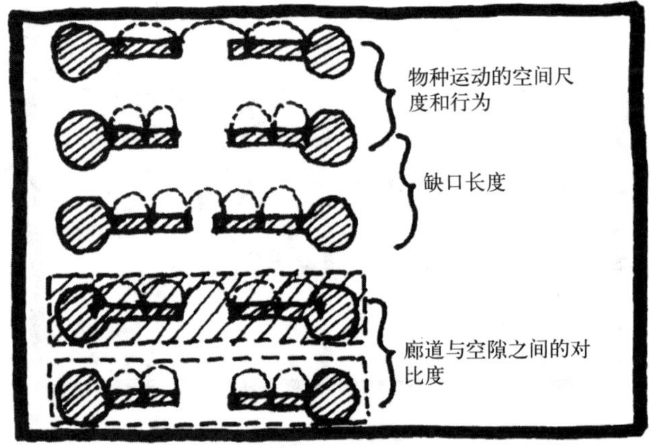

图 3-3-5

道路廊道原理：道路及另外“穿过”形廊道原理：公路、铁路、电缆线和便通道常在空间上是连续的，相对较直，且常有人为干扰。因此。他们常把种群分割为复合种群，主要是耐干扰种活动的通道，是侵蚀、沉积、外来种入侵以及人类对基质干扰的源端（图 3-3-6、图 3-3-7）。

河流廊道原理：具有宽而浓密植被的河流廊道能更好地减少来自周围景观的各种溶解物污染，保证水质。河流主干道两旁应保持足够宽的植被带，以控制来自景观基底的溶解物质，为两岸内部种提供足够的生境和通道等（图 3-3-8）。

3. 基质研究

基质是在景观中最广泛和最有连续性的元素类型，对景观功能起着决定性的作用。景观中某一类元素明显地比其他元素占有的面积大得多，可以据此来判断这种元素是基质。基质比其他任何景观元素连通程度更高。

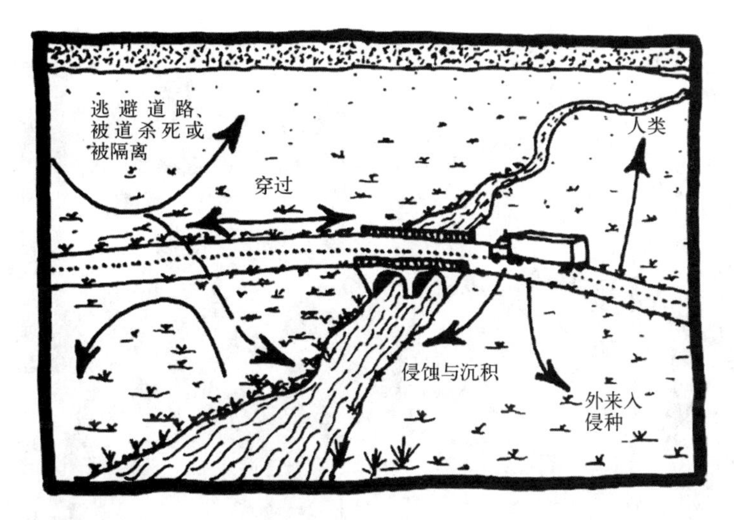

图 3-3-6

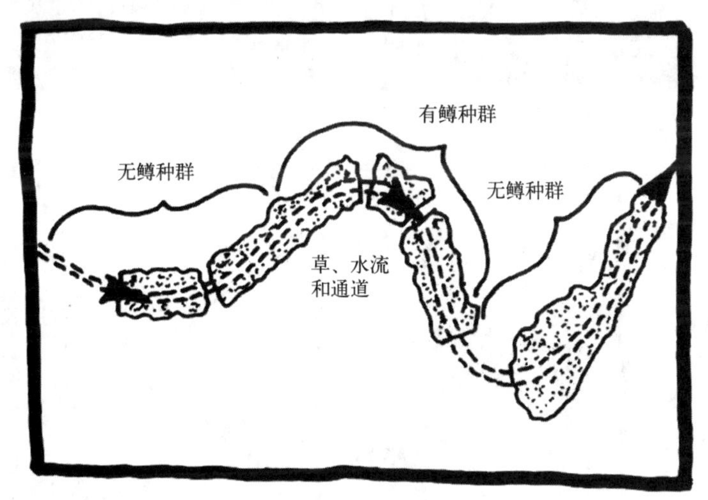

图 3-3-7

尽管景观中的树种与原始的演替顶极物种不同，但在构成新环境的动态发展过程中起了重要作用。基质在景观的动态发展中发挥了比其他景观元素更大的控制作用。

在孔隙率较低时，包围着斑块的廊道网络可以看成是基质。相反，在空隙率高时，这种网络基质就是廊道网络了。

网络连接度和环回度（circuitry）原理：网络连接度（即所有结点通过廊道连接的程度）和网络环回度（即环状或多选择路线出现的程度）可表示网络的复杂程度，并可作为对物种运动的连接度的指标（图 3-3-9）。

环路和多选择路线原理：在廊道网络中，多选择路线或环路可减少廊

图 3-3-8 生物廊道

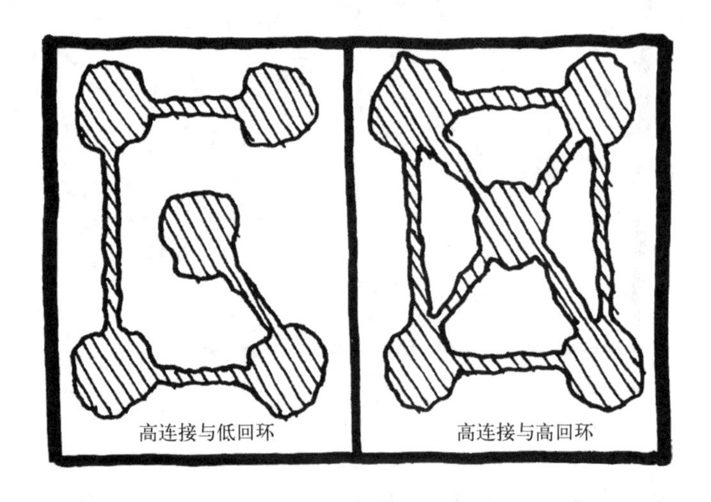

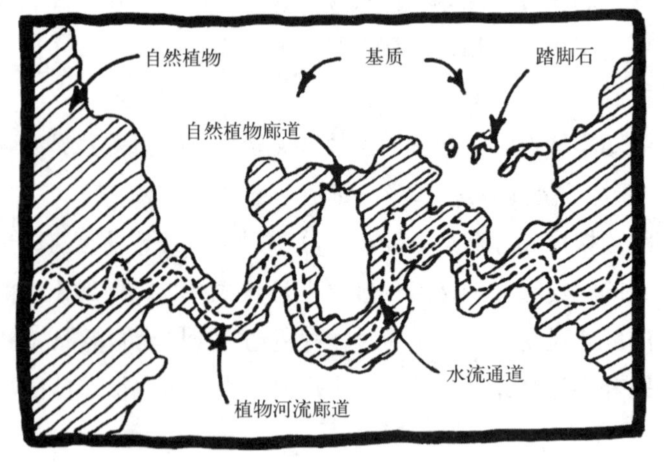

图 3-3-9

道内空隙、干扰、捕食者和捕猎者的不利影响，从而促进动物在景观中的运动。

常见的有森林基质、草原基质、农田基质、城市建成区基质等（图3-3-10）。

三、景观生态学在构建城市生态空间时常用的分析方法

1. 历史景观生态分析

城市化过程对景观生态（土地镶嵌体）的影响可以从其形式和结构的变迁过程中找到线索，这些线索为生态恢复和生态化的土地使用配置模式提供了方向。可利用航拍图片和卫星影像，运用人工辨析或GIS的分析方法，在城市扩张和蔓延的过程中辨析土地镶嵌模式的变化（图3-3-11）。

借助调查分析，对找出区域—城市变迁以前的生态模式起着极其关键的作用。其日的是为制定生态恢复途径和寻找生态恢复和保护关键节点提供线索。

2. 区域—城市层次分析

城市作为一个人工干扰镶嵌体和周边作为背景的区域生态格局有着密切的关系，城市通过其特定水平格局的分布和联系状态与外界产生着相互作用，在生态系统间进行着物质、能量、物种的流动和交换。

因此在区域层面上对城市周边的景观生态结构进行定性和定量的分析，对城市层面上的生态水平格局在规模、结构、形态的发展趋势上有着极为重要的指导意义。其目的是为确保形成城市和区域环境间的健康生态水平格局提供科学依据。

3. 城市建成区层次分析

城市作为一个景观单元由其特定的景观结构体系，即斑块、廊道和基质的水平格局。其中斑块是自然斑块（山体、湖泊、林地等）和各种人工斑块（城市组团）；廊道是城市中具有一定宽度和连度的各种线型元素（道路、铁路、河流、高压线走廊等）；基质可以是孔隙率较低的、包围着人工斑块的绿色廊道网络和城市林地斑块，也可以是连通率很高的建筑和街区。

对上述每一层面的景观要素的尺度、位置、边界、数目和形态进行人工辨析或GIS分析，可以为城市的土地利用、基础设施、开敞空间等方面的布局与确立具有重大指导意义，并最终为建立城市内各类自然要素交叉互融的立体生态网络提供直接指导根据。

图 3-3-10　景观基质和斑块

图 3-3-11　生物镶嵌结构

第四节　定量分析法

随着电脑技术的日益发展，借助电脑对城市开放空间进行数字化分析在各国的城市设计中已经得到广泛的应用。这逐渐使规划者从繁琐庞杂的事务性工作中解放出来，大大提高了规划设计的科学性，并将城市设计从单纯的感性创造带向感性创造与理性分析并重的境地。在当前的城市设计中，相对成熟的数字化分析方法有空间句法、GIS 分析以及城市环境的模拟分析等。

一、关于空间句法

1. 比尔·希列尔

提到空间句法，不得不谈到其创始人，伦敦大学（UCL）巴利特学院的比尔·希列尔（Bill Hiller）教授。早在其大学时代，希列尔与志同道合者们就开始试图运用与拓扑学关系紧密的图论（Graph heory）基本原理来量化研究城市空间。至 1970 年代，其方法与理论体系基本建立起来了，1984 年他与朱利安妮·汉森（Julienne Hanson）联合出版了一本著作《空间的社会逻辑》(The Social Logic of Space)，标志着空间句法研究理论已经形成，到了 1996 年他出版的名著《空间是机器：建筑组构理论》(Space is the Machine：A Configurational Theory of Architecture)，该理论已经蔚为大观了。至新世纪的今天，40 多年的专注与持之以恒造就了城市形态研究领域里的空间句法学派，并随着电脑技术的不断更新而获得长足发展。目前遍及全球的众多城市学者与电脑科学家等加入对空间句法理论的发展、提升、修正甚至批判的队伍；超过 300 个研究机构将该理论方法运用于自己的城市研究课题；大量的建筑与城市设计机构也在与 UCL 同步建立的商业机构——空间句法公司进行密切的合作。

空间句法是指一种通过对包括建筑、聚落、城市和景观在内的不同空间结构的量化描述，来进行空间组织与人们社会关系处理的理论和方法。空间句法是从建筑群落的内部入手，以空间本身为切入点，将空间作为独立的元素进行表现，并以此为基点，进一步分析建筑、社会、认知等领域之间的关系。

首先，空间句法的理念是希望人们抛弃那种认为空间是作为建筑实体背景的想法，尝试着去想像空间不是人们活动的背景，而是人们活动的本质，即人在空间中运动，空间是人与人交往的场所，是一个自然的、必然的几何形态。

2. 对空间的量化计算

众所周知，对自然 / 社会 / 城市现象的量化研究必须经过特定简化过程才能建立基本的参数、变量与运算公式，空间研究亦不例外。空间句法的最初思考原型基于图论，将空间简化为一系列的点，它们之间通过线连接。这样一来，空间既被拓扑化了，也被简化了（也就是回避了空间的形状、尺度、材质与社会属性等复杂问题），基本的变量与参数可以较为轻松地确定下来，它们之间的数学关系 / 运算公式也能顺理成章地建构起来。这是数学家的智慧——在纷繁的现实生活中发现那些最关键的简单关系，并将它们转化为公式。

进一步的，是运用城市（形态）研究者的智慧——在简明的数理逻辑中发现与城市（空间）现象的对应关系，并通过实证研究验证这些关系，以验证的结果反过来修正和发展数理逻辑。在彼来此往的反复中，时间流逝，理论及其运算方法逐渐变得多样与繁复。一颗种子就这样长成了大树，一片树林的形成也有了势头。

3. 分割现实空间

空间句法研究的一个本原性关键是分割现实空间，以便转化为图论中的一个个点，就像是在物理学研究中将一片树叶转化为刚体，其难度可想而知，却又无法规避。希列尔及其团队尝试了各种途径试图实现唯一合理的空间分割方法，全球其他高校和研究机构的学者们也参与进来。遗憾的是，直到今天也没有找到这个唯一性的方法，或许这样的遗憾恰恰映射了生活的真实——没有唯一的、无条件的绝对真理，只有多解的、有条件的相对真理。

概括来说，学者们发展了数种基本的空间分割方法，如凸状空间（convex space）分割法、轴线（axis）分割法、视区（isovist）分割法、交叠凸状空间分割法、所有线分割法、可视图解分割法、表面分割法与端点分割法等。

4. 空间分析

空间表现主要为：其一，运动本质是线性的；其二，需要在一个“凸”的空间内进行；其三，从任意一点向四周望出，都能形成一个（尽可能大的）视觉空间。空间句法最基本的分析有 3 种：轴线分析（axial analysis）、视区分析（isovist analysis）和 VGA 分析（visual graph analysis，也称为可视图解分析），后来 Turner 从轴线分析又发展出了线段分析（segment analysis）。轴线和线段分析主要针对网络型空间系统，最大的用途是分析城市道路系统，但不是按照交通专业的分析方法；视区与 VGA 分析主要针对稍小尺度的，尤其是以平面体块、图底关系或者肌理方式提取的空间系统，分析建筑或者街区内部空间时较为得心应手。这些基本的分析计算与上述的重要概念关系紧密，能算出可作比对与相关性测算的各种数据。

5. 引入社会意义

可以将空间句法理论分为两个板块：其一是算法研究，也可称为本体研究。主要是涉及城市研究领域的数学家与电脑科学家来进行的、对空间句法各种算法的创造、修正、验证与批判等；其二是运用研究，也可称为客体研究。主要是城市规划、城市设计与城市形态及空间研究等学科领域内的学者来进行的、对具体城市或者各类空间系统的实证比对评价、改良建议与规划设计创造等。这两个板块都离不开空间句法的社会意义。例如希列尔最近对拓扑算法、角度修正算法与实际空间距离算法进行了比对验证，发现拓扑算法与角度修正算法与城市里大多数人的空间运用轨迹更吻合。而实际空间距离算法却显示出了凌乱无序的空间系统，只有非常熟悉当地空间网络的人（如经验丰富的出租车司机）才会利用最小距离的空间网络系统。此外，不同的算法揭示出一个城市所包含的“两种城市”：主要受到各级城市中心控制的、大尺度的“整体—前台城市”与主要受到步行和短时间车行控制的、小尺度的“补丁—后台城市”。如果说全球化的力量需要施力于前者的话，那么后者就是地方文化赖以延续的土壤。

6. 结语

空间句法在城市设计中应用改变了城市设计的盲目性，与城市设计的对象本质一致。空间句法强调空间的本体性，但其方法却基于先进的地理信息科学及计算机模型技术，注重空间环境的理性设计方法，增强了城市设计的可度量标准，为环境决策和空间效率的发挥提供创造力和量化手段结合的有效途径。这正是空间句法对城市设计运作的巨大影响(图 3-4-1)。

空间句法的发展势头良好，尤其在电脑运算能力突飞猛进、数据化研究已是大势所趋的当代。但是绝不能说空间句法分析的结果一定是科学客观的，尽管它使用了科学方法；也决不能说古典的城市设计分析方法就是感性与不客观的，尽管貌似没有使用众多数据甚至数学公式。因为对于人类的理性分析而言，其工具不只是数学，语言文字与图形中同样包含着大量的理性成分。空间句法是在图形分析的基础上引入了数学运算，这是好事，但是它的理性与智能最终取决于分析者 / 人的理性与智能，而不是反客为主地使得分析者沦为工具的奴隶——放弃创造与想像，退化为熟练的程序操作员。

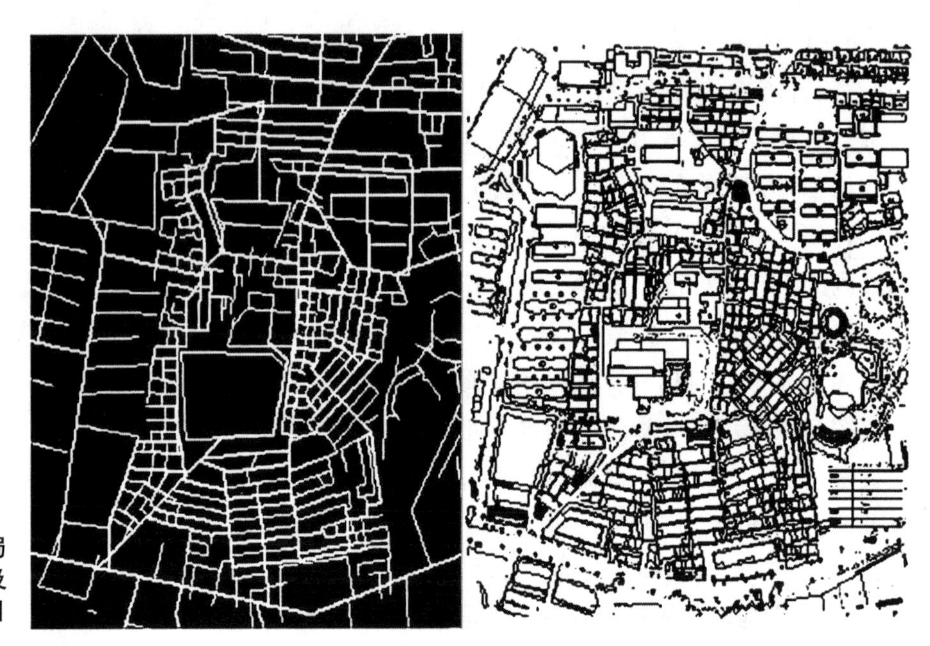

图 3-4-1 深圳某局部地区的轴线地图及空间特性分析轴线图

二、GIS 的辅佐

GIS 即地理信息系统（Geographic Information System），经过了 40 年的发展，到今天已经逐渐成为一门相当成熟的技术，并且得到了极广泛的应用。尤其是近些年，GIS 更以其强大的地理信息空间分析功能，在 GPS 及路径优化中发挥着越来越重要的作用。GIS 地理信息系统是以地理空间数据库为基础，在计算机软硬件的支持下，运用系统工程和信息科学的理论，科学管理和综合分析具有空间内涵的地理数据，以提供管理、决策等所需信息的技术系统。简单的说，地理信息系统就是综合处理和分析地理空间数据的一种技术系统。

可视化应用（Visualization Application）

以数字地形模型为基础，建立城市、区域、或大型建筑工程、著名风景名胜区的三维可视化模型，实现多角度浏览，可广泛应用于宣传、城市和区域规划、大型工程管理和仿真、旅游等领域。

近年来，随着 GIS 的发展和普及，在城市设计中也逐渐得到运用，除了用于基本的高程、坡度、坡向等地形分析外，还利用其强大的数据处理能力，将用地内的各类信息（包括物质层面的信息和社会层面的信息）分层统计，并给出评价和估计，最后进行叠合分析，为规划的决策提供技术支撑。

三、城市环境的模拟

通过编写程序，运用计算机对城市环境进行模拟和优化是最常见的做法。这种方法可以模拟分析包括城市及建筑风环境、污染物环境、热环境、光环境和声环境等等，为城市设计提供了一套分析和优化的科学方法（图 3-4-2）。

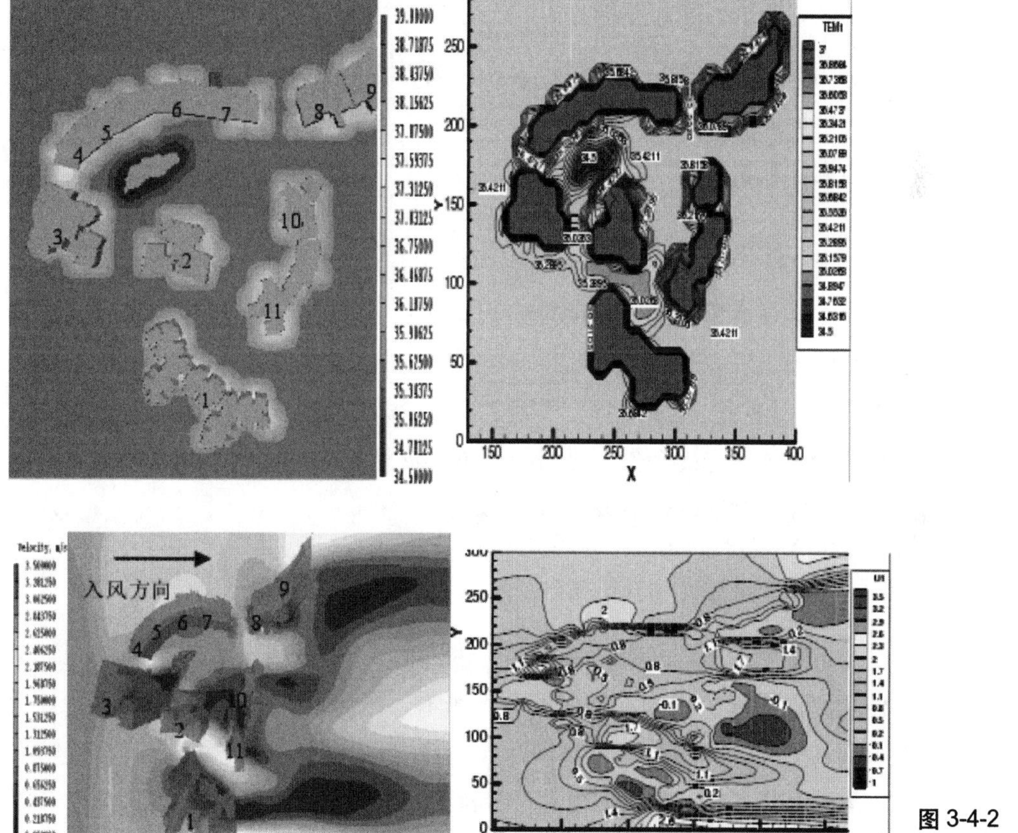

图 3-4-2 重庆某小区温度场、风场分析

第四章 城市设计图纸的表达[①]

第一节 有关城市设计图纸

一、图纸的媒介作用

图纸是一种媒介，把设计者和读图者联系起来。通过读图，读图者能够了解设计者在图纸中表达的各种信息。好的设计图纸能够清晰、准确地传达设计意图。

二、图纸表达

图纸表达呈现的是一种思维活动过程。借助图形、文字、符号、色彩等视觉语言的基本元素，设计者将设计内容以特定的视觉信息进行有序组织，把设计构想、安排、计划等通过明晰、易懂的视觉语言完整地传达出来。当然，因读图者的身份、受教育程度甚而性别等方面的不同，对信息的理解和反应有可能差别很大（图 4-1-1）。

三、图纸表达的两个系统

日常生活中，人们用于相互传达信息的方式和载体，大都通过视觉语言获取。从视觉认知和感受的角度来看，可分为“文”与“图”两方面。人们利用“图”的意象符号性，表达着内心的情感与智慧；而“文”则具备沟通人与人之间关系的语言符号特性。在空间类设计图纸的表达中，“文”与“图”相对应的是语言符号系统与意象符号系统。

1. 两个系统的组成

语言符号系统包括纯文字、表格、框文、文图等形式。意象符号系统包括二维设计图（平、立、剖面等）、三维表现图、照片、图示、图文等形式。

2. 两个系统各自的特色

语言符号重在表达，其表述设计内容的逻辑关系。包括对整体设计的

① 本章图均为彩图，集中排在章后——编辑。

因果推导关系阐述，对每个环节的简明扼要总结，以及对重点内容、主导因素的概括和突出。

意象符号重在表现，其表述设计图像的逻辑关系，包括对整体设计的空间时间演进，对设计分析的系统性表达，对设计结果的情境展示。

语言符号系统能清晰地表达复杂深邃的思想，意象符号系统则更能表现世界的感性存在。文字表达准确、清晰、直接，更能表达复杂系统的意义；图像表达相对而言则更加含混、模糊、间接。

四、城市设计图纸的特点

城市设计图纸作为城市设计成果的重要内容，承载了大量的设计图、文信息。作为学生作业的城市设计图纸，其特点为：设计背景及相关分析包含了密集、丰富的信息，图纸视觉和逻辑组织清晰、有序，属于意象符号系统的图示语言比重大。图纸在表达上呈现叙事特征，一般以时间顺序体现设计内在的因果逻辑。图纸在表现上呈现视觉化特征，体现外在的读图规律。

五、城市设计图纸的常见问题

“文”的问题：文字要点不突出，因果关系不明，缺乏结论；表格及框文分析欠缺，文图不够精练；文图表达逻辑不严密，逻辑链松散，环节残缺，顺序颠倒，逻辑分叉，出现假逻辑等。

“图”的问题：图文比例失调，文多图少，图纸信息量不够；照片过多，缺乏简明、易读的图形设计语言；二维设计图不完整，三维表现图缺乏感染力。

第二节　图纸平面设计要点

城市设计图纸以二维平面形态传达设计信息，其图文表达符合平面设计的视觉规律，应体现以下设计要点：

一、建立版式

在信息铺天盖地的今天，受众为各种信息所累。通过简洁的版式设计，减少读者的心理压力和视觉疲劳，在较短的时间内使读者获得更多有用的信息，成为城市设计图纸表达的趋势。利用隐形的版式结构，确定基本元素的布局原则，确保图纸内容的内在逻辑，建立清晰易懂同时又具有吸引力的平面表达方式同样适用于城市设计图纸。

1. 网格系统

网格版式设计不是简单地把文字和图片并列放置在一起，而是从画面结构中的相互联系发展出来的一种形式法则。20 世纪 50 年代才在欧洲定型为版面设计形式。它的特征是重视比例感、秩序感、连续感、清晰感、时代感、准确性和严密性。城市设计内容有着它自己的内在逻辑结构和固定的组成部分，需要一定的经验去实现各部分的相互连续性。网格为版面设计提供了一个基本的骨架，有利于形成清楚、连贯的信息表达关系和易懂的平面效果，给设计一种内在亲和力。

网格系统是一种包含一系列等值空间（网格单元）或对称尺度的空间体系。它在形式和空间之间建立起一种视觉和结构上的联系。形式和空间的位置及其相互关系通过二维网格来限定。网格的构图能力来自于所有元素之间的规则性和连续性，它能够决定一个图面上元素的零散或整齐程度和插图、文字的比例，通过网格建立连续的秩序。

网格由垂直线与水平线相交构成网格单元，网格单元之间的空白区域称为分隔线。分隔线在版式中是隐藏的参考线，并非实体元素。网格设计就是在版面上按照预先确定好的格子为图片和文字确定位置（图 4-2-1）。

网格的垂直划分称为分栏，水平划分称为分块，在这里我们统一称为分版。根据城市设计图纸的表达内容和一般要求，我们将分版方式分为以下几类：

一版式：一版式就是指没有特定的划分，所有图纸内容依次排列，一般适用于竖布图。这种版式内容简洁明了，读图者直观地就能找到读图顺序；图纸重点内容不会因为版式的花哨而被削弱；布图难度也较小，图纸风格大方稳健（图 4-2-2）。

两版式：对称的两个版面，一般为竖布图，最大特点是左右两边的结构大致相同，页面中的网格是可以进行合并和拆分的。两版式加强了图纸的纵深感。同时避免了一版式横向内容过长引起的阅读不适；两侧对应的内容也可以产生节奏感和韵律感。但是对主要图形形式有要求，如设计基地为方形地块，就会出现平面图和鸟瞰图无法布图的困难（图 4-2-3）。

三版式：是最为常见的一种版式，因为设计者可以方便地将三版转化合并为两版，同时还可以保证图纸版式的原有网格结构，版式简单又具有可变的灵活性，设计者可根据需要突出平面图，鸟瞰图等重点图纸（图4-2-4）。

五版式：不对称的网格结构，可以戏剧性地改变各元素的比重和平衡度，提供别出心裁的机会；一般是在横布图的垂直分栏中使用可达到独具一格的效果；同时五栏的竖向分布使图纸自然而然产生出一种节奏感，生动易读。但是五版式的结构需要地块本身特点及设计策略与之契合，并不适用于所有地块，盲目的模仿会产生东施效颦的感觉，给设计者和阅读者带来很大的困扰（图 4-2-5）。

复合网格：在基本的网格系统下，通过图形与文字块的不断偏离、突破、合并，使对称网格产生不对称的效果，画面生动活泼，富于变化。但是如果没有良好的整体控制能力，当填入大量的城市设计信息后，图纸就会杂乱无章（图 4-2-6）。

2. 螺旋线系统

螺旋线造型自古以来就是建筑、绘画、宗教、壁画、装饰艺术等经常使用的题材。自然世界里充满着无数奇妙的螺旋线现象：水的旋涡、龙卷风、蜗牛壳上的螺纹、鹦鹉螺等。我们可以单纯地选用螺旋线造型，利用它的视觉优势吸引观众的视线，产生塑造优美而富有韵律的视觉效果；我们也可以借用螺旋线丰富的内涵来传达设计的主题，使设计内涵在螺旋线版式下得到升华（图 4-2-7）。

螺旋线系统具有很强的视觉吸引力。无限扩大的螺旋线任何时候都会使人的眼睛沿着同一条路线注视着旋涡中心，好像有被吸入的感觉。螺旋线系统具有强烈的视觉动势。由于螺旋线有一种由中心向外无限扩张的动态线，画面内的物体会受到无形的引力方向所影响，它能够使画面活泼而不凌乱，富有韵律。螺旋线系统同时还具有平衡感。平衡与动感看起来似乎是矛盾对立的两方面，实际上两者是共生和依存的关系，设计图纸的动感往往统一于平衡之中，而平衡失去动感，就会显得一片死寂。

了解了螺旋线系统的特点，有利于我们在版式设计时如何对螺旋线系统进行变形，使版式贴合自身的设计内容，常见的变形后版式包括左右式（图 4-2-8）、上下式（图 4-2-9）、变化式（图 4-2-10）。前两种方式相对简单，变化式因为加入了明确的视觉动线，对其形体和比例的把握，以及与设计本身的巧妙结合，都对设计者提出了更高的要求。不管采用哪种螺旋线版式，都需要记得在螺旋线的漩涡中心位置放置图纸中是最重要的内容。

二、层次化表达内容

1. 分清主次内容

首先是信息等级处理：通过对信息进行分类和归纳，在文本中将信息等级一一标注清楚，诸如标题、副标题、子标题、说明文、正文等，对不同级别的信息含量（特别是正文所占的面积）做到心中有数，这样在设计时就能有意识地将同类同级别的信息合并在同一个区域内。设计时，还应对与文本相关的图片信息进行细分类，找出图片与文字之间的关系，进而合并同类，使文字与图片一一对应，形成明晰的信息级别。信息级别通常以三到四个级别为宜，过多也会造成另一种混乱（图 4-2-11）。

确定中心内容：面对大量信息，如何在版面中清晰明了的表现，就需要明确中心内容。加大中心内容的面积，减小次要内容的面积。每张图都应该明确一个主要内容，放在图纸的视觉中心，通过主要内容控制整个版面。

2. 指明观看顺序

图纸必须有清晰简单的观看顺序，使用两类线来控制阅读顺序。隐形动线：设计时需要一条隐形的平衡动线，来控制图纸内容的顺序分布，从而控制读者的视线以及阅读信息的秩序（图 4-2-12）。可见动线：在有些区域可以通过直接的线性划分与箭头指示串联起阅读内容（图 4-2-13）。

3. 变化视觉节奏

在图纸表达中，过分平稳的版式与内容容易引起视觉疲劳，无法吸引读者的关注度。这时就需要适当变化视觉节奏，打破原有的规则体系，改变部分图形文字的大小比例，突变和抽离某个元素。

4. 确定点、线、面层次

从抽象表达的角度看，点、线、面组合是视觉平面表达的基本要素，点、线、面的巧妙组合是图面活跃、丰富、生动的重要因素。所以在加入其他内容前就应该先确定图纸的点、线、面关系，创造突出的点、引导的线和凝聚的面。

5. 确定黑白灰层次

黑、白、灰是彩色世界抽去色彩后视觉层次丰富、多变的关键因素，是一种视觉明度关系的抽象与概括，是彩色世界五彩缤纷的基础。在表达时，图形与图形，图形与文字，文字与文字，编排元素与背景之间，无论表现为有彩色或无彩色，我们都应提前归纳建立黑、白、灰三种空间层次关系（图 4-2-14）。通过黑、白、灰的明度对比，使某些元素比其他元素更突出，各元素之间建立起先后顺序，使信息层次更加分明。

三、选择色彩构成

色彩是城市设计图纸表达不可或缺的重要元素，也是传达设计信息、表达审美情感和提升表现对象价值的重要媒介。选择色彩构成要遵循色彩原理，符合规律的色彩配置便会给人留下深刻的印象。

1. 色彩构成要素

色相、明度和纯度这三个概念主要被用来描述色彩的基本特征。色相：诸如红、黄、蓝之类的色彩变化称为色相；明度：颜色有明暗之分，引入明度的概念来体现色彩的明亮程度；纯度：像鲜艳的橙色中加入灰色后，变成了褐色，再加就变成了灰色，原本鲜艳的颜色逐渐变成暗色。色彩的鲜艳程度称为纯度。

色相的效果：色相又包含对比色、邻近色和同系色。在色相图中相对的是对比色，例如红色和绿色；靠近的颜色称为邻近色，如与红色邻近的紫色和橙色；同系色指在同一色相中混入白色或者黑色后合成的颜色。颜色自身的效果包括给人以温暖、活力感的暖色（红、橙、黄等），以及给人凉爽、沉静感的冷色（蓝色等）。控制色相差可以改变颜色给人的印象，例如使用同系色、邻近色配色，给人以平稳踏实感；反之，增大色相差，使用对比色，就会使画面更加鲜活生动。

明度的效果：色彩中最亮的颜色是白色，最暗的颜色是黑色，其间是灰色。以明色为主体，画面明朗欢快；以暗色为主体，画面厚重沉着。另外，加大明度差，可以达到富有活力的效果；降低明度差，则达到稳健高雅的效果。

色调的效果：明度和纯度交叉的部分称为色调，色调也可以理解为色彩的状态，指的是色彩给人的感觉和氛围，是影响配色视觉效果的重要因素。

2. 优秀的配色方法

进行配色时，要从正反两方面考虑，既突出提升的方面，又融合平稳的方面。例如以自己最喜欢的颜色为中心完成了初稿，然后应该检查一下是否过于沉重模糊，或者是过于喧闹令人不安。如果过于沉静就突出一下重点；如果过于喧闹则向着沉静融合的方面调整。

（1）突出方法

明确主角：画面整体显得模糊时，要放弃几个要点，明确主体，删去暧昧模糊的内容，从而也使画面清爽踏实。其方法包括：提高主角纯度，加强主角与周边的明度对比，强化色相对比。

加入鲜艳色彩：色彩纯度越高越有朝气，如果想增加画面的欢快感，应加入纯度高的色彩（图 4-2-15）。图纸中加入少量红色，图面立马生动起来。

增大色彩面：黑白主题或是无彩色的画面总使人感到有所欠缺，如果画面过于单调，就可以加入一些色块，画面将变得生动起来。（图 4-2-16）

减少部分黑色：感觉配色过于沉重压抑时，应该减少黑色。色调沉重是由于混入了过多黑色，减少黑色后自然会呈现出鲜艳的色彩。这是效果最显著的突出配色的方法（图 4-2-17）。

增大明度差：明度差越大，画面越有力度，效果越强，反之则平稳无风险。如果感觉画面过于平稳，缺乏力度的话，可以适当增加明度差，其极致就是以黑白对比带来清爽的紧凑感。

加入对比色：加入对比色可以使画面显得生动突出，给读者留下深刻印象。控制好对比色的量，能够在不破坏清晰感的同时，令画面生动起来（图 4-2-18）。

准对比色带来平稳的对比：色环上正对面的颜色是对比色，稍偏离对比色的颜色称为准对比色。对比色即使面积较小也能通过尖锐的对比产生紧凑感。图 4-2-19 中红黄两色的对比很好的突出了画面的重点内容，准对比色的对比效果却相对缓和，所以兼有对立与平稳的感觉。

双对比色：将两组对比色交叉组合后，醒目安定的同时又具有紧凑感。在一组对比色产生的紧凑感上复加一组，自然成为最强烈的配色。但是对于信息繁重的城市设计图纸，这一配色应慎重使用。

黑色起突出作用：黑色是“无色”的特殊色，加入黑色会令强色更强烈，令浅色更突出，产生出尖锐、有力量、耐人寻味的效果。小面积的使用黑色，将尽显高雅气质。

小面积的使用白色：在大面积的彩色或黑色图纸中，小面积的加入白色，将收获意想不到的效果，其保持图纸原本的色彩感觉，又突出整体效果。

（2）融合方法

使用靠近色相：色相越靠近越稳定，色彩给人感觉过于喧闹时，可以选择靠近的色相，协调各种色彩，使画面稳定。

统一明度：即使色相差很大，只要明度统一，画面整体就会给人以安定的感觉。这是在不破坏色相平衡、维持原有气氛的同时，得到安定感的巧妙方法。

使用同一色相的明暗两色：通过同一色相的明色和暗色的组合，制造色相差，或者是混合进浊色也能创造出丰富的色彩表情。这种配色会有陈旧廉价的感觉，不过换个角度看却刚好营造出怀旧的氛围。图4-2-20中使用了橙色明暗两色的对比，刚好营造出与设计主题相符的古朴典雅感。

浓淡法：浓淡法指按照色相顺序或明度顺序的配色。由于顺序被指示出来，因此产生节奏感，给人以舒适的感觉。图4-2-21中黄色的明度顺序变化，使画面艳而不腻。

利用白色间隔：当画面大量使用对比色或者颜色过于浓艳时，就可以就如白色间隔或者以白色为背景，其在凸显鲜艳色彩的同时，使画面变得平静和谐。

3. 色彩的感觉认识

如果想要表达的内容与画面的配色产生分歧，那么无论多么优秀的配色也没有意义了。虽然每个人对于色彩的感觉有差异，但是实际上都还是具有一些共同的审美习惯。只有了解这些暗含的原则，才能更加准确的通过色彩表达设计的内涵。

（1）年龄的表现

婴儿：婴儿要避免强烈的刺激，令他们享受到温柔的呵护，所以需要清洁淡素的色调。少年儿童：少年儿童的活泼性格使他们向往到外界活动，所以应该使用带有强烈刺激感的纯色。青年及成人：色调分布图中大部分色调都适用于年轻人，由活力迸发的纯色到忧郁暗淡的素雅色调。中老年人：随着度过体力的顶峰，中老年人的色调转移到素雅宁静的色调上。

（2）性别的表现

男性：令人感到男性特征的色彩，必须具有强大的力量，表现突出的纯色，接近纯色的暗色都是符合男性形象的色彩。女性：和蔼、亲切、温柔的色调与保守色调的对比是关键，以红色为中心的暖色十分有效。另外紫色是可以表现女性温柔的特殊色相。

（3）温度的表现

寒冷：只用蓝色为主的冷色进行搭配，同时最大限度提高明度差，就可以营造出冰天雪地的寒冷感。凉爽：以冷色为中心，减小其明度差，明亮的色调是创造凉爽感的关键。温暖：以橙色、红色、茶色等暖色为中心的色相来表现温暖，同时减小对比强度，选择明亮素雅的色调。炎热：以浓烈的纯色、鲜艳的暗色为中心，色相以红色为基调，配合加入对比色，就可以呈现出强烈的炎热感。

（4）朝气活力的表现

以暖色为中心：温暖的黄色和橙色就好像太阳将阳光洒向大地，表现活力时黄色不可或缺。

全色相使用：包含了所有色相就是全色相使用。全色相是节日的代表，开放的色彩营造出活跃，不会令人感觉疲倦的气氛。

以明亮色调为中心：由鲜艳的纯色色调到明亮鲜艳的亮色色调，都能表现出开朗活泼的气氛。

（5）可爱浪漫的表现

与色相及色调的强弱并无关系，大面积的使用白色背景就可以令画面显得可爱；同时降低明度差，可以给人带来远离现实的缥缈浪漫之感。

（6）都市气息与优雅的表现

想要令人感受到富有都市气息的优雅，应该使用素雅的色调和有限的对比。但这也不是绝对的，紫色虽然为鲜艳色调，但是在特定位置少量的出现却也能表现出优雅之美。

（7）豪华感的表现

将暗色调放置在纯色的旁边，表现出豪华气质；暖色是表现豪华不可缺少的元素；令色相差、明度差最大化也可以突出奢华感。

（8）自然之美的表现

自然的反义词是人工，带有人工痕迹的色调都不适宜表现自然之美。在纯色与亮色中加入灰色，会令色调显得雅致自然。树木的绿色、大地的褐色使人直接联想到大自然，若用素雅的色调，就更能体现自然美。

（9）力量与速度的表现

充满力量的画面不可缺少重量感，但并不一定适合表现速度感，所以两者应有区别。贯穿纯色到鲜艳暗色的色调，同时加入对比色能够表现力量的意象；鲜艳的色调、大明度差、大色相差适于表现强劲的速度感。

四、细化字体排版

文字是城市设计图纸中的信息表达要素，是设计意图的语言信息载体，在城市设计的图纸表达中，文字首先应该直观、易读、准确的表达设计主题和构想理念。同时，文字也是图纸版面构成要素。文字可以视作一个点，也可以排列成一条线或组合成一个面，甚至一个图形；也可以与图形相结合，成为图形的一个部分。这种方式使得文字在图纸表达中呈现出多层意义。

对设计师而言，文字字体、字号、组合、布局的设计都不是任意的，文字设计必须为它的特定目的而创造。文字设计排列的好坏，直接影响着图纸的表达效果。

1. 字体适当混合

不同的字体具有不同的视觉感受。比如，宋体有古典感，黑体有现代感，方正综艺简体有厚重感等等。在版式设计中，字体的选择要与其他元素相协调，还要紧贴主题，做到内容与形式的有机统一。字体类型和字号大小可适当混合，根据需求改变字体和字号。但是应该注意的是，字体和字号的种类一般以不超过三种为宜。一般不要同时改变以上要素，不同字体应有自己的大小、字间距和行间距。否则图纸文字会显得凌乱而缺乏整体感，文字应丰富生动，同时层级清晰、简洁易读。

2. 标题简短醒目

城市设计标题往往会作为一个重点要素进行考虑，一个好的标题就像一个具有情节的故事，激发人们的好奇心，吸引读者深入了解图纸的内容。好的城市设计标题首先应该简短醒目，让人读起来朗朗上口；其次，标题应是设计概念的高度总结，能够准确的突出概念构思；最后，如果能让标题一语几意，充满韵味和深意，就像在讲述一个故事，让人回味无穷。

城市设计作品《吾街》，其设计构思来源与植物根系的强大生长力，通过“根”的主题演化成用地中五条带型地块的设计。《吾街》这个题目简短醒目，同时契合了五条街道设计的规划策略，更为出色的是，作者将“五”换成了“吾”，又有“我的街”这一深层含义在里面，点点滴滴透露着作者对于场地本身的热情和设计的投入。简单两个字就将一种空间处理手法变成了充满情感的故事化表述（图 4-2-22）。

3. 突出关键内容

作为学生作业的城市设计图纸，其表达的特点是信息量丰富、密集，要使得图纸便于阅读，突出文字的关键内容就显得越来越重要。在表达时，一般通过改变文字字体、大小或调整文字为醒目的颜色，以突出关键词句。

但变化一般控制在两种模式以下为宜。

4. 字体组合方式

文字组合的好坏，直接影响着图纸的视觉传达效果。文字的组合中，要注意以下几个方面：

文字设计的视觉流程。人们的视觉有一种习惯走向和先后顺序，就形成了视觉流程，也就是人们在阅读设计作品中无形的线。因此文字组合在方式上，就需要满足人们心理感受的视觉流程，引导人们的视线按设计诉求目的，主动获得最佳信息。研究表明：人们的眼睛并不是以平稳、线性的方式逐字逐句进行阅读，而是进行一系列的活动。在一定范围内，视线向中上部和左上部流动。上部给人轻松感，是视觉流动最强的部位；下部则让人感到平稳压抑。所以在设计中，上部适合放主信息，使内容一目了然；下部适合放正文等次要信息；左侧适合放置照片、图形；右侧放文字信息。同时文字行的长度在 30 ～ 35 个字为宜，过长或过短的文字都会使人产生阅读疲劳。

统一设计基调。对每一件设计作品而言，都有其特有的风格。设计者要综合主题内容、文字内涵等，要满足于整体的安排，形成统一的情感基调。这样，整个设计作品才会满足人们视觉上的美感，符合人们的欣赏心理。

文字产生的负空间。除字体本身所占用的画面空间之外的空白被称作负空间，即文字设计留下的间距及其周围空白区域。文字组合设计能否成功，很大程度上取决于负空间运用得是否恰如其分。字的行距应大于字的间距，不然观众的视线难以按一定的顺序和方向进行阅读。不同类别文字的空间要作整体调整，要注意文字间距之间的流畅连接，需紧凑但不拥挤。

五、运用图示语言

1. 图示语言的定义

图示语言是以简图的形式来表达设计思想、构思、概念、空间模式等的图形，是以图代文的图形表述，是语言文字图形化、符号化的表达方式。图示语言是对人的视觉和心理经验以及行为活动的深层研究，是进行创造性思维和实践的过程。同时也是一种沟通信息、表达感情的文化媒介。图示语言是由一系列符号元素构成的，设计者需要成功地挑选、组合、转换、再生这些元素，使其成为服务于图纸思想的符号，同时符合大众一般的认识规律，被读者所认可（图 4-2-23）。

2. 图示语言的特点

图示语言没有沟通障碍，图形不用说明，便能与读者沟通，这就是图示语言的魅力所在。它能够超越国界、排除语言障碍，并且进入各个领域与人们沟通交流，是人类通用的视觉符号。面对当今越来越多的城市设计国际合作、联合培养，更多地运用图示语言必将成为发展趋势。

图示语言简明生动。城市设计图纸包含了大量的文字信息，如果全部都用文字表达，阅读者会觉得信息枯燥繁重，运用图示语言，一个简单的图形便能够代替一句话，甚至一段话的解释说明，使读者清晰易懂。例如人们看到五环就会想到奥运，看到鸽子就联想到和平一样，这正是图示语言的特点。

图示语言让人产生联想，蕴含深意。设计者常用借喻、暗喻的物体联想形式来创造形象化的图示语言。它可以通过一个图形暗示出相关联的不同寓意，而不同的形式和不同的形象都可以产生不同的隐语，不同的对象也可以感受到不同的意义。它可以将某种深层次结构的共性特征化，通过形象化的视觉语言得到沟通，使人感到既有贴近自然的亲和感，又往往给人以意料之外的想像。

3. 图示语言的分类

城市设计有其独有的特点与表达要求，这里将其图示语言分为四类：图像符号、概念符号、策略符号和空间符号。

图像符号：这类图示符号一般用于设计前期对基地区位、历史、文化、现状问题等要素的分析，是一些具象的图片类符号，包括地图、人物照片、场地照片、建筑照片等。这类符号清晰直观，人们一读即懂。前期分析使用这种图示语言，会加强图纸的直观性，减少读者的读图时间（图 4-2-24）。

概念符号：这类图示符号一般用于概念构思过程。这类符号往往是一些点、线、色块与文字的复合图形。概念符号的使用摆脱了仅仅用文字阐述复杂概念的枯燥，增加了图面的生动性，同时加强了概念本身的含义（图 4-2-25）。

策略符号：这类符号一般用于设计策略的表达，应与前面的概念符号和后面的空间符号相呼应，具有承上启下的作用。同时符号往往成组出现，每组对应不同的设计策略。在每组符号内，一般有前后两种模式的对比，体现出设计策略带来的城市变化（图 4-2-26）。

空间符号：城市设计手法无论怎么改变，都离不开对城市建筑形态、外部空间环境的设计，所以空间符号永远会出现在城市设计图纸的最后部分，其将设计概念策略具体地呈现在城市空间中。这类图示符号一般成组出现，由一些简化的空间模型组成，呈现的是空间的一个动态变化模式。空间符号的使用可以使阅读者清晰立体地看到，在概念策划的引导下城市空间的具体变化，是对概念策划的有力呈现，使设计更具说服力（图 4-2-27）。

4. 图示语言的运用

使用图示语言时需要简洁的概括力。奇怪的图形并不是设计师追求的目标，通俗易懂、简洁明快、符合设计主旨、满足社会经验的图示语言才能达到强烈的视觉冲击力。简洁体现在表现手法含蓄、视觉内容简练、主题明确、图示逻辑清晰等方面。有时内容太多、太复杂反而无效，甚至影响对重点的理解。

使用图示语言时需要独特的创新力。随着城市设计的迅猛发展，许多图示语言都已经被充分挖掘，因此设计图示语言时需要设计者求新、求变才能引起读者的关注。当然原创也并非是单一的评判标准，如何将设计中的文化传统、自然环境、社会历史有机融合，设计出既有文化内涵又有美学韵味的图示符号才是其意义所在。

使用图示语言时需要判断合适的数量。图形的多少会直接影响到读者的兴趣，适量的图形可以让版面语言丰富，打破画面只有文字的沉闷格局，而少量的、面积小的图形为版面腾出大量空间，取得突出主题的效果。如何确定图示语言的数量，需要根据设计内容本身具体判断。

优秀的图式语言不需要任何文字说明就能够正确地表达其设计含义，给人简明概括之美，并且为不同文化语言背景的人理解图纸含义提供了保障。在城市设计图纸表达中运用图示语言，使图纸的信息传达更加生动准确，表现手法更加丰富，同时让设计作品更有吸引力与感染力。

六、体现对比特征

1. 形状对比

形状大小的对比。城市设计图纸中包含着众多类型的图形，在图纸中应该注意图形大中小的搭配，使图形大小具有层级感；同时应该强化主要图形，削弱辅助图形，使画面主次分明；同时注意画面图形与底图的大小比例关系。

形状节奏的对比。节奏对比就是使画面产生节奏感，能够表现出规律化、周期化、轻重缓急等的视觉感受。节奏对比运用重复、放射等多视觉元素。

形状曲直对比。曲直对比就是图纸中形状的刚柔对比。曲线使画面和谐，直线使画面硬朗，画面刚柔结合产生引导强烈，同时又跳跃和谐的视觉效果。

2. 疏密对比

在设计表达的过程中，首先要计算版式比例、图形大小和字符数量等因素，以“疏能跑马、密不透风”的总体原则进行布局，疏密结合使画面和谐生意。

“密”的空间指图形实体部分和版面中元素所占用的画面空间，“疏”的空间则是指前面的实体之外的“空白”，除了实体图形，空白空间也可以作为图纸表达的构成要素之一，其同时具有图形化的特点。空白可以使画面具有透气感，给人舒畅的感觉，不会使人感到视觉疲劳，对空白施以某种色调，更能衬托出图形和文字的活跃性，具有强烈的视觉冲击力。图4-2-28中，首先是图片与文字的对比，再是文字密集编排和周围空白的对比，既使读图顺序充满了节奏感，又让画面舒适简洁。

另一方面，疏密的对比正契合了虚实相生的深远意境，拓展了人们对空间无穷的心理尺度，引导着读者想像和回味作品的内涵与精神。面对繁复的城市设计图纸内容，疏密对比更能体现设计者高度的概括能力与审美意趣。

七、整体意境控制

在城市设计图纸表达中，“意”可以指设计者表达的思想感情，从中体现出设计者独到的审美意趣；“境”往往指设计者表达的客观事物所呈现的状态。审美意趣与客观事物的和谐统一，而形成的虚实相生、情景交融的艺术境界就是意境。意境是一种通过体验才能够获得的心理感受和想像空间，体现了一种注重内在关联性的意蕴美。

城市设计图纸往往包含了大量的信息，其内容与设计区域的历史、文化、政治、地理环境密切相关，如何从这些因素中提炼出特色要点凸显在图纸的表达中，使图纸具有特点、灵气，化繁为简、控制图纸整体意境就显得尤为重要了。

图纸表达通过形态、色彩、文字等要素综合作用，创造出作品特有的情调和意味，令读者在阅读图纸的时候能够身临其境，领悟其情，准确获得信息的同时产生审美愉悦感。当人们理解了设计的文化内涵，设计就能超出纯粹的表达形式，具有更强的艺术感染力。

1. 图形美感的意境

城市设计图纸中，图形具有高度的象征性，图形符号的渐变、重复、类似所组成的点、线、面，图形之间的聚、散、松、紧，它们秩序性的组合和遵照审美要求的构图，形成跳跃的节奏和起伏的韵律，创造了城市设计图纸作品运动的气韵。

城市设计图纸中的图形本身有时候不能完全表达出具体的准确含义，常常以一种象征、比喻或引申的形态来表达某一主题。这些图形与主题间暗含着密切的关系，需要阅读者通过视觉经验创造联想，从而理解图形所包含的意义。这一特性使得图形传递出只可意会不能言传的意境，给人以含蓄回味的韵味。

2. 色彩情调的意境

色彩营造意境主要指色彩作用于阅读者的视觉及心理，给人眼睛与内心创造不同的象征意义和情感联想。色彩是图形、文字所共有的属性，通过其色相、明度、纯度的多样化，渲染画面意境、地域性格和设计主旨。色彩赋予图纸丰富的情感，同时引起阅读者的共鸣。设计师应该根据这些反应选择不同的主题色彩，创造图纸中色彩的故事性，从而激发读者的记忆、情感和联想。同时达到功能与色彩审美的统一。

《左岸、右岸——厦门沙坡尾避风坞城市更新设计》（图 4-2-29）设计构思来源于巴黎塞纳河左岸、右岸的城市更新，对地块左右两岸采用不同的城市更新策略，以激发地块的整体活力。设计者巧妙的使用了蓝色与橙色一对对比色进行图纸的色彩表达，很好的契合了左右两岸的主题，同时蓝橙两色也凸显出城市更新后活跃的城市文化魅力。两种主题色大面积的大胆使用呈现出图纸特有的韵味，同时对比色的出现给人留下深刻印象。

3. 文字意义的意境

文字是版面描述主题信息的语言载体，更是具有视觉识别特征的符号系统。就整体而言，字符单体可以看做是“点”，一行字则成为“线”，连续排列的一组文字即形成“面”。文字通过点、线、面的搭配穿插，创造出千姿百态的构成系统。点、线、面大小与位置的变化可以形成节奏，线的走势可以形成特定的动势，面的运用可以创造出新的图形结构。尤其是中文在不同文化内涵下的变体更能够体现东方传统文化的神韵。

文字句式的编排也会形成图纸特有的气韵，更多的采用排比句式、首字与尾字呼应，同时句式简练、准确，会使阅读者对内容朗朗上口，理解清晰。

4. 表现手法的意境

主色调的准确选定，鸟瞰图风格的正确选择，往往能成为升华设计意境的点睛之笔。选择哪种表现手法，要依设计主题而定。独到准确的表现手法在突出设计师的美术功底与审美情趣的同时，还带给图纸无尽的联想和韵味。

在表现技巧上，一张精致的手绘表现图往往给人留下深刻印象。常用的手绘表现可以分为钢笔线描、水粉水彩、传统水墨。其中：

钢笔线描指的是勾勒单线为主的线描表现方法，画出物体的轮廓线和结构转折线。这种方法可以使画面清新淡雅，使拥有各种色彩元素的图纸画面协调统一（图 4-2-30）。

水粉、水彩表现图颜色丰富，可以使画面生动活泼，由笔墨晕染出的色彩摆脱了电脑效果图的呆板乏味，使图面充满生气。但是这种方法对设计者自身的美术功底要求较高，不建议轻易尝试（图 4-2-31）。

传统水墨画的表现方式以笔取气，以墨取韵。毛笔带来的笔触变化，墨色出现的退晕关系，都从整体空间丰富了图纸的气韵表达（图 4-2-32）。

鸟瞰图采用电脑模型表达也可以分为素模模型与精致模型。素模模型是指整个模型采用灰色色调，常用于大规模的旧城更新城市设计，复杂的设计要素、凌乱的建筑空间，想要清晰地表达更新后的城市空间就在灰色调素模的重点更新地段点缀鲜艳的色块，既突出重点，又使得画面清新雅致（图 4-2-33）。精致模型指的就是细致逼真地刻画场地中的建筑空间，常用于具有优美建筑形态的小地块城市设计，突出的细节、精致的城市空间、丰富的建筑形态，会使得空间表现具有深度，耐看、充满吸引力（图 4-2-34）。

鸟瞰图表现出特定的情景，对于设计者提出了更高要求。体现情景，不光要表现出城市空间形态，还要表现出一种时间感、场所特点的质感和氛围，甚而体现出环境的整体品质和格调。雪景、黄昏两种模式就成为较好表达的方式（图 4-2-35）。

控制整体意境实际上体现的是一个完整的创作与审美过程，体现着图纸内容与形式的审美统一。通过形、色、意的完美结合，设计作品将得到最好的表达与深度的阐述。同时，具有优秀意境的图纸往往充满情感和生命力，处处洋溢着设计的激情，这样的图纸肯定能被读者所接受和喜爱。

八、城市设计图纸图文逻辑框架

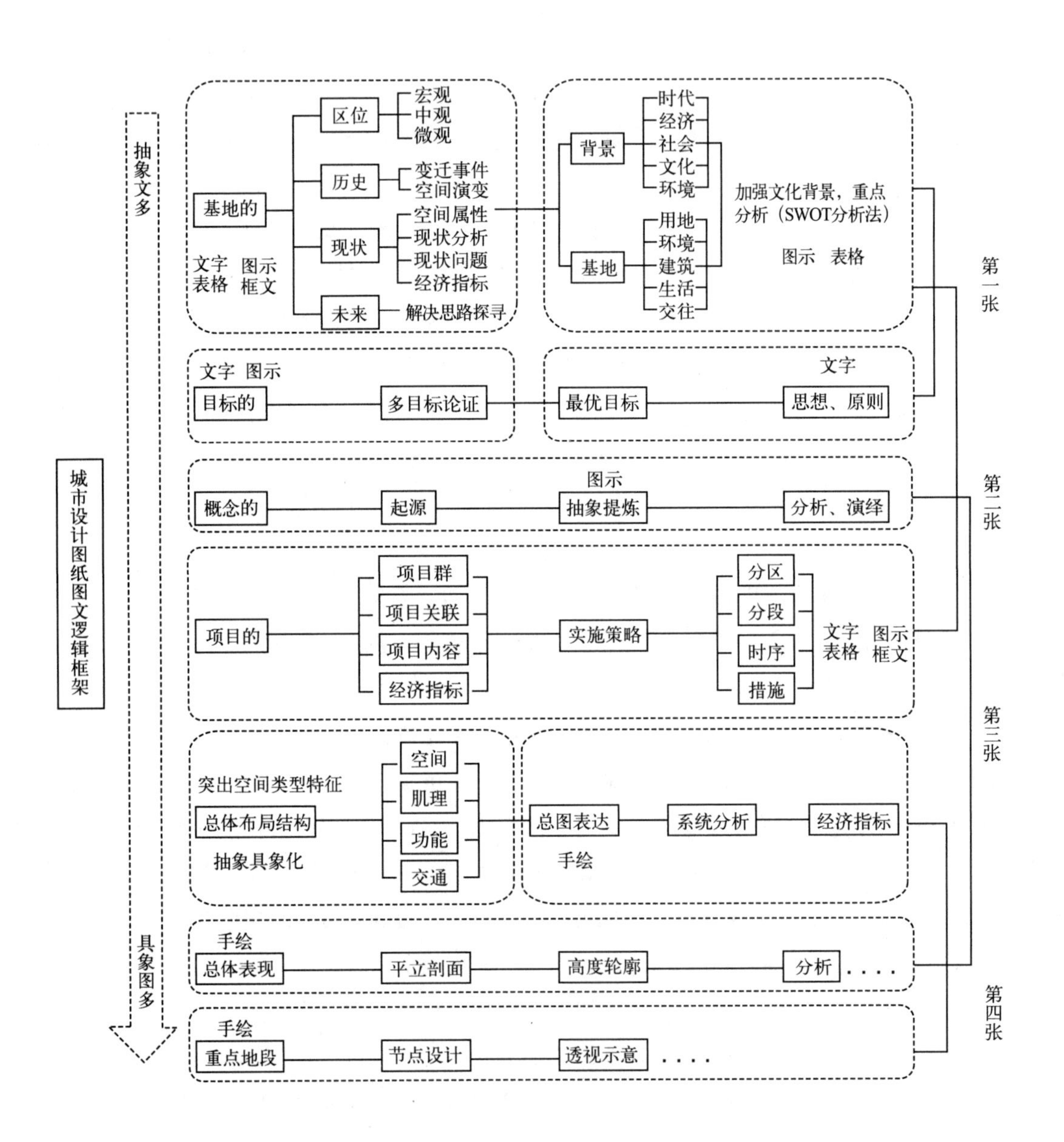

图 4-1-1

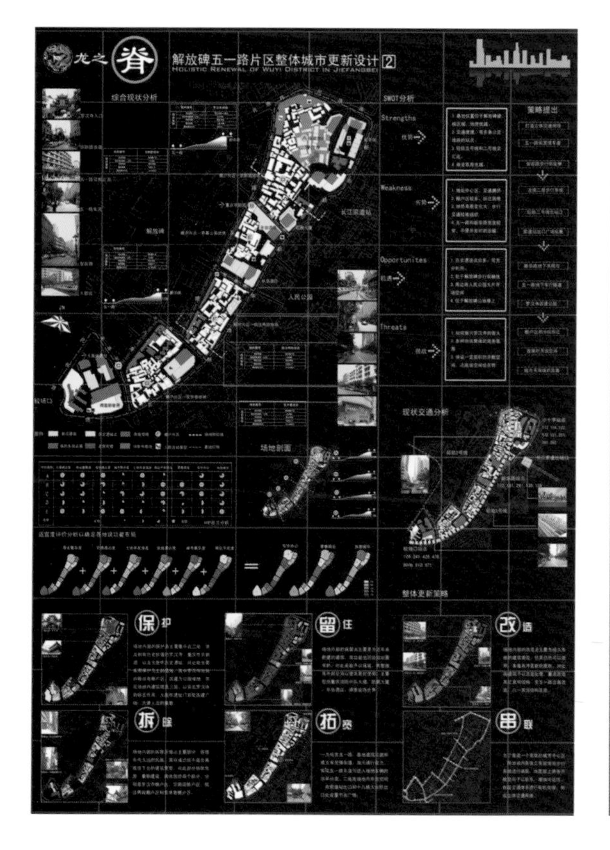

图 4-2-1　网格系统

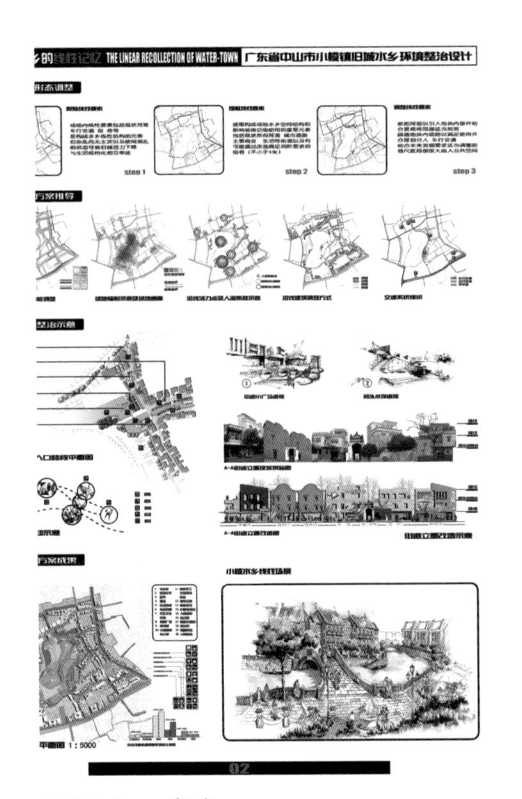

岭南水乡的线性记忆 THE LINEAR RECOLLECTION OF WATER-TOWN 广东省中山市小榄镇旧城水乡环境整治设计

地块改造设计指导

规划总平面图

N

1：1500

总平面图

03

图 4-2-2 一版式

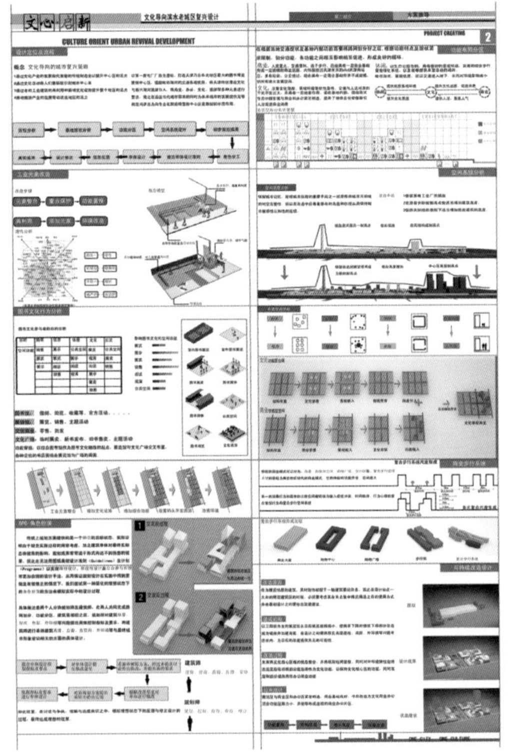

文心启新

文化导向深水老城区复兴设计

CULTURE ORIENT URBAN REVIVAL DEVELOPMENT

PROJECT ANALYSIS

3

PLAN ANALYSIS

ECO PARK

图 4-2-3 两版式

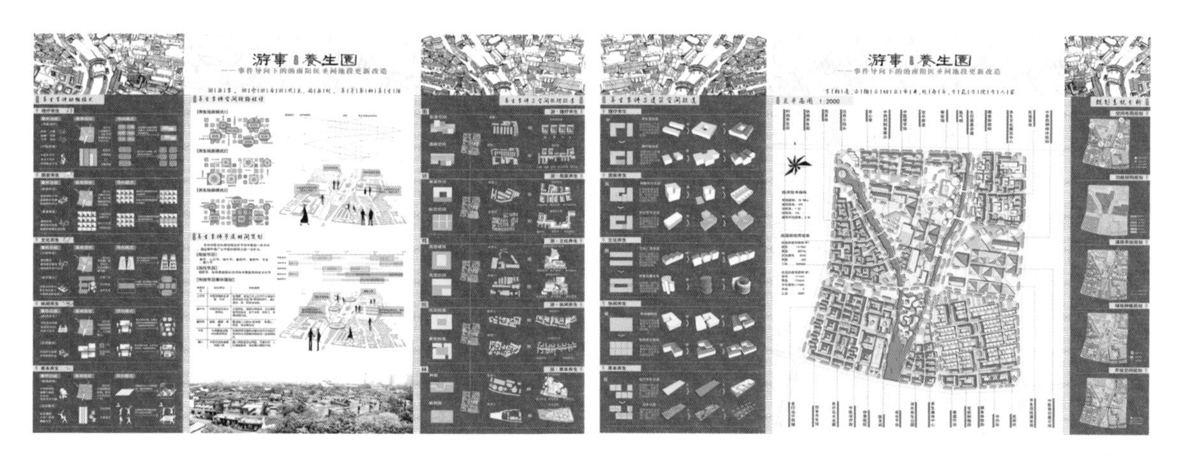

图 4-2-4 三版式

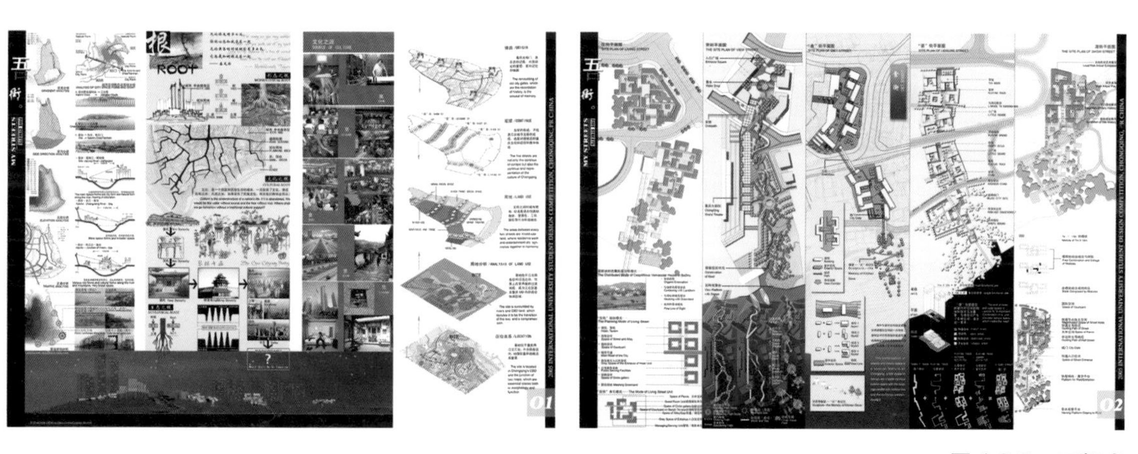

图 4-2-5 五版式

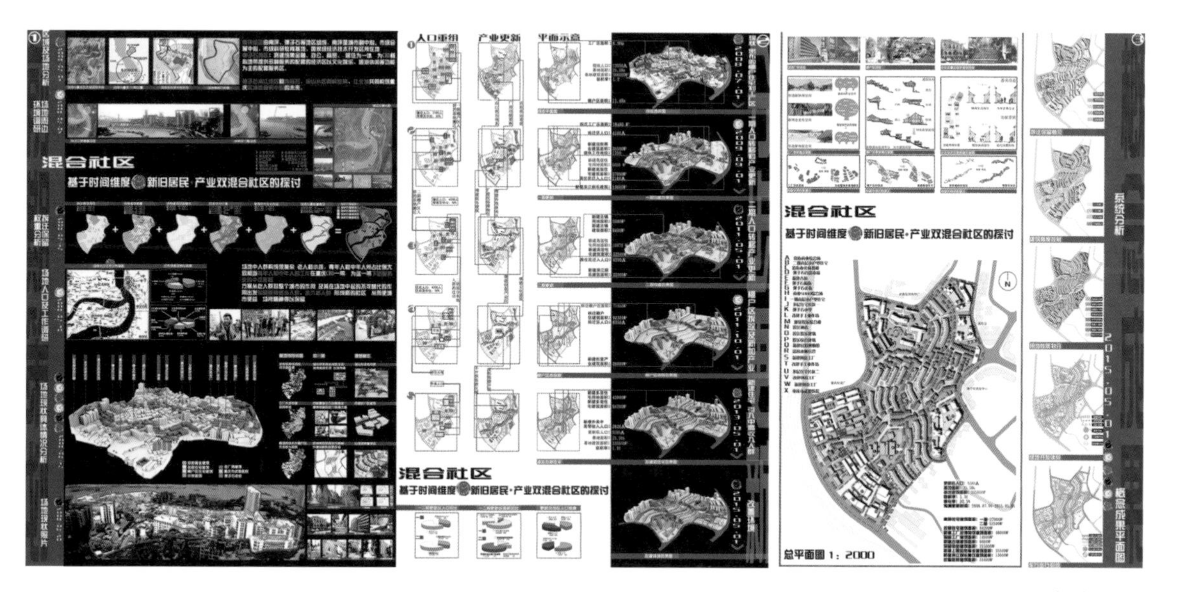

图 4-2-6 复合网格

图 4-2-7　螺旋系统

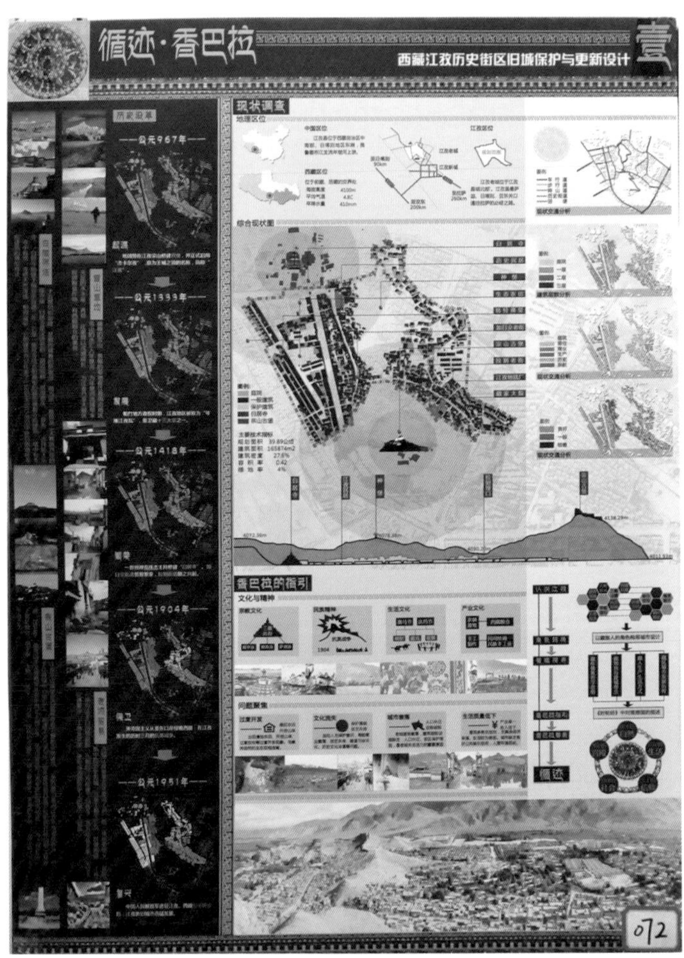

图 4-2-8　左右式

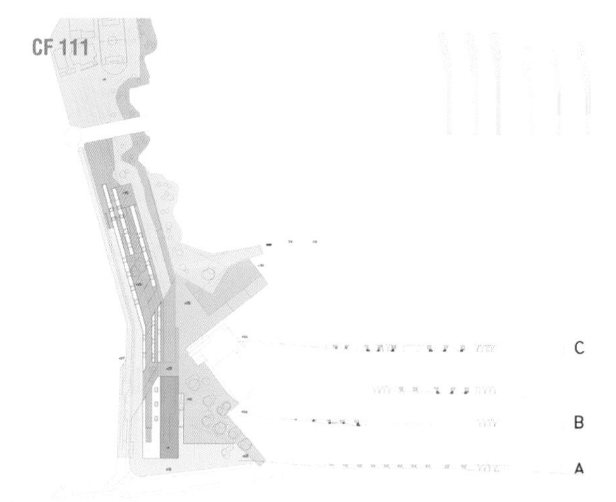

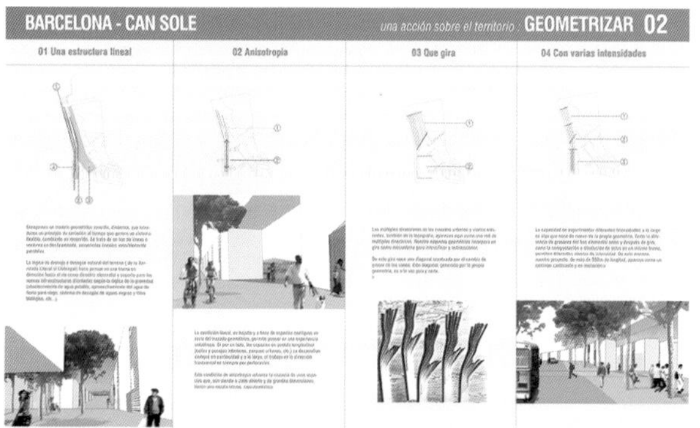

图 4-2-9 上下式

图 4-2-10 变化式

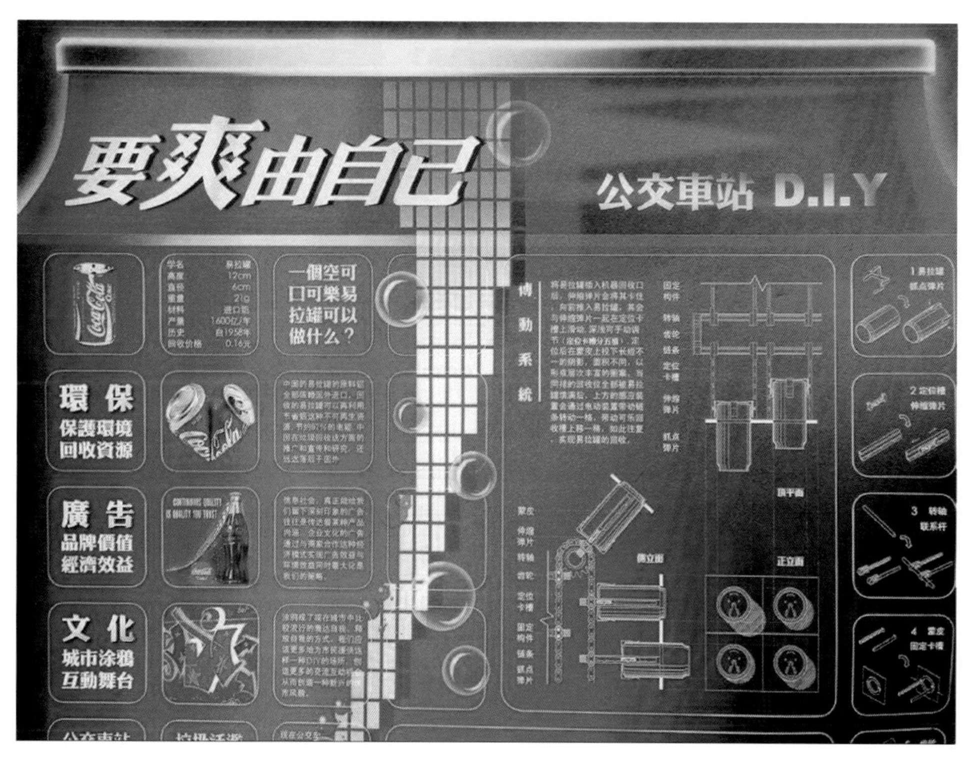

图 4-2-11 信息等级分类

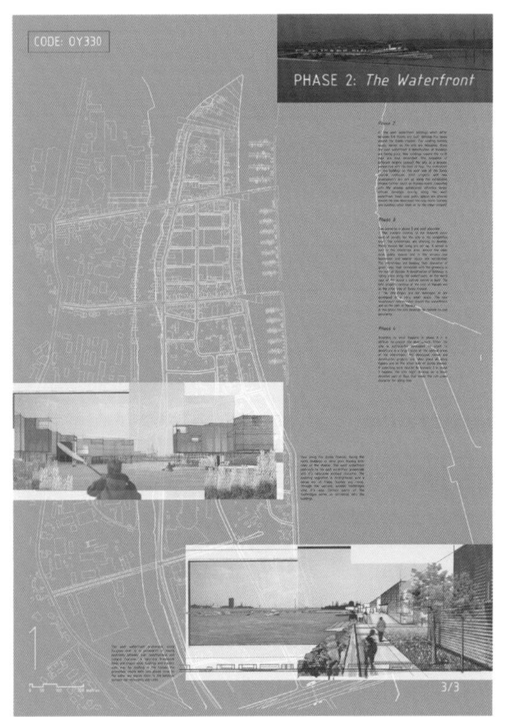

图 4-2-12　阅读顺序

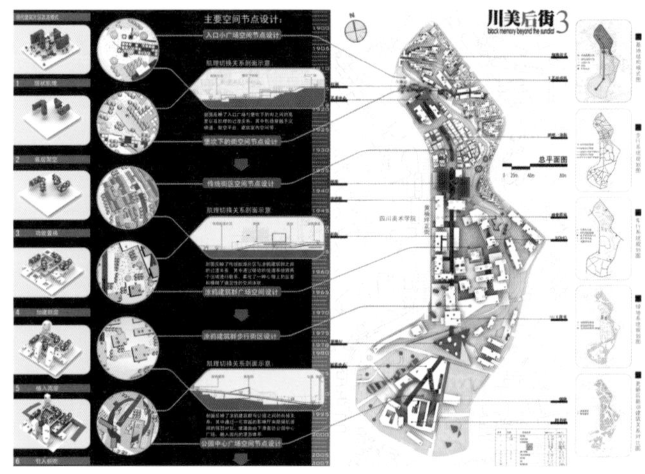

图 4-2-13　串联阅读内容

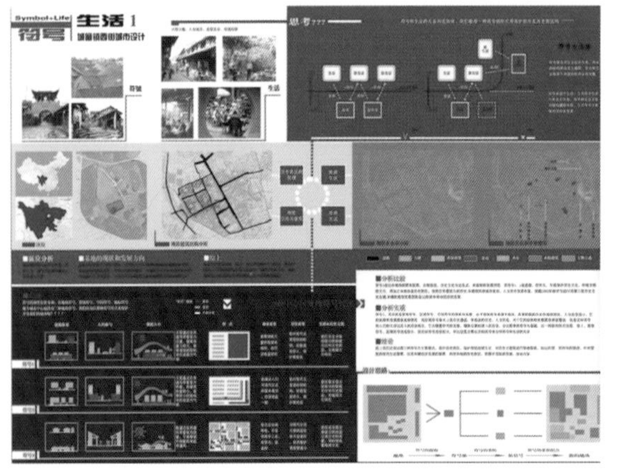
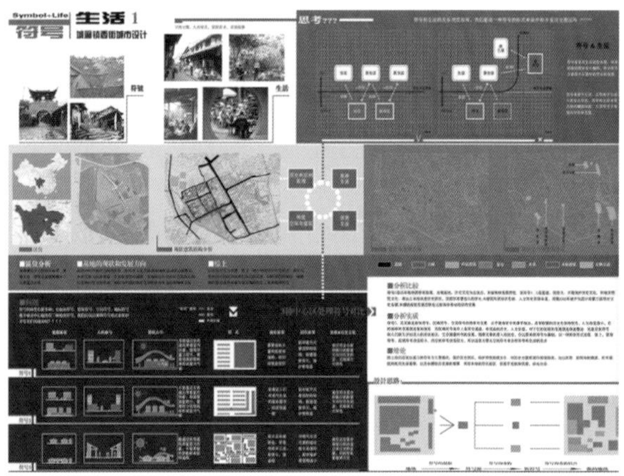

图 4-2-14　黑、白、灰层次

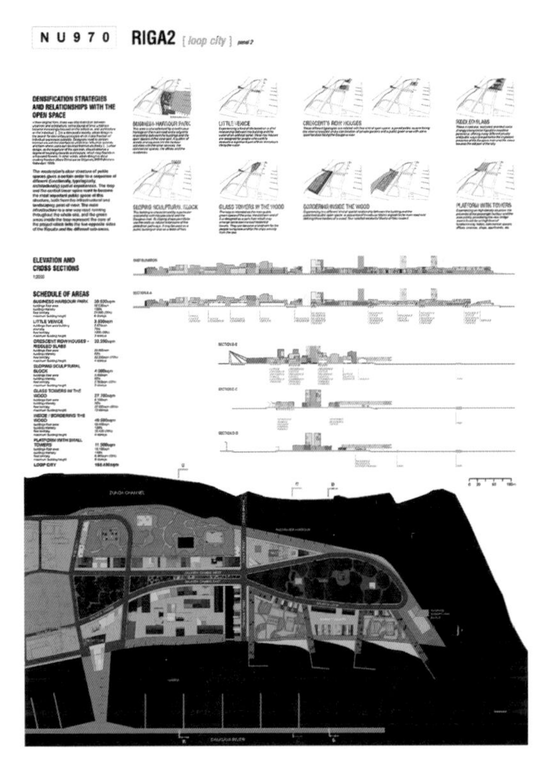

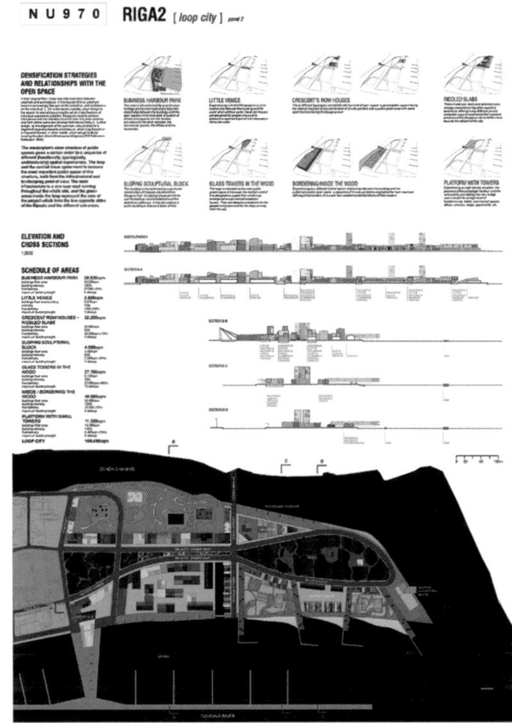

图 4-2-15 加入鲜艳色彩明确主角

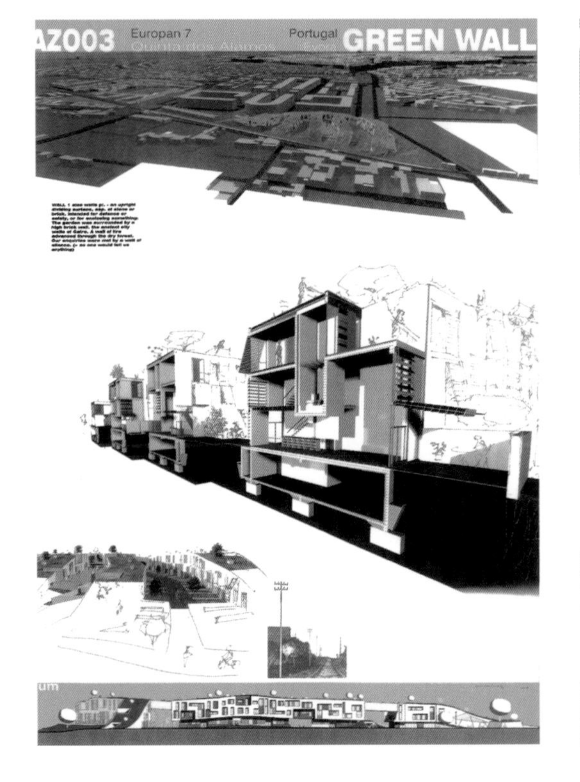

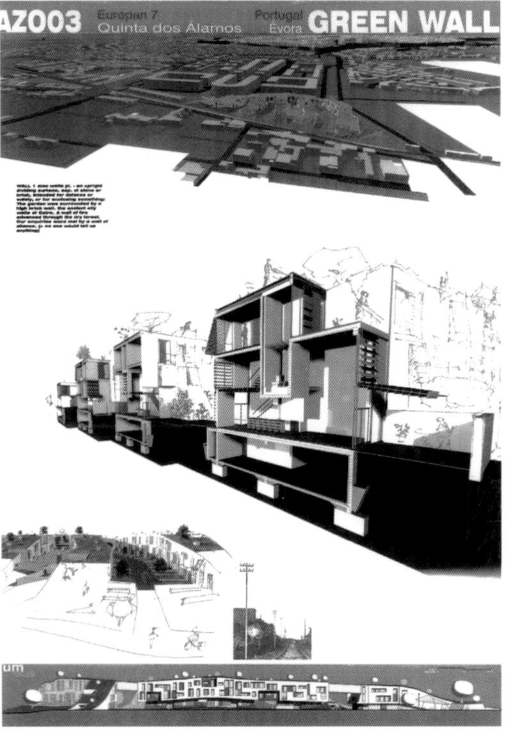

图 4-2-16 增大色彩面

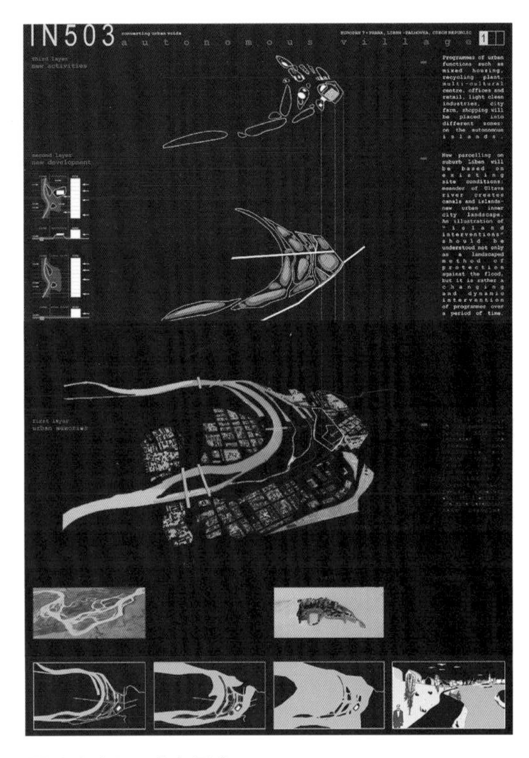
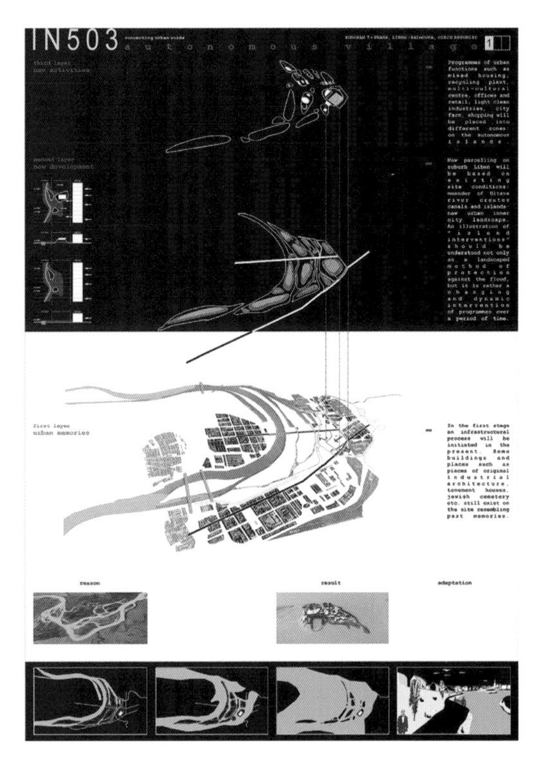

图 4-2-17 减少黑色

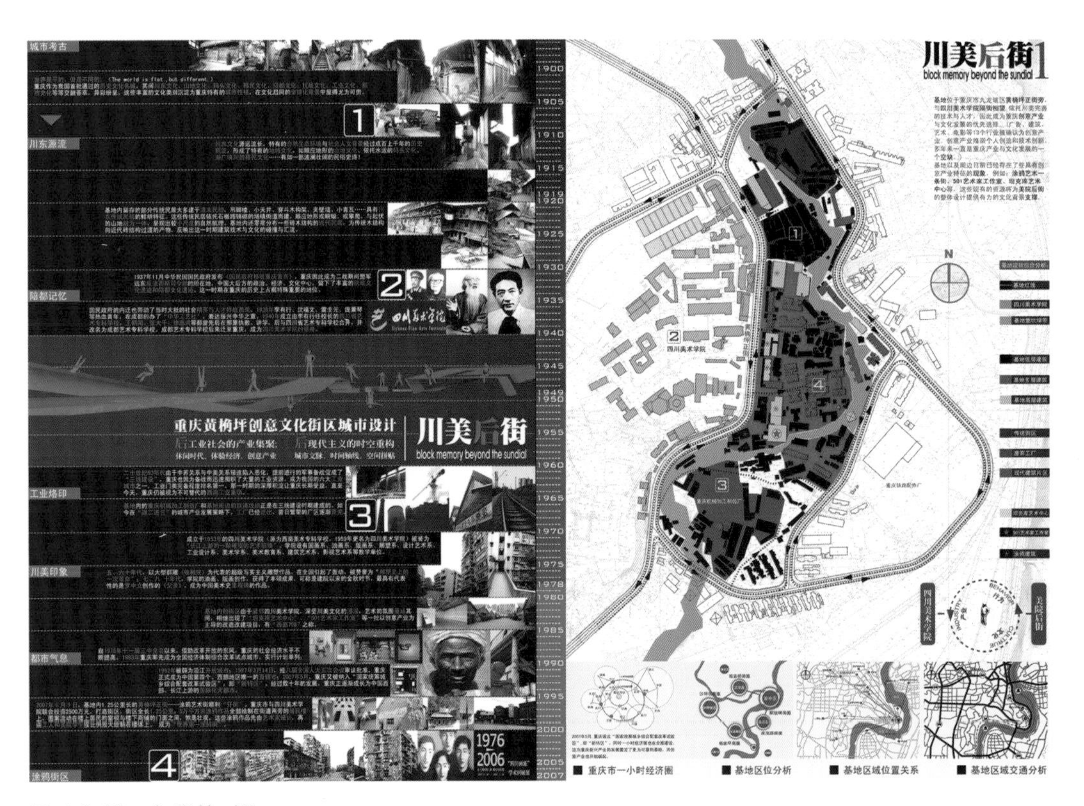

图 4-2-18 色彩的对比

图 4-2-19 准对比色

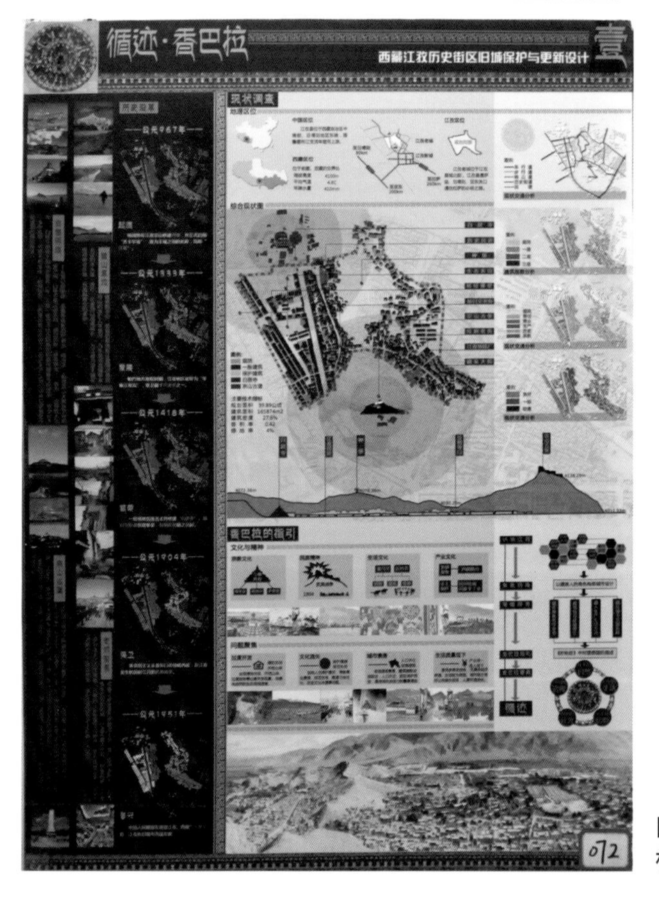

图 4-2-20 同一色相的明暗两色对比

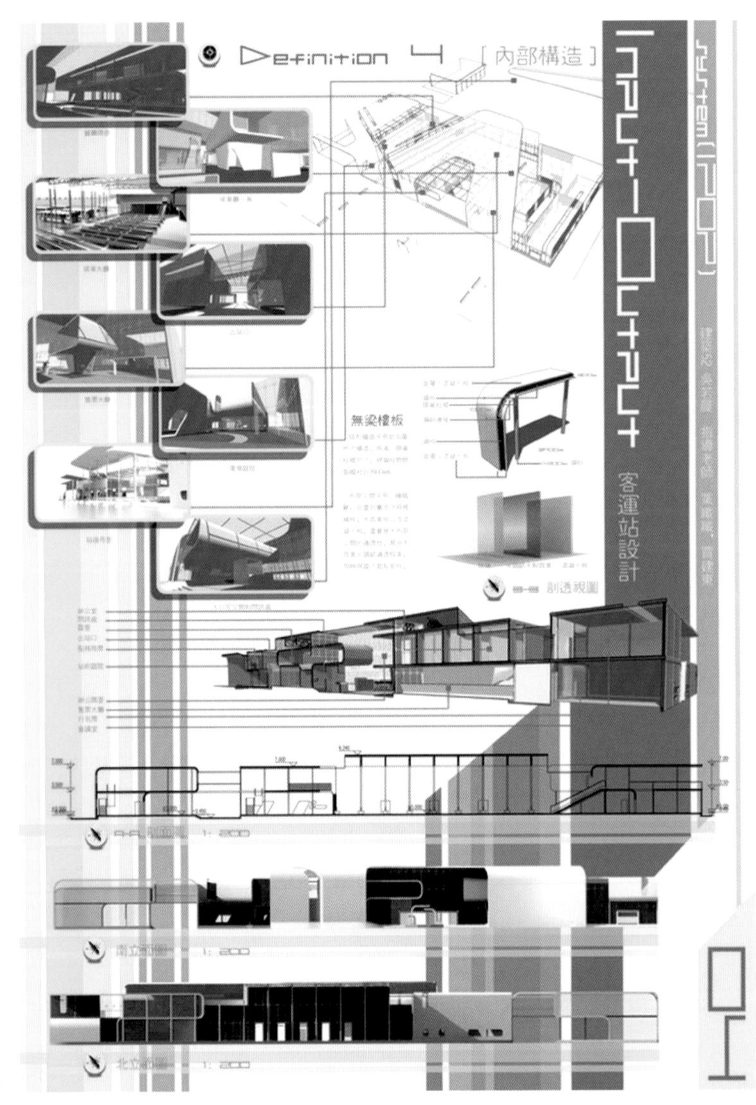

图 4-2-21　浓淡法

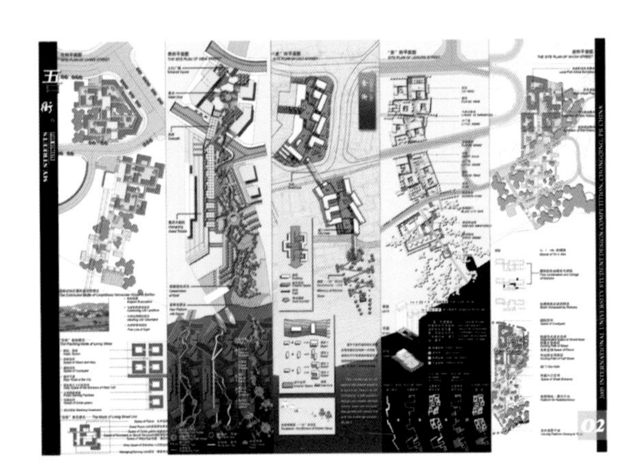

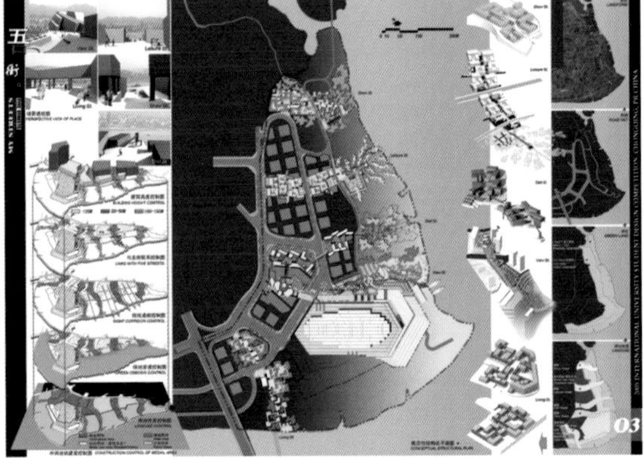

图 4-2-22　简短醒目的标题

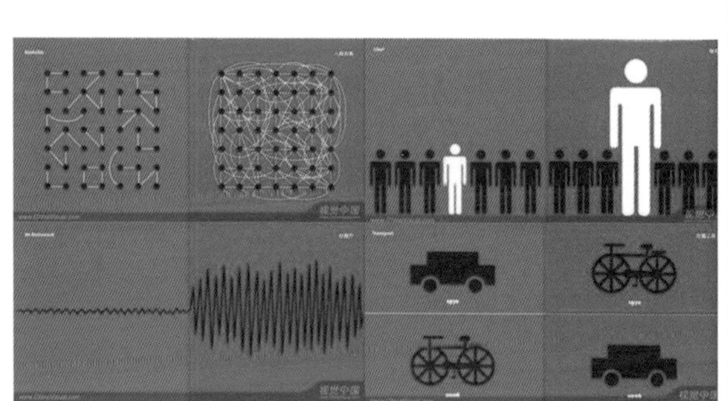

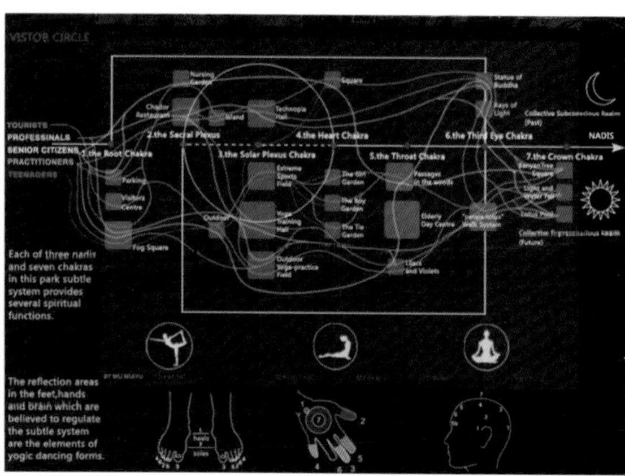

图 4-2-23 图示语言

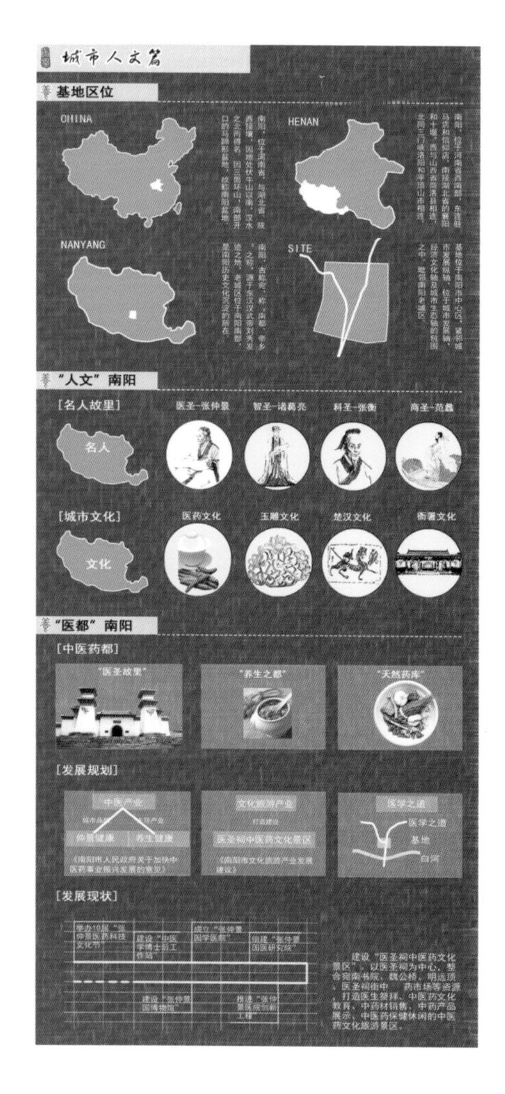

图 4-2-24 图像符号

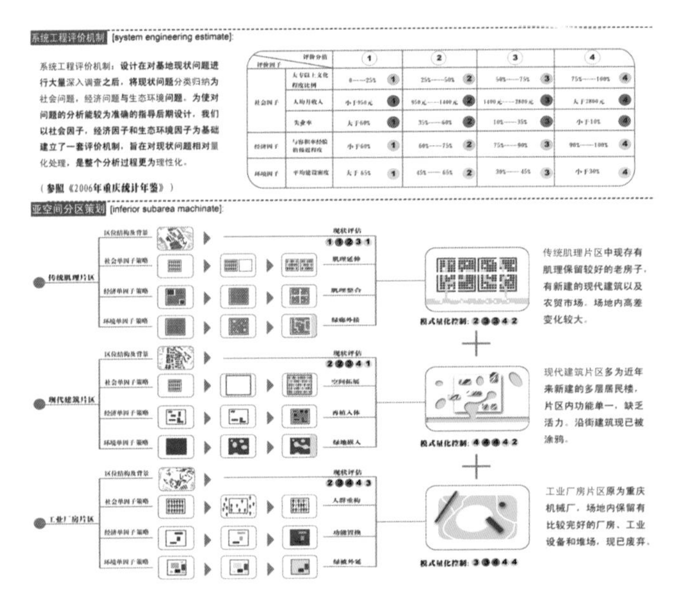

评价因子 \ 评价分值		1	2	3	4
社会因子	大专以上文化程度比例	0——25%	25%——50%	50%——75%	75%——100%
	人均月收入	小于950元	950元——1400元	1400元——2800元	大于2800元
	失业率	大于60%	35%——60%	10%——35%	小于10%
经济因子	与容积率持续的接近程度	小于60%	60%——75%	75%——90%	90%——100%
环境因子	平均建设密度	大于65%	45%——65%	30%——45%	小于30%

图 4-2-25 概念符号

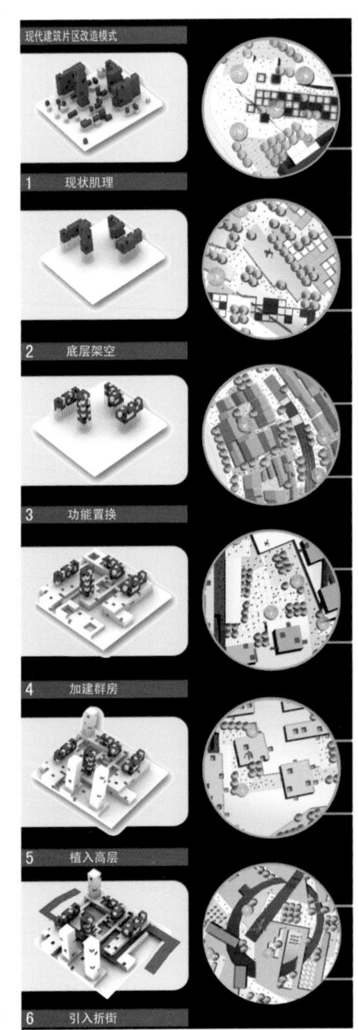

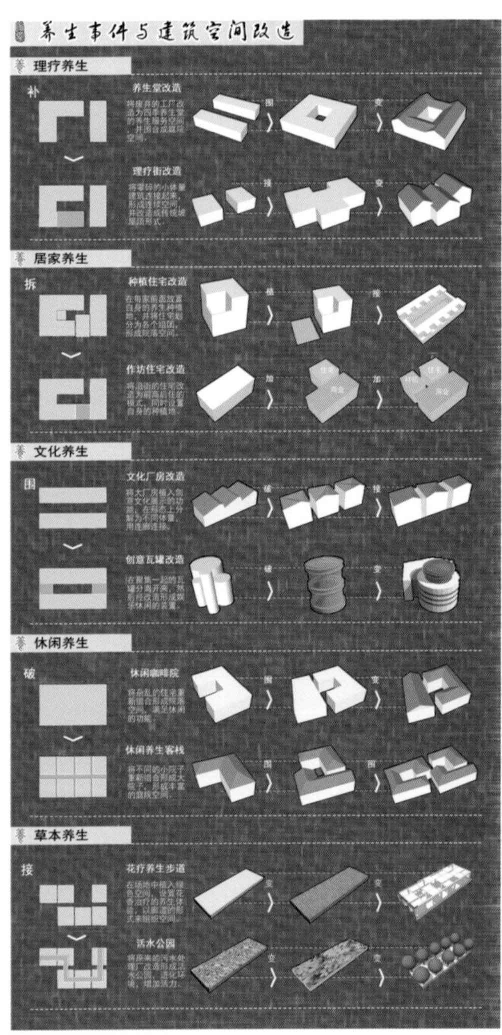

图 4-2-26 策略符号

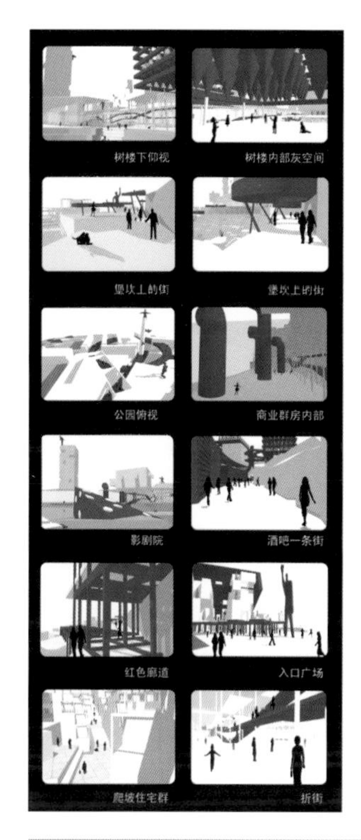

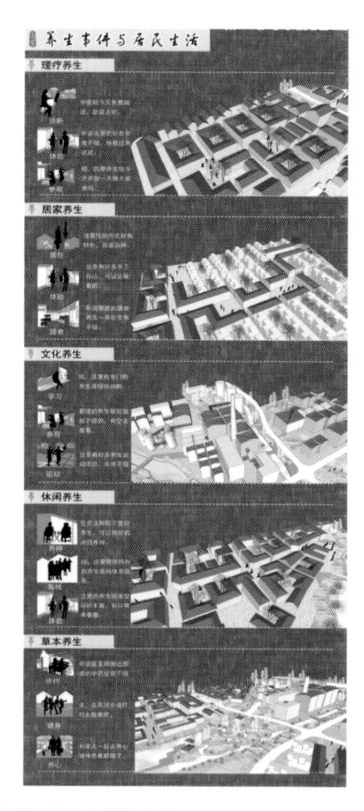

图 4-2-27 空间符号

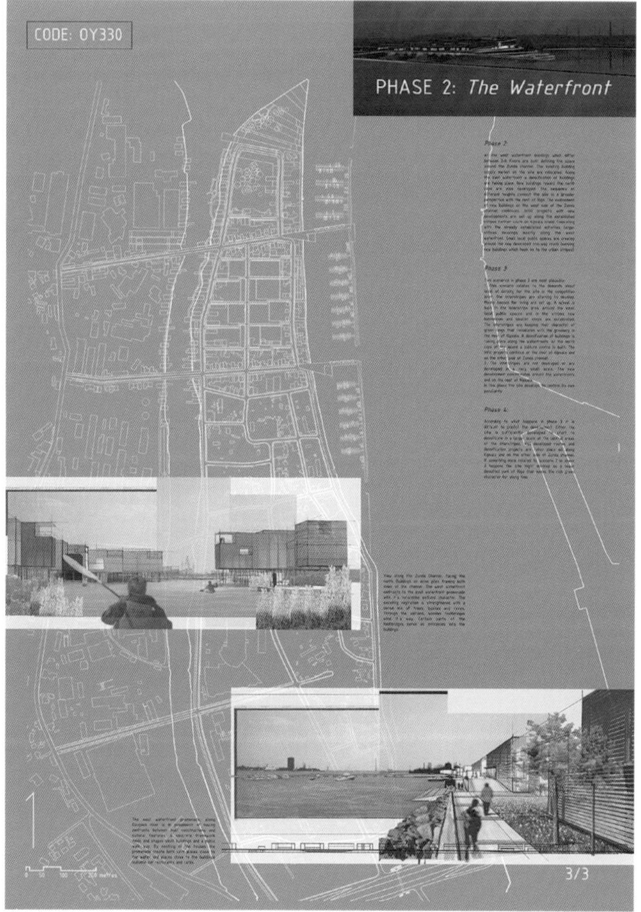

图 4-2-28 疏密对比

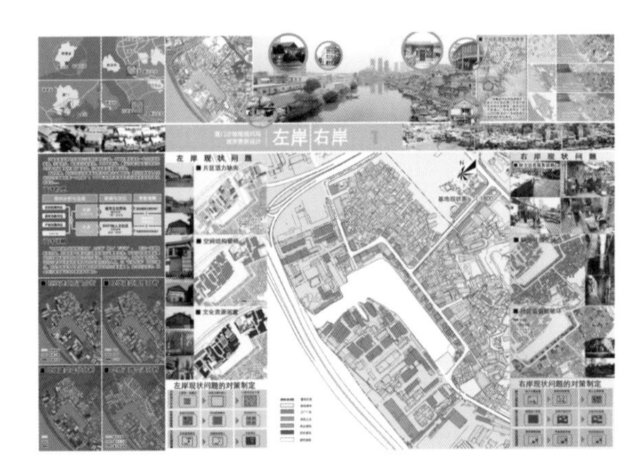

图 4-2-29　色彩情调

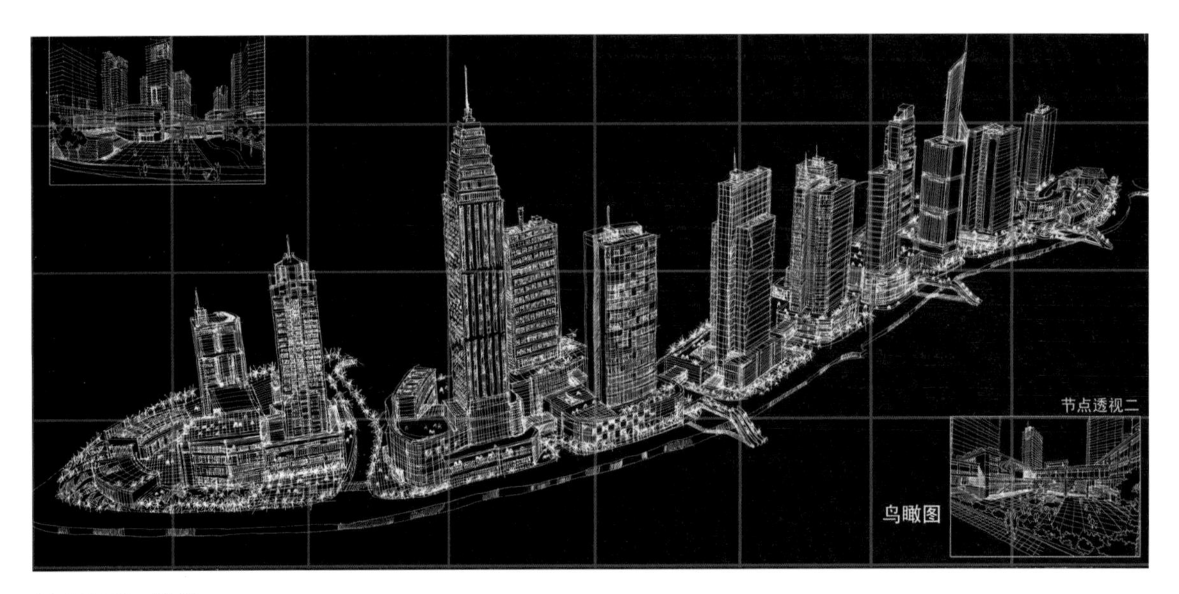

图 4-2-30　线描

图 4-2-31　水彩

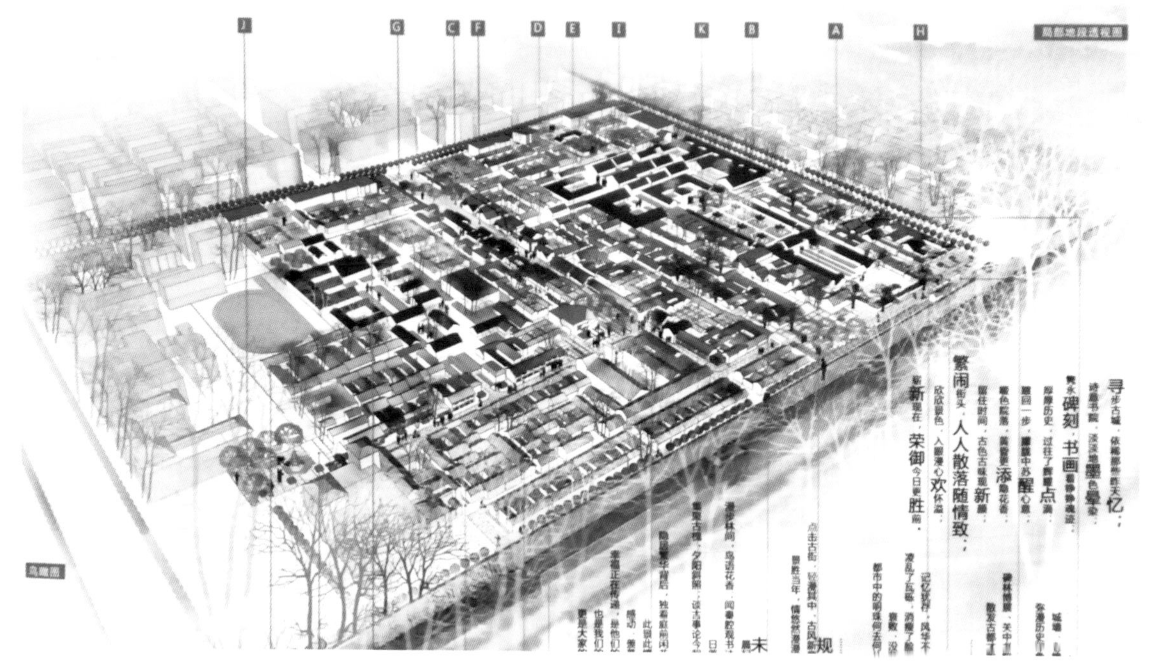

图 4-2-32 水墨

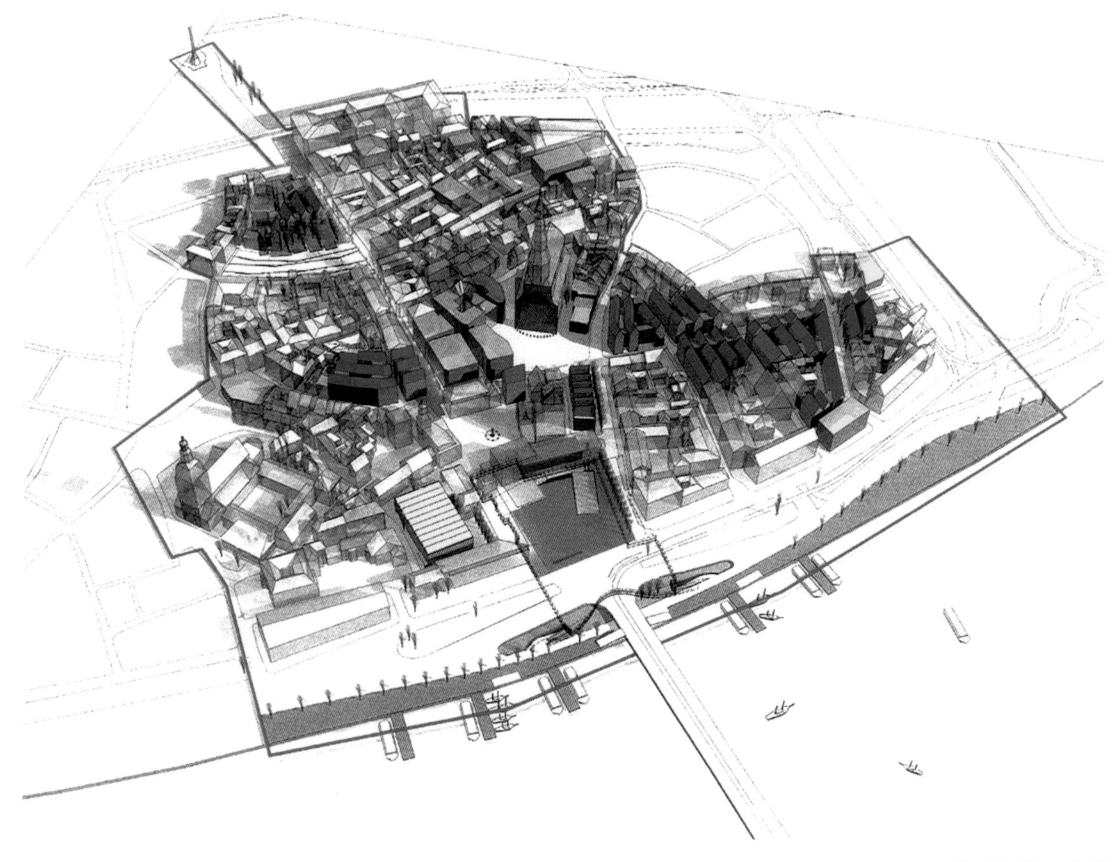

图 4-2-33 素模

图 4-2-34　精致模型

图 4-2-35　雪景

第五章 城市设计的前瞻与挑战

第一节 城市设计需要不断发展和实践

城市设计实践是为社会发展实践服务的，社会总是在不断的变迁和发展，城市设计也需要回应社会的需求而做出相应的改变。从历史的发展来看，城市在马车时代、蒸汽车时代、汽车时代、喷气机时代、高铁时代显然有截然不同的空间格局、功能结构、产业特征、就业状况、通勤需求、移动性能力、环境质量诉求等等，城市设计实践的重点与特点就会非常不同。从全球的视野来看，不平等的发展是永远存在的：全球城市与区域将长期存在前工业的、工业的和后工业发展状况，在不同的状况中，城市设计实践的价值取向、功能指向与发展目标也是差别巨大的。从微观的某个具体城市来讲，其发展模式转型、产业创新与社会转型的努力必然会反映在空间上，城市设计不可能袖手旁观，而应该责无旁贷地融入实践之中。

现代城市设计学科实践经历了主题不断发展变化的过程，总体来讲可分为艺术导向、社会导向、利益导向和管理政策导向四个阶段。最初的城市设计起源于对机械化、标准化城市发展方式的批判，实践中注重城市物质空间的艺术处理，关注城市空间形态的美学特征，具有艺术导向的特征；随着城市化过程中的社会问题突显，城市空间的社会属性关注度上升，城市设计实践注重城市空间的社会生活质量，具有社会导向的特征；1990 年代以来，随着政治经济学与城市空间研究的交融，城市设计的利益调配能力突显，城市空间成为政治经济利益博弈与统筹的物质载体，具有利益导向的特征；进入 21 世纪后，城市设计涉及规划设计、城市开发、政府调控、商业运作等多种空间实践行为，成为城市空间良性发展保障的综合性工具，城市设计越来越强调对空间的全面理解，城市设计实践被广泛地融入空间的建设和管理过程中，越来越多地表现为具有城市公共空间管理的公共政策导向的特征。

城市设计是一个扩展的专业，来自公共和私人部门对城市设计职业者空前的增长需求。它同时是一个基于政策和实践的学科，需要广泛和合理化的理论支持。良好地理解城市设计，能为设计、开发、增加和保存那些成功的城市空间和珍贵的公众场所做出相应的贡献。当今的城市空间理论研究要求以整体的、关联的和辩证的思想看待城市空间，城市设计实践则需要立足于“城市物质空间”概念的同时，掌握更多的城市空间属性和特征。如果要洞察城市设计学科的发展动向，就必须把城市设计实践放在当下政治的、社会的、经济的、生态的背景之中审视。

第二节 城市设计实践与政治相关吗

城市设计实践与空间实践高度关联，而空间实践从来都离不开政治的影响。因此，城市设计实践与政治不但相关，而且高度相关。

法国哲学家亨利·勒菲弗的《空间与政治》一书中曾经强调过空间的政治维度。他认为空间本身是政治性的、是战略性的，没有任何东西可以防止人的欲望进入空间的逻辑当中。在空间的生产中存在着一种辩证法，早期呈现的是在空间中生产，晚期则是生产空间本身。城市中交换的网络、原材料和能源的流动，构成了空间，并由空间决定。这种空间物质产品和生产方式是与生产力、技术、知识、社会分工、自然、国家以及上层建筑都是分不开的，每一个社会都会生产出它自己的空间。

如果说空间是政治置身的场所，政策是政治实施的形式，那么规划是空间政策的集合体，是政治的空间体现与反映。相比于规划的其他类型，城市设计在规划类型中对形体空间的关注度更高，当然也不例外地需要被政治影响和受政治制约。

一、空间的政治性

空间是一种在全世界都被使用的政治工具，其意图就隐藏在空间形态表面的连续性下面。空间的表现始终服务于某种战略，它既有思想，也有欲望，也是被规划。空间在意识形态和知识之间存在着：是意识形态的，因而是政治的；是知识性的，因为它包含了种种精心设计的表现。因此以空间规划为主体的城市设计也是政治和知识共同行动的产物。

空间从属于一个近端的、横向的秩序——即地方的、场所的，又从属于一个远端的、纵向的秩序——即国家的、全球的。近端的和远端的秩序存在着断裂和冲突。其本质原因在于空间利益分配格局的不平衡性和不确定性。空间作为一种战略性的资源和稀缺的生产资料，不可避免地成为不同利益团体争夺的对象，空间是选择、竞争、斗争、革命的对象。空间政策是调节空间选择与竞争、空间斗争与革命的工具。因此空间政策是高度政治的。

二、城市设计的政治性

城市设计是众多公共政策中的一项，是一项关于空间的公共政策。现代公共政策学是20世纪50年代以来，从现代政治学领域独立出来的研究政策系统及其规律的新兴学科。西方对公共政策代表性的概念有：公共政策是一项含有目标、价值和策略的大型计划；公共政策是政府选择作为或不作为的行为；公共政策是某一特定环境下，个人团体或政府有计划的活动；公共政策是建立在法律基础上的、具有相当权威性的、政府有目的的活动过程。概括起来，公共政策为特定主体制定和实施的，具有特定价值取向和特定目标，为解决特定社会问题和调整相关利益而采取的具有权威性的政治行动。

政府凭借公共权利干预市场资源配置方式，调控社会、空间进程。城市设计的公共政策属性贯穿规划编制、实施、管理、监督的整个过程。城市设计的空间政策为了空间实质的目的，既要从理性出发，也要借助空间形态的形式来表达。空间实质是空间利益关系，空间形式是空间物质形态，城市设计作为空间政策表现为控制空间的物质形态，以最终控制空间利益的分配。

城市设计体现的就是调节空间选择与竞争、空间斗争与革命的这样一种工具性的作用，企图缝补城市空间裂缝、碎片，连接分离的、分解的和断裂的城市要素，融合限制的、隔离的和非连续状态的空间。

三、空间的政治经济学

空间的政治经济学是一种含有政治意义的空间经济学，隐含一种战略或多种战略。空间政治经济学涉及社会实践中的转移和变化：人员的替代、责任的转移、权力的篡夺、意识形态的改变。空间发展问题是一个利益问题，空间规划问题也是一个利益问题。空间利益问题最终是空间的政治经济学问题。

空间实践是空间利益的产生之源和发展之源。规划实践是发展实践的空间政策行为。规划利益的主体性是在规划实践活动中形成和发展的。规划利益是主客体之间一种普遍的、基本的关系，它表现为对空间利益关系的积极控制和维护。规划是一种有目的的实践活动。城市设计是把没有的空间变成现实的空间（空间生成），把离散的空间变成集聚的空间（空间集聚），把中心的空间变成扩散的空间（空间离散），把割裂的空间变成关联的空间（空间链接）。在空间重组（生成、集聚、离散、链接）的过程中，利益也在重组（生成、集聚、离散、链接），利益集团格局也发生变化（生成、集聚、离散、链接）。

四、城市设计的政治维度

在市场经济制度下，城市空间结构是由土地的利益关系决定的。土地的利益关系包括城市整体的公共利益和无数个体利益。城市的地籍现状体现的是现状的个体利益格局，城市战略规划、总体规划和城市设计更多体现的是未来城市整体公共利益。保守的城市设计是建立在对现状土地利益关系的尊重之上，激进的城市设计意味着打破现状的土地利益结构，从而塑造新的城市空间结构。如果现状土地利益集团过于强势，城市设计就必须谨小慎微，过大尺度的重构不具有实施性；如果现状土地利益集团处于弱势，城市设计可以有较大的结构性改变机会，也比较容易实施。城市设计要在不同的城市发展模式中兼顾城市资源的利益攸关者的权益，从政治的维度做好强势力量和弱势力量的平衡。

城市发展模式一般说来有以下三种："政府规划，政府开发"的公共设施和市政设施，公共规划与公共利益相一致；"开发商规划，开发商开发"的商品房建设，私人规划与私人利益相一致；"政府规划，市场开发"的建设模式，公共规划与私人利益可能有内在的冲突。城市设计的政治维度在与公共利益与私人利益的平衡和协调，让上述三种模式在城市发展过程中互惠互利，看得见的手与看不见的手共同合作，提升城市外部公共空间的质量。

第三节　如何体现城市设计的社会性

城市空间与社会发展是一个双向连续的过程，一方面人们创造空间，另一方面又受限于空间方式的支配。空间是社会，社会是空间。空间是社会的反映，是社会的物质向度。关注城市空间所具有的"社会——空间"双重属性，以一种整体的、联系的观点看待城市空间，反映了物质和意识的关联，与科学与历史的融合。

一、公共空间的社会性

广义上讲，公共空间包括所有公众可到达和使用的空间：外部公共空间（公园、广场、街道、郊野）、内部公共空间（图书馆、博物馆、市政厅）和私有化了的公共空间（大学、购物中心、体育场）。并不是所有的公共空间都会向每一个人开放的，很难在公共空间和准公共空间之间划一条清晰的界限。实际上，公共空间越来越在私人场所盛行：集团化的主题乐园，正式的和非正式的公共生活，彼此重叠交叉的邻里，自给自足的邻里与高度流动的现代生活。公共领域的公共性是打了折的，比如仅仅停留在可视性的公共空间，或者仅仅是象征性可进入的公共空间，或者是隐秘的空间、迷失的空间。而隔离区是非常普遍的：禁烟区、禁止政治集会区、禁止滑板区、禁止移动电话区、禁酒精区，禁止汽车区。隔离危及到公共领域的社会学习、个人发展和信息交流，生活在封闭社区的人们在人生拓展的能力被弱化。

二、城市设计的社会性

城市设计重点关注公共空间中的社会公共生活。公共生活包括相对开放和普遍的社会语境；而私密生活是隐秘的、亲密的、被庇护的，由个人控制，只与家庭或者朋友分享。物质的公共领域是支持和推动公共生活与社会交往的空间场景。当代公共领域的衰败在一定程度上归咎于公共空间和公共生活的减少以及对其意义的忽视，互联网促使消费转移到家中来完成，人们对公共空间的疏离是私有化趋势的结果。公共领域缩小的同时，空间私有化的欲望却在膨胀。内向化的购物中心，人们越是不去使用公共空间，就越没有动力提供新的公共空间和维护现有的公共空间。维护和品质的下降使公共空间使用的可能性降低，从而衰败加剧。城市设计应该关注这种城市发展趋势，从社会的责任到职业性的反思，最后提出针对性的应对策略。

城市设计沟通过程是一个社会交往的过程，涵盖了言语和非言语表达方式的所有方面，包括聆听、鉴别与尊重他人观点、价值观，向所有的参与方尽可能真实地展示设计方案。在规划实践中，总体规划过于宏观和概括，控制性详细规划过于抽象和刻板，城市设计是愿景经济，形象、直观，富有表现力。相对而言，城市设计比其他的规划类型更容易与社会大众和政治精英交流。借助效果图、多媒体、模型及动画等表现手段，城市设计能够有效地激发公共参与、社会讨论和跨领域沟通，体现了一种实践的社会性。

改革开放三十年，中国社会经历了城市化、现代化和全球化的过程，个人、企业和城市都受到很大的挑战。社会的转型也要求城市规划与城市设计进行转型。当代社会处于“十一五”向“十二五”过渡期间，要实现包容性增长，就要从关注“量的增长”到“质的提升”。城市设计应该从新城设计和旧城重建转向同时关注老城区的有机更新和可持续再生。不同于传统城市设计基于城市增量“开发管制”的理念和手法，针对旧城存量更新和再生的城市设计理念和方法值得研究和探讨。城市设计学科自身的发展也体现了社会的发展。

第四节 城市设计为什么具有经济价值

一、空间的稀缺性

两个事实支配着我们的生活：有限的资源和无限的欲望。资源不足以满足欲望的状况导致了稀缺性。城市空间是一种稀缺性资源。空间的稀缺性源于我们对空间的欲望超过了可用来满足空间需求的资源。城市规划必须面对空间稀缺性做出选择，以及选择如何变化。

选择是一种权衡。世上没有免费的午餐，每一种选择都包括了收益及相应的成本。城市设计是一种空间选择和政策权衡的过程。每一次规划实施过程都有相应的社会的、经济的、环境的收益与成本。熊掌和鱼不能兼得时就要选择与权衡。

城市设计中空间选择要多方案比较选择，政策权衡要多方力量参与权衡；效率和效益要选择，发展和保护要权衡；经济增长和社会公平要选择，当期收益和未来成本要权衡；个体收益和社会成本要选择，任期内投入和任期外产出要权衡。城市设计的理性过程就是空间选择和政策权衡的过程。

在经济学维度，城市设计介入的是人类对空间稀缺性问题的思考：在空间欲望与满足欲望之间，消耗了多少资源，并进一步延伸到空间的供给与需求、公共服务的效率与公平、公共空间的生产与分配、公共物品的投资与消费的深入讨论当中。

二、空间的利益

空间利益是产生规划行为的根源，是规划活动的基础。在当代社会，不能离开空间利益谈规划，不能离开规划来谈空间利益。空间利益关系到城市空间关系的本质，贯穿到整个规划过程之中。不同的社会形态、不同的所有制性质、不同的社会经济发展阶段就有不同的空间利益关系。国家空间利益是共同利益、长远利益和根本利益；区域与城市的空间利益是局部利益、阶段利益和具体利益；社区和家庭的空间利益是微观利益、短期利益和现实利益。在空间规划中只顾微观利益不顾宏观利益是不高尚的，只顾宏观利益不顾微观利益是不人道的。每一种空间关系都必然体现为利益关系。空间利益具有特殊性，也具有普遍性。空间利益是人们生存和发展的物质文化生活需要，是规划活动的根本动因，是社会发展和空间优化的根本。

城市设计涉及城市空间交易的成本和城市公权与私权的产权治理结构，而交易成本与产权治理是制度经济学的重要概念。城市发展中的交易成本主要包括成本一（即土地成本、建设成本、信息成本、机会成本）以及成本二（即城市发展的制度成本，包括规划制度、土地制度）。城市设计的交易成本的存在是为了减少第一类交易成本，提供未来城市发展的空间模式，减少市场的不确定性，减少了第一类成本中的信息成本，增强了空间发展的确定性，鼓励了长期的专用投资，提高了空间利用的效率，减少了机会主义存在的空间。

三、空间的产权配置

自 1978 年开始的经济改革和社会变革中充满了制度的不确定性。因为政治上的制约,经济改革只能采用渐进的方式,通过“试错”的过程前进。渐进的制度变革导致了一个二元的土地市场：明确的城市土地出让市场和不确定的农村集体土地市场。以产权的视角审视城市的动态发展，是土地的产权不断的界定、重组、再界定的过程。当土地的产权的潜在价值大于重新界定这个产权的成本时，原有的产权关系就会被打破，产权重组就会发生，资源就会重新得到高效地配置。城市设计涉及公共资源和私有资源的重新配置。

改革开放前，我国土地所有权是全民所有的，实际上是没有明确归属的，影响了土地的使用效率；改革开放后，我国的渐进改革中，出现了单位与政府共同拥有土地的模糊产权形式，土地的供需关系被扭曲。随着土地出让制度的建立和商品房的高度普及，城市中的个体利益越来越广泛和普遍，城市规划不可避免地要尊重个体利益与产权。日益增多的商品房业主迫切需要保护他们的房产价值，遏制损害相邻用地利益的土地开发，希望公共利益在透明、开放的规划机制下运作。随着市场化日益深入，总体公共利益与个体私人利益的力量此消彼长，与现状土地利益结构冲突的规划越来越难以实施。一开始，总体公共利益总能够高于个体私人利益，后来，因为个体私人利益的反对，一些规划项目不得不放弃。城市发展中频发的政府与民众的冲突，预示着公众参与的规划过程将成为重要研究课题，以公众参与为主的规划过程，将来比规划方案本身更重要。通过公众参与取得公共利益和个体利益的协调，使规划实施的可能性相应提高。

决定一个城市发展的速度、格局与模式，最主要的是经济制度。城市设计作为一种公共政策能够引导，但不能主导城市发展。与计划经济追求平等导致的短缺与普遍贫困相反，市场经济是以生产过剩和马太效应为特点的。源于集聚效益和毗邻效益，经济活动在空间上日趋集中。知识人口也会随着空间集聚而加速集聚。

开发是经济维度的增值过程，也是经济增值前提下围绕特定时间地点的一种社会关系运行过程。参与人士包括土地所有者、投资者、金融业界人士、发展商、建筑商、各种专业人士、政界人士、消费者。国家和地方政府也是其中的一部分。城市设计可以为开发增值，其途径有：较高的投资回报；建立和创造新的市场；回应多样化的需求；减少管理维护能源和开支；提高密度和空间使用效率；支持生活气息，提升开发信心。

四、市场经济与公共经济

改革开放以来，中国的城市经济都在补“市场经济”的课，在 30 年的历程中取得了突出的成绩；但 30 年后，“公共经济”作为需要补的另一门课，其必要性和迫切性被提上了日程。“公共经济”和“市场经济”是城市管理经济的两个方面。

公共经济不是为了满足个人或家庭的私人需要，而是满足以社会为单位的社会公共需要。它所提供的是由政府通过征税等公共收入方式集聚起财富，向全社会提供的公共物品，包括教育、医疗、道路、供水、供电、环保、治安、行政、司法。这些公共产品和公共服务不能交给市场提供，不能在市场上购买。在中国深化改革开放的过程中，公共管理应该以维护公共利益为核心，建立公共经济建设的法制平台，在市场模式缺失的部分通过法制模式的保障来维持公共经济的规模和质量。公共服务需求的高速增长的经济门槛是人均GDP1000美元，2005年，中国已达到这一门槛，已开始进入公共服务需求的高速增长阶段。随着恩格尔系数的降低，人们公共产品消费支出比重会不断加大。人们花在吃饭穿衣上的消费比重下降，在教育、艺术、文化、健康方面的支出比例上升。城市和乡村居民的真正区别是在公共生活中，而非私人生活。这是城市化的本质。

当代中国人的家庭生活已经高度现代化，与欧美家庭相比毫不逊色；但走出家门，走到街道，走出小区，走进城市后，看到的公共产品、公共服务状况却与发达国家有很大距离。市场经济和公共经济的不平衡反映在空间规划上。在总规层面，地方政府总是抱怨建设用地不够用，而实际情况主要是黄色（居住）和红色（商业）部分不够用，也就是市场经济覆盖的空间部分不够用。在建设用地总量控制的情况下，压缩、侵占其他颜色（公共服务，公共经济）部分就是自然的策略。这种行动延伸到控规就是众多的控规调整，控规调整相当一部分是保证市场经济的利益，而对公共经济来说会受到相应的损失。因此，需要出台相应的法律、法规、条例、公共政策，从规划编制、修改和审批的程序上、过程上给予制度上的保障。城市公共管理从规划开始，贯彻到规划实施和城市运营的整个过程中去，平衡市场经济和公共经济的关系，使我国高速城市化的后半段走得更稳健。中国城市生活的质量从小区到城市，从家庭到社会都维持一个高质量发展的状况。而城市设计是公共空间公共设施的空间落实工具，是公共服务与公共管理的政策落实的物质载体。

在全球化时代，每一座城市都处在全球范围的城市竞争之中，城市政府在公共经济领域引入竞争机制，并通过有效的监管，与民间机构共同形成一种公平、高效、可持续的混合型公共经济体系，为城市提供高性价比的公共产品，在外部竞争中赢得资金、人才与市场。在这过程中，规划编制建立了公共产品的空间分布体系。规划实施是公共产品在社会空间中逐步落实的过程。由于公共产品的积极或消极外部性效应，其实施过程也是一个社会各团体利益博弈的过程。学校、公园、湖泊、广场具有积极外部性，火葬场、垃圾处理厂、发电厂具有消极外部性，但无论积极或消极，公共产品的数量、分布都是客观需要的。他们的规划和实施需要有法律、法规、条例、公共政策的制度性保障。

五、城市的经济学分析

城市是一组通过空间途径盈利的公共产品和服务。城市的起源在于存在公共服务和公共服务以空间交易（税收）的形式来提供。城市基础设施和公共服务成本大多是长度或服务半径的函数，且具有报酬递增的特点。为了获得较高的收益，同样的基础设施要服务尽可能多的人口。空间的边界意味着对应的交易和权利，不同组织对空间的争夺，可视作对征税权的争夺。政府可以看做是一个以行政边界为基础提供公共产品的公司。政府在其辖区里的法定权利相当于一个企业的一组产权。城市使各种政府服务叠加和组合。企业的本质就是契约。企业就是以要素市场上的合约代替产品市场上的合约。商业模式也就是盈利模式是企业的核心价值。

所谓公共产品必须是通过空间收费的产品。有供给和需求，有生产者和消费者，有产权交易。公共产品的有偿服务是城市组织最基本的制度原型。城市政府最核心的工作是发现并设计最佳的商业模式。合理的空间收费的商业模式可以使许多看似无法定价的公共产品得到有效的供给。政府所提供的城市是一个可以加载各种服务的空间平台。

按照城市的制度原型，空间不是简单的城乡两极，而是由不同的公共服务水平组成的连续谱系。城市化的过程就是公共服务从谱系的低端向高端移动的过程。城市化水平取决于购买公共服务的多少，一个城市的城市化水平是对全体市民城市化水平的加总。

政府是一个“经营空间的企业”。通过为其行政边界里的经济人（居民、企业）提供公共服务（基础设施、法律保障、公共安全），获得经济效益。政府通过出让有基础设施的土地和对辖区内经济活动收税获得收益。税收主要用于经常性的公共服务，包括法律、治安、教育、消防、基础设施维护。土地收益则用于基础设施成本，如七通一平。其中一项出现缺口，由另一项进行弥补。

发达国家，城市化进程已经完成，大规模城市开发已经完成，政府职能主要体现在服务与管理上；中国处于城市化快速发展阶段，基础设施建设和土地开发方兴未艾，政府职能重开发，轻服务。发达国家和中国所处的城市化阶段不一样造成了政府的职能重心不同，也造成了税收经济和土地经济的两种经济模式运营平衡关系的差异。

地方政府的财政收入包括税收收入和土地收入：税收经济是经常性收

入，土地经济是一次性收入。财政支出包括经常性的公共服务支出和一次性的基础设施投资。地方政府要解决的经济模式是一次性与经常性的“收入—支出”流的平衡：基础设施的投入是一次性的，效益是长期的；土地收入是一次性的，随后的社会公共服务是经常性的。

中国城市发展的核心问题是如何解决工业化阶段的一次性投入——长期税收与城市化阶段的一次性收入——长期服务之间的矛盾。中国政府的盈利模式是两个阶段组合形成的资本循环，克服了地方政府的融资瓶颈和缺少财产税的财务困境。赵燕菁曾经提出，城市政府是将工业项目和开发项目两个独立的竞争环节组成一个完整的资金流程，以分别满足一次性的固定成本和长期性的可变成本：通过土地批租、出让，获得基础设施所需的一次性资本，将其中一部分土地，以低于成本的竞争价格，转让给能产生长期税收，且税基大的企业，而工业化产生商业房地产需求，成为土地出让金的市场源。这种投入产出模型注定了中国地方政府不可能是一个单纯服务型的政府，而必须是开发和服务双肩挑，也解释了压低地价招商和抬高地价拍地的同一主体的相反行为。

土地收益和财产收益的此消彼长取决于政府职能中的基础设施和公共服务比例的消长。财产税适用于基础设施建设规模小、城市化稳定的发达经济。一次性的土地收益适用于大规模城市化过程中的发展经济。理想的政策组合是一次性的土地收益和长期性财产税并存，并同一次性的基础设施和长期的公共服务之间建立起对应的投入—产出关系：政府以土地收益支持基础设施一次性投入，以经常性的财产税支持公共服务和设施维护的经常性支出。这种模式可以减少当期政府透支未来收入的机会主义行为，缩短投资回收期。只要新的收益渠道形成，地方政府的行为就会从一个发展型政府转变为服务型政府，权衡工业发展对物业价值的影响，权衡工业税收与财产税的此消彼长的关系。在适合工业的地方发展工业，在适合服务业的地方发展服务业。区域竞争转化为区域分工，大而专的区域分工取代小而全的区域竞争，形成最优的资源配置模式。

第五节 城市设计与可持续发展的关系

城市设计学科中的可持续城市发展的目标、战略及相关政策，与环境、能源与经济要素密切相关。城市空间的规模、结构、密度、肌理与城市可持续发展目标之间有着直接的对应关系。城市设计对城市可持续发展具有重要的意义。

一、可持续的城市空间模式

可持续城市发展的时代性目标包括节约资源、保护环境、协调建成环境与自然环境等方面。可持续的城市空间意味着有效的土地管理、土地混合利用及较好的交通连接，并实现生存空间和生态空间的可持续性。其中生存空间的可持续性意味着良好的居住空间、适中的职住距离、良好的公共设施服务、较好的城市多样性、适合人行的街道和街区、延续的城市肌理。生态空间的可持续性意味着城市绿色开放空间的连续性，土地利用和交通组织有利于生态空间保护。

可持续城市空间模式具有代表性的有“紧凑城市”、“生态城市”、“新都市主义”社区、“TOD 模式”、“城市村庄”等等。可持续城市空间规划策略有“低碳城市规划策略”、“生态城市规划策略”、“紧凑城市规划策略”。具体的城市空间规划实践政策研究有“精明增长”理论、城市空间增长管制等等。基于节约型城市（节地、节能）的城市设计研究，强调城市空间的紧凑性；基于生态城市的城市设计研究，强调生态安全格局，非建设用地规划，生态系统健康、生态环境质量标准；基于低碳城市空间规划研究，强调人的行为与碳排放的关系，通过规划控制影响人的出行方式和交通组织，倡导公共交通和绿色交通，并从城市空间的规模、结构、形态等多个方面探讨城市空间规划控制的准则和标准。

二、绿色城市设计生态策略

不同空间层级的绿色城市设计生态策略关注的重点不一样：可分总体的、片区的和地段的进行研究。不同的尺度基于生物气候条件的绿色城市设计时，我们首先应从“整体优先”的生态学观点出发，就城市总体生态格局入手，从本质上去理解城市的自然过程，综合城市自然环境和社会方面的各种因素，协调好城市内部结构与外部环境的关系。城市总体生态格局主要是指城市内部各实体空间的分布状态及其关系，如结构形态、开放空间、交通模式、基础设施以及城市社区等的布局和安排。它将从总体上、根本上决定一个城市的“先天”生态条件。以下是总体生态格局层面关注的生态策略重点：

1. 城市总体山水格局的建构

对大多数城市而言，它们只是区域山水基质上的一个斑块。城市建设应努力使人工系统与自然系统协调和谐，合理利用特定的自然因素，既使城市满足自身的功能要求，又使原来的自然景色更具特色和个性，进而形成科学合理、健康和富有艺术特色的城市总体格局。

2. 城市绿地系统的建设

传统的绿地系统设计通常只是建筑和道路规划之后的拾遗补缺，不能在生态意义上起到积极的作用；而绿色城市设计倡导城市开放空间的“绿道”和“蓝道”系统必须与动植物群体、景观连续性、城市风道、改善局地微气候等诸多因素相结合，以创造一个整体连贯的、并能在生态上相互作用的城市开放空间网络。

3. 城市重大工程性项目的生态保护

以公路建设为例，以往的城市道路建设往往割断自然景观中生物迁移、觅食的路径，破坏了生物生存的生境和各自然单元之间的连接度。为保护自然物种，在它们经常出没的主要地段和关键点，有必要通过建立运道、桥梁来保护鹿群等动物的顺利通过，降低道路对生物迁移的阻隔作用。对于城市其他重大工程，一定要经过严格的论证，既要考虑经济效益、社会效益，又要考虑环境效益、生态效益。

4. 城市交通体系的组织

作为交通动脉的道路无疑是城市的骨架，对城市的生态环境、局地微气候影响很大。一个理想的城市道路系统必须满足交通、景观、环境生态等各方面的要求。随着城市的进一步发展，交通问题将会变得越发严峻，改善现有城市的交通状况，必先未雨绸缪，将近期建设和长远规划联系起来，打造可持续的交通基础设施，建立水运、空运、公路、铁路全息型的整体交通模式，并妥善加以管理。建立先进的公交体系，倡导步行与自行车交通，限制私人汽车交通，倡导以“公交优先”、“环保优先”为主的出行方式，充分利用公共交通，逐步提高公共交通的舒适、安全、方便、准时性，并进一步将公共交通引入社区，方便人们换乘，解决“乘车难”问题。加强具有中国特色的便于自行车交通的慢车道的建设和管理，改善城市步行空间，鼓励步行，骑自行车、电动助力车等环保、节能型交通模式。

片区级城市设计主要涉及城市中功能相对独立的和具有相对环境整体性的片区。这一层次实施绿色城市设计的关键在于，在总体设计确定的基础和前提下，分析该地区对于城市整体的价值，保护或强化该地区已有的自然环境和人造环境的特点与开发潜能，提供并建立适宜的操作技术和设计程序；通过片区级的设计研究，为下一阶段优先实施的地段和具体项目提供明确规定。在具体操作时，可与分区规划和控制性详细规划相结合。

在片区这一中观层次规模上，重点关注的内容首先是妥善处理好新老城区生态系统的衔接关系，建立良性循环的符合整体优先、生态优先准则的新区生态关系，创造高品质的公共空间和合理的密度建筑，为城市生活增添活力。其次是关注旧城改造和更新中的复合生态问题，合理解决城市产业结构的调整、开放空间的建设，以及综合治理和再开发等诸多问题，进行广义的城市生态保护。

地段级的城市设计主要落实到具体建筑群设计，以及一些较小范围的环境建设项目上，如街道、广场、大型建筑物及其周边外部环境的设计。这一层次的设计最容易被建筑师和城市设计者所忽略。在这一层次，主要依靠广大建筑师自身对生态设计观念的理解和自觉。

对于地段级的城市设计，既要关注建筑群体的基本组成部分，如街道、建筑和小型开放空间，还应照应相邻地段的规划和设计，特别是这些组成部分之间的关系，包括建筑和建筑之间、建筑与周边开放空间、建筑与所在街道之间的关系。在地段级城市设计时，城市公共空间与人们日常生活密切相关，应予以特别关注。具体设计时，应针对地方自然特征和生物气候条件，通过自然要素和人工要素的合理组织，对环境中的声、光、热等物理刺激进行有效的控制和优化，使之处于合理的范围之内，以创造舒适的公共空间，使居民获得更多的人性关怀。

三、设计追随气候

特定地域的生物气候条件是城市形态最为重要的决定因素之一，它不仅造化了自然界本身的特殊性，还是人类行为和地域文化特征的重要成因。这是因为，生物气候条件是城市建设时首先面临的自然挑战，它关系到一个城市的能源模式和人们生存环境的舒适性，在极端气候环境中，它甚至在很大程度上决定了一个城市的结构形态、街道和建筑布局、开放空间设计等。作为自然环境的基本要素，生物气候条件是城市规划设计的重要参数，它越特殊就越需要设计来反映它，“形式追随气候”应像“形式追随功能”一样，成为城市设计的重要原则。

我国习惯的分类为湿热地区、干热地区、冬冷夏热地区和寒冷地区。这里对前三种气候区的城市设计策略作出讨论。

1. 湿热地区的绿色城市设计生态策略

湿热地区有着共同的气候特征，我国南方地区、长江流域局部地区就属于这一地区。夏季湿热但有短暂寒冬的次湿热气候区，其主要气候特征是年平均温度和湿度相对稳定，虽然每天会有波动，但每月平均值相对稳定，日平均温度 27℃。湿热地区湿度和降雨量一年中很高，相对湿度常为70%～80%甚至更高。该地区风力条件主要取决于其与海洋的距离，并受制于每年信风带（由东向西，朝向赤道）的移动。在沿海地区，午间会有规律性的海陆风产生，夜间通常风较弱。高温潮湿的气候，除影响人类的舒适性之外，还促进了霉菌和真菌的增长、建筑材料的腐蚀以及各种虫害的滋生。

从城市和建筑设计来看，湿热地区的气候具有以下显著特点：首先，该地区夏天的气候“并不在于其单纯的热,而在于是高温高湿组合的热湿”，通常较难通过设计来改善。这是因为，随着温度的升高，从植物和潮湿土壤蒸发的水汽升高，会导致更高的温度和太阳辐射，致使当地居民感觉十分不适，也影响了一些被动式冷却系统的实用性。其次，该地区常受到具有强烈破坏作用的飓风和洪水的影响。这是由于信风经过辽阔的海洋之后常会聚于赤道地带，造成潮湿空气对流加剧，并导致该地区午后降雨，并伴有雷暴这一有规律的现象。再次，该地区温度几乎没有季节性的变化，除受太阳直接辐射外，云层的漫辐射影响很大，仅靠截取直接太阳辐射的遮阳措施往往效果不佳。

杨经文建立起一整套“生物气候”设计理论，以及对环境知识体系的完整理解，他总结了在湿热气候条件下适应气候的城市设计策略，归纳起来有以下几个方面：

①城市的绿化系统要贯穿整个城市和市内的建筑，要注意主导风向，使风能进入城市内部，避免市区热岛的形成。

②鼓励和引导市民到室外公共空间进行户外活动，不要让他们总是处于室内空调环境中。

③在建筑密集的市中心地区要减少汽车流量，以降低污染，降低热量。

④在市区内均匀布置公共活动场所（总面积占 10%～20%）。这些场地应为露天的并有绿化或由架子、罩篷遮挡的半封闭空间。

⑤注重平面绿化的同时注重垂直绿化，使植物同建筑构成一体来反映一种绿色的形象。

⑥道路交通规划应尽量减少人们对汽车的依赖，并鼓励在一定的范围内使用步行道，楼群之间不必让汽车穿越。

⑦人行道要设计成半封闭或不封闭形式，并形成系统。

⑧要尽量设计可渗透地面，避免雨水从地面上流失。

⑨要保护好风景性水面用来蒸发降温。

2. 干热地区的绿色城市设计生态策略

干热地区大约在赤道南北15° ~ 30° 之间的亚热带纬度范围内。我国新疆吐鲁番盆地一带，以及川西攀枝花地区、川东长江谷地、云南元江谷地以及海南岛西部的部分地区也属于这一气候区。由于西北及东南信风在经过干热地区上空时带走了大量水汽，使得空气十分干燥。该地区总体气候特征主要表现为干旱、高盐碱化、大面积高温和强烈的太阳辐射，通常在中午和下午风很强，但在夜间却较弱（局部干热地区夜间也有强风），从而引发当地下午共同的气候特征——沙尘暴。

干热地区的夏季气候条件最为严峻，但冬季通常较为舒适（局部地区也有寒冷的冬季）。干热气候给人们生活带来巨大压力，主要包括由高温和强烈太阳辐射引发的热压力、刺眼的光线、沙尘暴以及局部地区的冬季严寒。因此，该地区城市设计应以确保城镇建筑环境夏季的热舒适性为最高目标。这是因为在通常情况下，"如能满足人在夏天的热舒适条件，也就等于满足了冬天的热舒适条件"。

干热地区城市设计的主要目标是如何减轻恶劣气候给人们室外活动带来的压力，尽可能提高单体建筑物的节能性能，并综合利用地形变化来获取良好的通风条件。针对夏天的燥热，在基地选择和总体布局时应注意以下几点：首先，选择合适的海拔、坡度和方位，以降低城镇建筑环境所受的太阳辐射，并应利用自然通风促进热量扩散。尽量避免位于低矮、狭长的谷地，宜选择迎风坡或较高海拔位置，可获得良好的通风能力和适宜的气温。其次，较为理想的状况是在基地的东南方向有大型的水域或灌溉区，可提供有益的水汽蒸发，从而能够降低该地区温度。此外，也可对地面采取特殊处理，加快白天所积聚的辐射热的扩散。第三，规划布局应使居住与工作场所能够通过快速、便捷的交通系统连接起来，并将社会公共服务设施分布于适宜的服务半径内，以减少长途跋涉，节约能源。

为了最大限度地减少干热气候对城市生活的影响，增加居住的舒适性，该地区的城市规划设计原则包括：要有紧凑的自然环境；重点在于垂直发展，而不放在常用的传统水平发展；偏重采取向半地下和地下发展，而不是向高层建筑发展，以显著节省公共设施与基本设施的建设投资及其后的运行和维护费用上。

干热地区的城市通常呈现为高密集型、紧凑式的结构形态，这主要是由当地的气候条件所决定的，是长期以来适应自然的结果，对改善室内、外环境的舒适性有着积极作用。对干热地区的城市而言，狭窄的街道和密集的建筑是比较适宜的形式，与宽阔的街道相比，会产生更多的阴影。对于同高度的建筑物来说，宽阔的街道与狭窄的街道相比在白天会产生更大的温度波动。

干热地区通常白天风较强而晚上较弱，令人感到意外的是，一般该地区不需要通风（避让沙尘），而夜间为确保室内的舒适，通风又成为必需。因此，我们关注的重点是如何提高城市及其建筑物夜间的通风性能。在高密度且层数接近的区域，街道很窄，建筑物间距较小，风几乎全部从屋顶掠过。这时应结合建筑设计充分利用屋顶窄间作为夜间休息的场所，其他楼层则可利用“风斗”将风向下引导,用以改善底部建筑的通风条件。此外，可利用高层建筑产生的局地风改善地面的风环境；同时，也应避免板式建筑在与主导风向垂直的方向上形成风墙。

干热地区容易受地方性沙尘暴和沙尘“波”的影响，裸露的空地通常是沙尘的源泉，而植被覆盖的土地有助于过滤空气中的沙尘，但雨水的缺乏和异地引水的高昂成本限制了城市美化露天环境的能力。这时较为合理的城市设计政策就是限制建筑物之间的距离（按规则退让）至居民能够绿化的尺度，这在一定程度上也导致干热地区的城市密度要高于其他气候类型区。

干热地区地表水汽蒸发率较高，从覆盖植物的土壤中蒸发的水汽可以降低气温，提高湿度。因此，城市开放空间包括私人绿地、公共绿地、公园等对该地区的气候影响最为显著。从舒适性角度考虑，在绿化区附近的户外活动要比在混凝土建筑附近更舒适。大面积的浅色屋顶与树木种植的有机结合，将会提高空气湿度，并明显降低该地区的室外温度。在炎热气候条件下，人行道应尽可能不暴露在阳光下，尤其是在白天户外活动的聚集场所。那些狭窄且具有较好遮阳设施的街道对于步行人流、室外活动以及购物环境而言都是更为舒适宜人的。

3. 冬冷夏热地区的绿色城市设计生态策略

冬天寒冷而夏天炎热的地区集中在 30° ～ 40° 纬度之间。其特点是夏季比较炎热干燥，白天的温度为 30 ～ 35℃，最高可达 37 ～ 39℃，甚至 40℃；冬季较为寒冷，气温一般在 -10 ～ 5℃之间；其相对湿度变化较大，白天为 30% ～ 40%，夜晚则达 80%。这种气候区夏季需要降温，冬季需要采暖，只有春秋季可通过自然通风获得较为理想的热舒适性。总体而言，能耗较大，需要特殊的节能设计。我国长江中下游地区大量人口均分布于该气候区，由于不能完全依靠空调，因而舒适的热环境主要依靠科学的城市规划和建筑设计策略。

人类在寒冷的情况下对自己的保护远比在过热的情况下更容易获得。加热能通过简单的、相对便宜的设备获得，而用于制冷的空调比较昂贵，对于发展中国家的大多数人都不适用。因而，除了那些冬天气候比夏天严峻得多的地区以外，夏天的热舒适性问题在城市设计时应予以优先考虑。冬冷夏热地区针对夏天和冬天的“理想”的城市设计指导方针是非常不同的，甚至会发生冲突。但是，通过有效处理城市通风、街道布局和建筑规划设计，提出在这两个季节内都获得舒适、节能效果的城市设计方案还是可能的。

在冬冷夏热气候区，夏天常高温、高湿多雨，而冬天则非常寒冷，气温常在0℃以下。更为重要的是，这个地区冬、夏两季的主导风向经常是不同的。如在我国东部地区，冬天的风主要来自北方，夏天则主要来自东南方向。因此，该地区的选择一方面要保证冬季日照良好，夏季通风流畅，在东南方向没有大的地形起伏、遮挡；另一方面能防止夏季高辐射，又能阻断冬季寒流侵袭，在西北方向最好有高大地形或成片防护林阻隔。

冬冷夏热地区，城市结构布局首先应鼓励夏季风（我国为东南风）尽可能穿越城市空间，它要求建筑适当地分散布置；而在冬天，为了最大可能地节省采暖费用，需要拥有最小暴露、紧凑布局的建筑。因而，冬冷夏热地区要求我们通过特殊的城市规划和设计细节，建造一种由各种建筑类型混合排列的“夏天暴露分散，而冬天紧凑”的城市结构模式。

在我国大部分地区，应该依靠建筑群体形态设计尽可能地使南向、东南向的夏季风得到强化，而阻挡冬季寒冷的西北风。为了达到这个目的，可合理安排不同长度和高度的建筑物，使它们尽可能地面对主导风向逐级布置。首先尽量将一些体量最小的独立住宅建造在最南边，然后依次是一些低矮的建筑类型，而在用地的北部边界则建造最高最长的建筑。这样，整个地区就由高层板式公寓楼、多层方形公寓楼、两三层的联排住宅、双拼或独立式别墅组成，形成了迎合夏季东南风的“凹口”状态，同时阻挡冬季北向来风。这些混合类型的建筑与那些由单一类型建筑组成的地区来比，城市居住区的总体密度更高一些，也具有更好的环境质量和热舒适性。

街道方位对城市通风有直接影响，应尽可能通过适当的布局来适应全年的风向变化。当街道与风向垂直时，应避免目前通常的沿街长条形的建筑布局，该模式对城市通风具有最大的阻碍作用，将大大减弱屋顶上方的气流和地面的风速；平行于风向或与风向大约成45° 倾斜角的街道，将有利于产生无障碍的“风道”，诱导风穿越市区。此外，街道方位在一定程度上还影响沿街建筑交叉通风的潜能。当街道与风向平行时，大多数的建筑处于风力的“真空”地带；而当街道与风向成30° ~ 60° 时，对建筑内部的自然通风较为有利。因此，通过对城市空间的总体通风条件和建筑物的自然通风进行综合考虑，比较理想的街道方位应与主导风向成30° ~ 60° ，这样能产生较好的综合通风效果。

在我国冬冷夏热地区，东西走向的街道在冬天与主导风向(北风)垂直，而在夏天与主导风向(东南风)成45° 斜角，这种街道方位和布局将有利于冬天最大限度地减少北风的影响，而在夏天则能增进街道和沿街建筑的通风。同时，这种布局对于加强冬日沿街建筑的日照也是一个好的方位选择，但对于人行道上的行人来说不甚理想。因此，从冬日街道自身的环境质量来看，在防风保护和阳光照射的考虑上存在冲突。但总体而言，上述推荐的街道方位在季节更替中已经能够提供比较适宜的生活环境。

冬冷夏热地区的夏日需要凉风习习、浓荫蔽日，冬天则需远离寒风、阳光普照。舒适的环境总由这样一系列矛盾的参数控制着，它要求我们在城市开放空间的设计过程中，充分考虑冬冷夏热地区城市特定的地域生态条件和气候特征，通过双极控制原则积极加以调适。例如，作为行道树的法国梧桐，夏日树叶茂密，给行人提供了舒适的阴凉世界；冬天树叶尽褪，又将灿烂阳光还于行人，这是自然法则所提供的最好的生物气候策略。冬冷夏热地区室外活动较为频繁，城市开放空间非常重要，我国在这方面做得远远不够。

第六节 当代城市设计面临的挑战

中国正由经济大国迈向经济强国，并进入工业化、城市化，完成历史性跨越的关键时期。改革开放以来，土地城市化为我国城市建设提供了最主要的资金来源，同时，土地过度城市化带来的社会经济环境的种种负面效应，已严重影响到我国社会经济环境的可持续发展。在土地城市化向人口城市化迈进的时代，城市设计需要更加强调以人为本，而非以物质形态为本。“十一五”期间，我国经济结构的战略性调整取得了重大进展，服务业比重得到了显著提高；“十二五”期间，服务业发展将呈现“高端突破、普适均等、多元驱动、区域协调”的格局。当前经济转型过程中，生产性服务业经济、高铁经济、轨道经济、枢纽经济、内需经济、民生经济对城市规划实践也提出了挑战，城市设计也需要探讨应对社会经济变化的策略。

关注社会公平和民生建设是当下规划的热点议题。在此背景下，以建设用地外延式粗放蔓延来增加GDP的城市发展模式难以为继，服务于土地财政的空间规划也需要转型。对于沿海发达地区，规模指标应当弱化，转向效益指标提升和单位能耗指标降低。对内陆欠发达地区，区域生态安全格局的相关因子应该纳入考核。城市规划面临关注经济效益的物质空间规划向关注民生的综合性规划转变，未来的城市规划在关注现代服务业高端化的同时，更加注重基本服务的均等化和城乡设施的共享化。

一、当代城市设计的转型

经济社会从外需到内需、高碳到低碳、强国到富民的三大转型，意味着生产型经济向消费型经济、服务型经济、宜居型经济发展。规划关注重点从生产空间向消费空间转变，延伸环境消费、文化消费、休闲消费、旅游消费等新型消费产业，把传统的惰性空间，如生态保护地、历史保护地、工业废弃地，通过合理适度的开发，以功能多元、复合利用的方式变为可消费的积极空间，创造综合效益的同时促进更可持续的利用和更有效的保护。

城市规划的重点从地上转入地下，从用地转入设施，从新建转入改造，从拆迁后建设到拆迁前协商；关注当前民生热点（农民工、拆迁户、住房保障）和未来民生热点（老龄化社会、大学生就业难、人口红利快速枯竭）；鼓励民生型政绩工程，实现规划公众参与的全面化与实质化。

最早由亚洲开发银行在2007年提出的包容性增长，其实是一个逐渐被国际社会接受的共识性概念。2010年布鲁塞尔举行的欧盟夏季峰会确定了欧盟2020战略，其三个重点分别为智能增长（知识与创新）、可持续增长（绿色经济、强化竞争力）和包容性增长（扩大就业、促进社会融合）。2010年9月16日，胡锦涛同志出席第五届亚太经合组织人力资源开发部长级会议上提到，我国的包容性增长涵盖经济发展方式转型、公平发展、保障和改善民生三层含义。城市规划要想促进实现包容性增长，就必须有利于转型、公平和民生，使传统的以经济增长为核心，物质空间发展为主体，自上而下的规划模式，无疑需要根本性的改变。

二、包容性城市设计的理念

包容性发展要求有包容性规划的理念。包容性城市设计则是为城市的发展提供空间框架的方式，应该是动态的、开放的、体现竞争性的、与适应市场和社会变化的，避免对城市的整体做出彻底的、排他性的重新建构。即不能让政府包办一切，也不能让市场主宰一切。围绕包容性增长，建设包容性城市、建立包容性城乡关系、促进实现包容性社会。切实有效地落实包容性增长，充分考虑国情的复杂性、发展的阶段性、区域的不平衡性，关注对贫困地区、弱势人群的普适性规则和差异性对策，更加注重促进实现机会平等而不是结果平等，政策上多引导少强制（豪宅、高尔夫的税收调节，城中村、路边摊、贫民窟的宽容和引导），改变政绩考核体制和财税体制。

三、提升城市设计质量的挑战

好的城市设计兼顾整体与局部、近期与长远，在政府与市场、限制与引导之间寻求适宜的平衡，深化和实质化公众参与，从目标导向到底线有限，更加注重规则与基础保障，更加注重规则与基础保障，关注起点与过程的公平，对传统城市设计进行范式的改变。提高城市设计的质量，存在着许多限制性因素：较低的城市设计专业认识度；相关信息的不对称性；市场的不可预测性；日益增长的土地价格；增长和分散的私人土地使用权；开发部门与公共部门的对立；较少的设计投资与短视的投资决策等等。城市设计师需要一系列个人技巧：保持较高的专业热情并为社会相关人士欣赏；将所有的设计理念转化为实际效果；善于交流和尊重社区及利益相关者的权益；为理念的实现而努力；灵活的经济意识；专业的理想主义与操作的现实主义结合；非常的想像力与强烈的责任感。好的城市设计从来就不会过分炫耀，它是内敛的或消失的。城市设计作为合作的本质：相互联系与协调的环境；相互联系与协调的参与者；注重决策过程；为人们创造公众场所的活动，设计人们乐于使用的城市空间。

城市设计总是处于一个特定的当地和全球的环境之中，或是总是存在于一个或多或少受调控的市场之中。 当地的语境就是地方文脉，包含地理环境、生命环境、社会环境和文化环境；全球语境包括环境影响和碳足迹，资源消耗和气候影响；市场语境包括开发的财政和经济过程，资本积累与利润创造，资源利用资产增值与资本循环，风险与收益；政府语境包括城市规划与公共政策，中央集权与地方分权，条条与块块的关系。城市设计最开始和最终都体现了一个过程，那就是为人创造更好的环境，为人及人的共同体服务。

第六章　城市设计经典导读

第一节　城市设计经典文献导读

经典文献导读列出了 15 本有关城市设计的主要经典文献，这些经典文献基本覆盖了城市设计理论的各个方面，表达了不同的学术观点，当然，经典文献并不限于所列出的这些文献。或许这些经典没有被人认真细致地从头到尾精读，在这一点上，学术名著总是没有文学作品幸运，更不能和电影相提并论。反过来也相信有很多人或多或少受到过它的影响，当我们多年之后再一次翻开这些经典之时，唏嘘之声不绝于耳——这张，还有这张图片是从这里出来的呀！原来这种，这种，这种，还有这种观点是来自这里的呀！这就是经典的力量吧。它们创造了超越一般流行元素的、具有强悍传染力的观点和方法。

尽管大多数人已经无法辨析其最初的源头，也无从追思其最初的梦想，重温这些梦想，探寻思想之源，是一次对城市设计本身的深度阅读和自我反省。对于初学者来说，城市设计经典文献的导读，既是初学者的延伸阅读，又可以通过这些文献综述全面地了解城市设计的理论基础。

一、《根据艺术原则建造城市》(The Art of Building Cities)

作者卡米洛·西特（Camillo Sitte1843 ~ 1903 年）是奥地利建筑师、画家，也是一位艺术史学家，是一位试图通过写作和实践途径来恢复城市设计的人文主义的奥地利建筑师。他的父亲弗朗茨·西特（Franz Sitte）也是一位建筑师。卡米洛很小的时候就跟随父亲学习素描，1863 年文理中学毕业，1864 ~ 1869 年间在维也纳技术高等学校（即今天的维也纳工业大学）学习建筑，同学有同样成为著名建筑师的海因里希·冯·菲尔斯特尔。同时卡米洛还在维也纳大学学习考古学、解剖学以及美术史（图 6-1-1）。

图 6-1-1　卡米洛·希特

1871 ~ 1873 年，卡米洛·西特在父亲开办的事务所工作，以教堂设计为主。1875 年与利奥波迪娜·布鲁姆（Leopoldine Blum，1852 ~ 1925 年）结婚，同年在鲁道夫·爱特尔贝格的推荐下赴萨尔茨堡创办国家工艺学校（Staatsgewerbeschule），并且成为首任校长，鉴于繁忙的校务工作和大量的研究写作不得不暂停建筑设计。1883 年卡米洛返回维也纳，转任维也纳国家工艺学校教师，开始有限地设计一些建筑方案，包括集合出租住宅和教堂。期间成为中央文物保护委员会的成员，也因此完成很多古代建筑的建筑及装潢研究和测绘。1889 年成为国家工艺学校校长，1897 年创办杂志《萨尔茨堡工艺通讯》(Salzburger Gewerbeblatt)，1903 年创办杂志《城市建设》(Städtebau)。

19 世纪末，城市空间的组织基本上延续着由文艺复兴后形成的、经巴黎美术学院经典化、并由巴黎豪斯曼改建所发扬光大和定型化了的长距离轴线、对称，追求纪念性和宏伟气派的特点。另一方面，由于资本主义市场经济的发展，对土地经济利益的过分追逐，出现了死板僵硬的方格城市道路网、笔直漫长的街道、呆板乏味的建筑轮廓线和开敞空间的严重缺乏，因此引来了人们对城市空间组织的批评。因此，1889 年卡米洛发表的《根据艺术原则建造城市》一书，就被人形容为“好似在欧洲的城市规划领域炸开了一颗爆炸弹”，成为当时对城市空间形态组织的重要著作。

西特游遍欧洲考察了希腊、罗马、中世纪和文艺复兴时期许多优秀建筑群的实例，研究过去年代的城市为什么如此热情而好客，试图证实那些城市是如何被造就的。他的工作是建立在对城市空间感知的严格分析之上，而反对那些来自工程师和交通规划师日益增长的技术主义倾向。卡米洛还借鉴了学术领域的心理学和哲学方法，将其用于研究人们对空间与形式的感知。针对当时城市建设中出现的忽视城市空间艺术性的状况，提出“我们必须以确定的艺术方式形成城市建设的艺术原则。我们必须研究过去时代的作品，并通过寻求出古代作品中美的因素来弥补当今艺术传统方面的损失，这些有效的因素必须成为现代城市建设的基本原则”，这也就是他这本书的任务和主要内容。

在该书中，卡米洛分析了从古典时代晚期到工业革命之后欧洲城市空间的特征，从中找出美的传统。因为古希腊和古罗马保留至今的完整城市空间很少，卡米洛主要从中世纪城镇出发，通过平面图和透视图的相互参照，分析真正被大众喜爱的城市空间——并不一定是宏伟的宫殿和大尺度的广场，而是错落有致、互相呼应、如画的市内风景——形成的原因。强调自由灵活的设计，建筑之间的相互协调，以及广场和街道组成围和，而不是流动的空间。

该书总结了城市结构和广场设计的古罗马法则，分析了雕塑与广场、中心开敞的广场、封闭的公共广场、广场的形式、公共广场群等有关建筑物、纪念物、广场之间的布局形式和原则。通过对城市空间的各种构成要素，如广场、街道、建筑、小品之间的相互关系的探讨，揭示了这些设施位置的选择、布置以及与交通、建筑群布置之间建立技术的和宜人的相互关系的一些基本原则，强调人的尺度、环境的尺度与人的活动以及他们的感受之间的协调，从而建立起城市空间的丰富多彩和人的空间活动的有机构成。他强调纪念性建筑物和其他美学元素强化出了不规则的城市结构，创造了宽阔的广场。对于卡米洛来说，城市中最重要的不是建筑形式，而是它固有的城市空间质量。以实例证明并肯定了中世纪城市建设在城市空间组织上的人文和艺术成就方面的积极作用，认为中世纪的建设“是自然而然、一点一点生长起来的”，而不是在图板上设计完成了之后再到现实中去实施的，因此城市空间更能符合人的视觉感受。而到了现代，建筑师和规划师却只依靠直觉、丁字尺和罗盘，有的对建设现场的状况都不去调查分析就进行设计，这样的结果必然是“满足于僵死的规则性、无用的对称以及令人厌烦的千篇一律”。卡米洛的著作不限于评论建筑形式，更准确地说是对于19世纪末城市化的美学评论。这个时代的美学观深刻地影响建筑，同时建筑的形式也影响着美学观念。

卡米洛著作的最初版本于1889年在维也纳出版。1902年该书被译成法文，直到1945年该书才被译成英文，其插图主要是一些平面图和当时的照片。这本著作对欧洲城市建设、规划、管理的发展产生过很大的影响，成为了现代城市设计理论的奠基性文献，使卡米洛成为现代城市设计历史上划时代的人物。他的思想促使城市设计者从醉心于辉煌的大构图，转而重视城市环境中接近人性的生活尺度。

二、《市镇设计》(Town Design)

作者弗雷德瑞克·吉伯德(Frederick Gibberd 1908 ~ 1984年)出身于考文垂的一个裁缝家庭，他是五个孩子中的长子。就读于亨利八世学校，后来在伯明翰艺术学校学习建筑，同时在伯明翰的一个建筑设计公司当学徒。1954年成为英国最高级巴思爵士，1967年获得骑士爵位，1969年被评为皇家艺术院院士。

弗雷德瑞克·吉伯德在建筑师职业生涯中承担过94个重要的项目，包括利物浦天主教堂、伦敦希思罗机场3号候机楼、摄政公园中央清真寺、基尔德水库景观、哈罗新城规划。1946年他被任命为哈罗新城的首席规划师，他对哈罗新城的规划、设计、建设投入了大量的精力，使哈罗成为英国战后新城建设最成功的例子。吉伯德和约克合作出版了许多著作，包括具有影响的《现代公寓》、《哈罗：新城的故事》等著作，1953年出版了重要著作《市镇设计》。

作者以精辟的分析、朴实的文字和翔实的案例来阐述城市规划和城市设计。作者认为，美好的城市由各个城市要素组成，美好的城市不仅体现在整个环境是美好的，最琐碎的细部也应该是美好的。作者在阐明城市设计问题时没有流于空谈的弊病，而是对每一种空间类型都以实证的方法揭示出规律性；作者的美学观点以保持历史的连续性为基础，城市的风貌产生于自身时代的功能、技术和材料。在当代条件下，我们应对优秀历史传统进行继承和发展。

《市镇设计》一书是一本把城市设计提高到艺术水平去研究的重要著作，也可以说是西方城市设计具有总结性的著作，反映了当代城市设计的水平，它填补了城市规划文库的空白。这本书自1953年问世以来至1970年已增订、修订至第六版，受到国际上同行的重视，并译成多种文字。

国内翻译出版的《市镇设计》是根据弗雷德瑞克·吉伯德的重要著作《Town Design》和美国建筑师学会组织编写的《Urban Design:The Architecture of Towns and Cities》两本书译的，以前者为主，增加了后者的部分章节，编成该书的第二、三、四章，此外还将该书有关邻里设计的部分内容编入《市镇设计》。

三、《城市设计》(Design of Cities)

作者埃德蒙·培根（Edmund N.Bacon 1910 ~ 2005年）毕业于康奈尔大学建筑系，20世纪30年代的大萧条时期，他在中国的上海找到一份工作，成为美国建筑师墨菲（Henry Killam Murphy）的助手，后者曾设计燕京大学校园，并是南京国民政府首都计划的顾问。1949 ~ 1970年期间担任费城的总规划师，领导完成了著名的费城市中心再生计划。1964年，他出现在《时代》周刊封面，并是迄今为止被这本杂志刊为封面人物的唯一一位规划师。

1. 以前的读感

在迷恋图像且心还不太静得下来的青年时代，每次打开这本培根先生的名著《城市设计》时，都忍不住劈劈啪啪翻看并沉溺在各张精美图片中，也难怪，搞空间设计的人总是对形态的表达欲罢不能，尽管时不时也知道文字或许更值得沉溺。不过话说回来，即使是20年后，书中的图片依然魅力不减，甚至历久弥香。图片中所反映出来的匠心、修养与沉静的状态实在令人尊重，尤其在这个多快好省的当代。以至于这本书改变了我折书以待的阅读习惯，而代之以华贵的书签。

2. 凌乱的阅读

其实，在很长一段时间里我都没有搞明白这本书到底说了些什么，那些玄想式的徒手画常常弄得我云山雾罩，读起来远不如流行通俗小说般顺畅，而略显晦涩的文句（以及包含在其中的沉郁渊博的历史知识与自由浪漫的想象）增加了我的理解障碍，更别说还有上文提及的精美图片引诱着我的注意力了。对一本书的理解总是和读者的阅读习惯有关，而不仅仅涉及作者的书写，我便是在凌乱的阅读中建立了对此书一知半解的最初印象。然而，哪怕是片段的文句依然让我获得了一些认识，比如开篇便引用丹尼尔·H·伯纳姆的一句话直言不讳的说出了本书的目的：寻找决定城市形态的力并为城市创造隽永而富于活力的图式。培根先生坚信人的意志力的作用，认为城市是人民的艺术与一种共享的感受，不断强调从人的角度进行设计，等等，这些伦理观与立场都让人不由得对其独立知识分子的人格肃然起敬，尤其在这个趋炎附势的当代。

3. 目录梳理

在最近一次勉强算得上系统但匆忙的阅读中，我似机巧似另辟蹊径又似鲁钝地将此书的一、二级目录（而非目录页上仅仅展示的一级目录）进行了一次取消层级差异的串联，展示如后：城市作为一种意愿行动→空间意识作为一种感受→空间与形式→界定空间→清晰地表现空间→空间与时间→空间与运动→建筑的定义→介入空间→着天→接地→空间中的点→后退的面→纵深设计→升与降→凸与凹→与人的联系→设计者作为身临其境者→实现、表现、理解→设计的性质→同时运动诸系统的性质→同时运动诸系统与城市设计的联系→法隆寺→外向→内向→感知自我的方式→感知环境的方式→感知空间的方式→友善的环境→居间的环境→对立的环境→外拓→居间→内视→内视→外拓→外展→介入→空间心理学→“介入”的现代含义→方块的“介入”→向着全面介入→色彩作为通往空间进程的一个度量→预期→完满实现→捕捉住时间——透视学→时间重新流行——同时性→内力在起作用→一个运动系统的概念→希腊城市的成长→雅典

→设计向下一个度量发展的动力学→在运动中的空间甬道→建筑相互紧密联系→米利都城的发展→得洛斯城→一个设计师设计的城市——普里安尼（Priene）城→多个设计师参与设计的城市——卡米鲁斯（Camiros）城→设计发展的方法→古罗马的设计法式→古典时期的罗马——凝聚→巴洛克时期的罗马——张拉→哈德良别墅→中世纪的城市设计→广场的结构→通向广场→到达广场→基本的设计结构→威尼斯——主题的全局支配与局部支配→文艺复兴的兴起→后继者的原则→法式的强加→纵深设计→米开朗琪罗的意愿行动→法式的发展→法式用于议院→新的城市憧憬→激动人心的新法式→单一的运动系统→内外联系→克莱论运动系统→巴洛克时期罗马的设计结构→组织力起作用→推动得以实现→运动系统与设计结构→在运动系统中作为控制点的方尖碑→节点的分散→节点的连接→巴洛克罗马与西克斯图斯五世→西克斯图斯五世思想的影响→从功能到设计结构→设计结构→适应设计结构的要求→创造性的张拉→ 4 组喷泉→跨越时代的设计——波波洛广场→ 19、20 世纪的罗马→形式与自然→看城市的方法→荷兰的插曲→屈伦博赫城→扎尔特博默尔城→威克·毕·都尔城→ 18、19 世纪欧洲的城市设计→格林威治的空间甬道→建筑产生的渊源→南锡城的空间甬道→平面的攀登原理→通过空间的蜿蜒进程→巴斯城的演变→巴黎的发展→巴黎的迅猛扩展→建筑及地区的设计→巴黎的设计结构→圣彼得堡的演变→今天的圣彼得堡——列宁格勒→约翰·纳什与伦敦→让平民百姓像皇帝般生活→设计相互影响→道路转角→摄政街的蜿蜒变化→四分之一大环→滑铁卢广场→伦敦的悲剧→巴黎的远见→维特鲁威的学说传到新大陆→萨凡纳城→萨凡纳城的设计结构→联邦的尊严→富足的荣光→勒·柯布西耶与他的新憧憬→大手术→空白画布上的新绘画——昌迪加尔→伟大的尝试——巴西利亚→汽车与行人的相互关系→公路作为建筑来处理→空间处理→建筑相互紧密联结→在色彩中行进→北京→在色彩和形体中行进→同时运动诸系统→决策→循环反馈→思想→行动→思想付诸行动——费城→对形式的艰苦探索→由设计结构决定的形式→由形式到建筑表现→意象的产生→意象的成熟→运动系统在起作用→建筑表现的起点→民意反馈→建立对话→对话在继续→决定方案→实践中的运动系统→人民街→城市设计确实建造起来了→设计向外挺伸→有机整体→设计程序→巨型城市的尺度→永恒与变化→格里芬与堪培拉→格里芬与朗方→一座富有人情味的城市——斯德哥尔摩→建筑表现与建筑形式→出乎意料的趋势→展望未来→规划与建筑的整合→通过三维空间→走向未来。

诚然，这样的展示是令人眩晕的，貌似清晰简单的一级目录因为二级目录的加入导致了一种丰富的井喷效果，从抽象的哲思到具体的城市、个人与广场、街道甚至喷泉等；从宏观到中微观、从绘画艺术到流线分析；从空间形态到社会与政治。视野之开阔、思路之繁复、资料之丰厚、前后之反复呼应、艺术与文化修养之高与论述之精到，无不令人咂舌。这般的名著气象绝非刻板或草率的平庸之作可以比拟，尤其在这个急功近利的当代。

4. 同时运动诸系统与设计结构

"同时运动诸系统"与"设计结构"是本书的两个核心概念，或者从技术执行的角度上说，本书就是在探索如何以城市设计的方式搭建高质量的设计结构，以有效地配合城市的同时运动诸系统。何为"城市运动诸系统"？何为"设计结构"？培根没有给出明确的定义，却进行了旁征博引的阐述，这种施展八卦掌一般的游走式论述或许恰是导致这两个概念有点让读者头晕的主要原因，何况还有行文遣句上的学究习惯和（再好的翻译也解决不了的）语言差异造成的困难。直到最近一次的系统阅读，我试着按照自己将任何高深概念拍落尘埃的积习进行分析，方才有了自认比较明了的理解。通俗地讲，培根认为运动（也就是在城市空间中的不同速度与方式的移动）是体验城市的基本方法，现代城市与古代城市的一个重要区别源自广泛普及的机动化交通带来的空间体验的巨大变化。该变化不是取代了传统的步行体验，而是增加了体验的多样性。而对于城市整体（市民）而言，多样性的体验是在不同的运动中同时发生的。城市设计的总体目标是引导城市形成舒适优美的空间形态，但城市那么庞大与复杂，而且还处于不间断的发展变化之中，如何才能协调好自上而下的权力机构的引导控制与自下而上的自由个体的开发建设之间的关系呢？这其实也是一个广泛的（空间）政治问题。如果施行全方位的严格控制，将会抹杀个体的热情，并需要仰仗一个极权主义的政治制度；反之，如果完全不加管控，基于无政府主义的混乱城市的产生将不可避免，严格地说，这样的城市无法存在。培根所想到的解决方式是提炼出城市核心的空间系统。该系统也是市民以不同的运动方式／速度同时体验城市的重要路径（如快速路、车行路、步行路与漫步道等）及其关键节点（如广场、公园、标志性建筑与雕塑等）的主导系统，故称为"同时运动诸系统"。这个系统在空间形态上的贯彻落实就是"设计结构"，该结构由城市设计师提取或者设定。基于此，培根纵向追溯历史，横向比较欧美以及东亚（日本与中国）的各典例城市，并将其运用于对费城城市建设的引导和管理中。其几十年持之以恒的坚定与专注令人佩服，同时也促使读者对那些千百年来一以贯之地守护前人的建设成就，并延续发展其设计结构（及同时运动诸系统）的世界名城投以艳羡的目光，尤其在这个国内城建思想朝令夕改、权力与资本目无先贤与夜郎自大的当代。

5. 读后

但凡对此等名著的阅读常有这样的感慨：这一遍读完之际恰是决心开始新一轮阅读之时，孔夫子所言“学而时习之，不亦乐乎”，即便以后时间残缺。尤其在这个忙碌焦虑的当代。

四、《寻找失落空间——城市设计的理论》(Finding Lost Space—Theories of Urban Design)

作者罗杰·特兰西克（Roger Trancik）曾在美国哈佛大学的设计研究生院和瑞典查默斯理工大学（Chaimers University of Technology）主持工作，现任美国康奈尔大学景观建筑学课程的教授。

1. 它的经典

相信没有多少人认真细致地从头到尾精读过这本书，在这一点上，学术名著总是没有文学作品幸运，更不能和电影相提并论了。反过来也相信有很多人或多或少受到过它的影响，当我多年之后再一次翻开此书的时候，时不时会突然叫唤起来或者唏嘘一下：啊！原来这张—这张—这张—还有这张图片是从这里出来的呀！原来这种—这种—这种—还有这种观点 / 方法是来自这里的呀！这就是经典的力量吧？它们创造了超级流行病毒一般具有强悍传染力的景象、观点和方法，被各色人等或本真或变形地带向世界各地，穿越时空，沁人心脾，尽管大多数人已经无法辨析其最初的源头，也无从追思其最初的梦想。

2. 失落空间

罗杰·特兰西克 (Roger Trancik) 先生在近 30 年前就提出的“失落空间”如同巫师的预言在今天的中国大陆上正被不计其数地兑现，创造这一定义的价值因此丝毫没有随着时间的流逝而减弱，反而日渐加强。尽管他没有对此进行精准的学术性描述，而是代之以一系列具体现象的展示，却也无损于读者对于失落空间的理解。导致失落空间的原因被他一针见血地归纳为 5 个方面：汽车、（建筑）设计中的现代主义运动、用地区划与城市更新、公共空间的私有化与土地用途的改变。在我看来，其根本原因主要来自两个方面:①资本主义的空间生产方式;②机动化技术（如汽车、高铁、电梯与立交桥等）的迅猛发展。前者使得城市空间更像是被用来盈利的生产资料或者产桥品，而非日常生活空间，所以在私利驱动下总会不断地抢夺并生产空间，也必然导致对自己所生产的空间质量的全力追求而置城市外部空间于不顾；后者则为资本主义的空间生产提供了强有力的技术支持，使得前者以一种粗放而非如古代城市般精细的方式对待城市（公共）空间。在中国，资本与权力不受监督的结盟更使得失落空间的出现变本加厉了。这是当下以及未来的城市设计师面对的巨大难题。特兰西克是将我们的眼光牵向这一难题的第一人。

3. 三大论—三板斧

城市设计领域妇孺皆知的三大论（即图底（figure—ground）理论、连接（linkage）理论与场所（place）理论）被城市设计者们在课堂或者论坛上讲得溜光，在实践设计项目中抡得溜圆，就像程咬金抡他那三板斧。而正宗的祖师爷恰是本书的作者特兰西克先生，尽管构成这三板斧的每一斧都不是他首创，但他将各自孤立的理论整合为一体，印证了中国武侠小说里所言的“融合各家之长”而开创一门，也印证了系统论里所言的“整体涌现性”——每种理论都有长短利弊，而适当的整合能产生远远大于个体加和的巨大能量。如果说这三种理论各自的价值在于其独特的视野、立场与研究方法，那么特兰西克的贡献则是对它们的有效整合，就像他想整合凌乱失落的城市空间一样。

4. 有序整合的设计套路

进一步的，特兰西克将整合后的“三板斧”用于对4个具体案例(波士顿、华盛顿特区、哥德堡和拜克社区）深入细致的设计研究中，并因势利导地调整对三大论的运用方式，既有统一的设计套路，又不乏灵活性。这方面是很有设计师（而非纯理论家）的敏感在其作用的，即学术理论的建立不见得如何的严谨致密与无懈可击，但具有很强的实操性，这是对设计行业实践需要的良好照应，也是此书中的观点和方法广为流传的根本原因。还需指出的是，此书强调对于城市失落空间的改善应是以增建和修复为主，而非拆除重建，应以渐进主义作为基本的价值立场，这些观点即使在今天也难以否认其先进性。

5. 经典的窠臼

在此书出版后的年月里，城市规划与城市设计领域都发生了很大的变化，生态主义与可持续发展逐渐成为学界与设计界的主流，全球资本化发展的势头也更加强劲，失落空间的难题依然层出不穷，新的城市形态研究方法（如GIS、数理分析与空间句法等）也有出现，但后人或许汗颜的是，目前最简便实用的城市设计方法仍旧无法脱离此书的窠臼。经典之为经典，由此可见端倪。

五、《城市意象》(The Image of the City)

作者凯文·林奇（Lynch· Kevin），任教于麻省理工学院建筑学院30年之久，他帮助建立了城市规划系，并将之发展成为世界上最著名的建筑学院之一。凯文·林奇是将心理学领域引入城市研究的学者之一，其标志是他1960年所著的《城市意象》一书的问世，这是一本有关城市意象研究最具影响的著作。林奇通过画地图草图和言语描述这两种方法对美国三个城市——波士顿、泽西城、洛杉矶的城市意象作了调查和分析，提出了有关公众意象的概念，并就城市意象及其元素、城市形态等问题作了论述。林奇偏重于对城市环境认知的经验研究，他把城市空间的“意象”看作由道路、边界、区域、节点和标志五种元素构成，企图以此揭示城市空间的本质。

该书的内容涉及城市的面貌以及它的重要性和可变性。全书分为五个章节：环境的意象、三个城市、城市意象及其元素、城市形态、新的尺度。作者先是对环境的意象进行研究，其次以美国三个城市为例提出城市设计的一些原则，接着将城市意象元素的形态分为五个部分进行分析，最后论述一个好的城市形态应该具备哪些要素，以及在新的尺度下如何更好地完成设计。

凯文·林奇在书中对人的“城市感知”意象要素进行了较深入的研究，他说：“一个可读的城市，它的街区、标志或是道路，应该容易认明，进而组成一个完整的形态”。林奇将对城市意象中物质形态研究的内容归纳为五种元素——道路、边界、区域、节点和标志物。这五个要素在城市研究领域有较大的影响。

林奇认为：一座城市，无论景象多么普通都可以给人带来欢乐。城市是人创造的，城市给人最精彩的感觉应该是“起源于艺术，发展于需求”。城市如同建筑，是一种空间的结构，只是尺度更巨大，需要用更长的时间过程去感知。城市设计可以说是一种时间的艺术，然而它与别的时间艺术，比如已掌握的音乐规律完全不同。很显然，不同的条件下，对于不同的人群，城市设计的规律有可能被倒置、打断、甚至是彻底废弃。

城市意象是一种城市特色，虽然它不是城市特色的唯一指标，但它是城市特色的重要因素。通过城市意象差异性的研究，分析城市中不同群体形成不同城市意象的原因，能够对城市特色建设提出建议和主张。城市特色作为城市长期积淀的结果，充分的反映在人们的城市意象中，因此我们可以从城市发展中人们所反映的城市意象内容对城市特色进行研究，在城市设计实践中塑造城市环境特色。

六、《外部空间设计》

作者芦原义信（1918 ~ 2003 年）日本当代著名建筑师。1942 年毕业于东京大学建筑系，1953 年作为研究生毕业于美国哈佛大学。毕业后曾在著名建筑师马歇・布劳耶的事务所工作过一段时间，1956 年建立了芦原义信建筑设计研究院。1960 年代以来，芦原先生曾先后任日本政法大学、武藏野美术大学和东京大学教授及夏威夷大学等校客席教授。此外，他还曾任日本建筑学会副会长及日本建筑家协会会长等职。

在建筑设计成就方面，其设计代表作包括 1967 年蒙特利尔国际博览会日本馆、东京驹泽体育馆、索尼大厦、东京国立历史民俗博物馆、东京艺术大剧院等。在建筑理论方面，芦原义信先生撰写了《外部空间的构成》、《外部空间的设计》、《建筑空间的魅力》、《街道的美学》以及《续街道的美学》等专著。其《街道的美学》和《续街道的美学》集中体现了他以“外部空间设计”为中心的建筑美学思想。

该书是一本论述关于建筑之外的、与人们生活密切相关的空间设计。全书通过四章对外部空间设计进行了阐述和分析。作者在书中通过对比、分析意大利和日本的外部空间，提出了积极空间、消极空间、加法空间、减法空间等一系列饶有兴味的概念；并结合建筑实例，对庭园、广场等外部空间的设计提出了一些独到的见解。

芦原义信的《外部空间设计》全面概括各种空间理论并提出了新见解：

1. 外部空间是比自然更有意义的空间，是由人所创造的有目的的外部环境，地面和墙壁是外部空间设计的决定性元素。

2. 以意大利人作为起居室的意大利广场为例，如果把周围的房子屋顶搬开覆盖到广场上，那么内部空间的顺序将颠倒，原来的外部空间就成了内部空间。卢原先生依据这种内部空间可以转换的可逆性，提出了“逆空间”概念。“逆空间”的主要设计元素是墙壁和地面。

3. 从空间论观点看来，满足人的使用意图，有计划创造的内部空间，即从首先确定外围边框再转向内侧整顿秩序，是一种有积极性的空间。反之，在自然界中发生的，以内侧向外增加扩散性空间，是一种消极空间。当两幢建筑距离与高度之比小于2时，它们之间可能会形成中和空间。

4. 建筑物与建筑之间相互影响有作用的数值是D/H小于3（D为间距，H为建筑物高），广场中的D/H在1～2之间时，空间较平衡紧凑；当D/H小于1时，建筑之间干涉过强；当D/H大于2时，建筑之间过于分离。

5. 外部空间的要素为尺度和质感。外部空间可以采用内部空间尺寸8～10倍的尺度，较为适宜，其行程距离可以采用20或25的模数制。

6. 建筑空间可以分成两种类型：一种是把重点放在以内部建立秩序离心式的修筑建筑上，可称之为“加法空间”；一种是把重点放在从外部建立秩序向心式的修筑建筑上，称之为“减法空间”。

七、《美国大城市的死与生》(The Death and Life of Great American Cities)

图6-1-2 简·雅各布斯

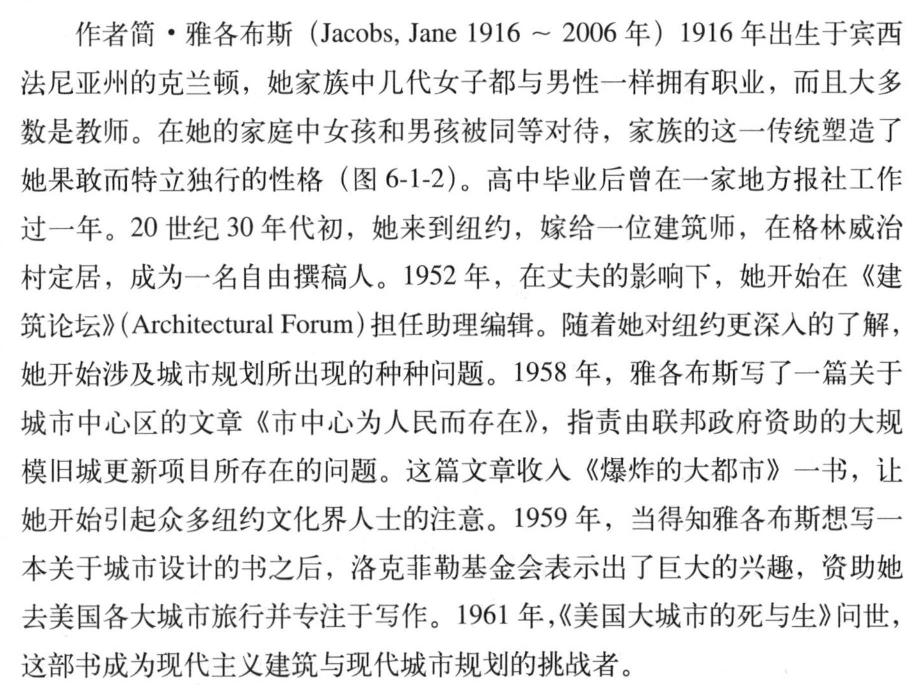
作者简·雅各布斯（Jacobs, Jane 1916～2006年）1916年出生于宾西法尼亚州的克兰顿，她家族中几代女子都与男性一样拥有职业，而且大多数是教师。在她的家庭中女孩和男孩被同等对待，家族的这一传统塑造了她果敢而特立独行的性格（图6-1-2）。高中毕业后曾在一家地方报社工作过一年。20世纪30年代初，她来到纽约，嫁给一位建筑师，在格林威治村定居，成为一名自由撰稿人。1952年，在丈夫的影响下，她开始在《建筑论坛》(Architectural Forum)担任助理编辑。随着她对纽约更深入的了解，她开始涉及城市规划所出现的种种问题。1958年，雅各布斯写了一篇关于城市中心区的文章《市中心为人民而存在》，指责由联邦政府资助的大规模旧城更新项目所存在的问题。这篇文章收入《爆炸的大都市》一书，让她开始引起众多纽约文化界人士的注意。1959年，当得知雅各布斯想写一本关于城市设计的书之后，洛克菲勒基金会表示出了巨大的兴趣，资助她去美国各大城市旅行并专注于写作。1961年,《美国大城市的死与生》问世，这部书成为现代主义建筑与现代城市规划的挑战者。

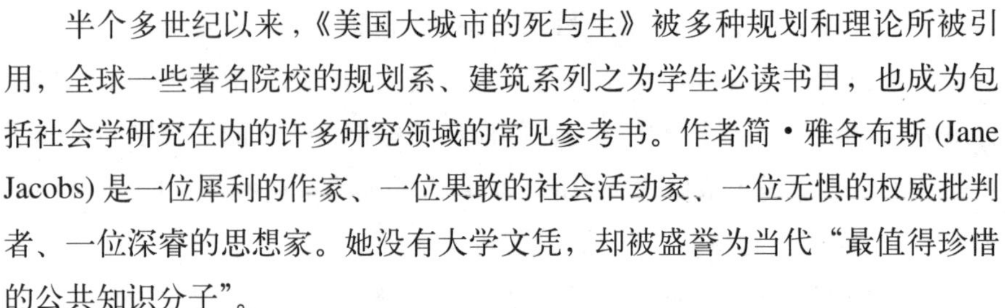
半个多世纪以来，《美国大城市的死与生》被多种规划和理论所被引用，全球一些著名院校的规划系、建筑系列之为学生必读书目，也成为包括社会学研究在内的许多研究领域的常见参考书。作者简·雅各布斯(Jane Jacobs)是一位犀利的作家、一位果敢的社会活动家、一位无惧的权威批判者、一位深睿的思想家。她没有大学文凭，却被盛誉为当代“最值得珍惜的公共知识分子”。

20 世纪 60 年代，简・雅各布斯喜欢在纽约的大街上步行，她穿过城市的大街小巷，渐渐看到美国的大城市正面临着某种灾难："被规划师的魔法点中的人们，被随意推来搡去，被剥夺权利，甚至被迫迁离家园，仿佛是征服者底下的臣民。完整的社区被分割开来。种瓜得瓜，种豆得豆。这样做的结果是，收获了诸多怀疑、怨恨和绝望；这一切无法充耳不闻、视而不见，无法不相信"。她的观察在当时的美国社会引起巨大轰动。当时规划界主流认定这本书"除了给规划带来麻烦，其余什么也没有"。但最终，这本书在二战后的美国城市规划实践乃至社会发展中扮演了一个非常重要的角色，几乎彻底改变了美国城市的发展历史。

简・雅各布斯认为，一个好社区就是要在"隐私权"与"彼此接触"之间取得惊人的平衡，这就需要在社区充分实行多元化。为此，好社区应具有以下四个条件：

1. 应能具备多种主要功能；

2. 大多数街区应短小而便于向四处通行；

3. 住房应是不同年代和不同状况的建筑的混合；

4. 人口应比较稠密。

雅各布斯则反对让汽车在城市里横行霸道，而呼吁拓宽每条街的人行道。她认为，人行道有三个功能：保障安全、人们相互接触和儿童们一块儿玩乐。人行道加宽了就可便于邻居们随时驻足交谈。人行道如有足够宽度，儿童便可少去不安全的公园和运动场。为了更安全，人行道应在公共行走线和私人空间之间划有界线，也应便于商铺店主或在家家长观察户外动静。

简・雅各布斯认为"多样性是城市的天性"。在城市的发展过程中，城市功用的多样性是一个普遍存在的重要的原则。要理解城市，就必须将功能的多样性作为基本的现象来正确对待。城市之所以能产生多样性，依赖于这样一个事实：成千上万的人聚集在城市里，而这些人的兴趣、能力、需求、财富甚至口味又都千差万别。她认为市民是城市中最最重要的主角，而破坏多样性的现代城市规划理论注定会深刻伤害城市居民的生活。针对它的挽救措施，雅各布斯发展了所谓"街道眼"的概念，主张保持小尺度的街区（Block）和街道上的各种小店铺，用以增加街道生活中人们相互见面的机会，从而增强街道的安全感。

应该说，这本书很完整的体现了雅各布斯的个人气质。一方面，她对城市生活充满了热情和悲悯，作为一个城市行人和城市作家，她具备了一种超群的观察力，由此发现城市生活中的种种细节和变化。另一方面，雅各布斯是一个积极社会活动者，所以，在书中我们能看到她的激情和迫切改变生活的愿望。在生活中，她不仅写书，而且参与种种活动，作为纽约格林威治村的居民，她曾以极大的热情参与了保护她的街坊和曼哈顿西部边界的行动，抵抗罗伯特·莫斯（R.Moss）领导的纽约高速路和城市更新计划。1968年，在一次抗议曼哈顿下城区高速公路修建的公共集会上，她被以“暴乱”和“故意伤害”罪而拘留，但反对修建高速公路的人们最终赢得了官司。

1968年，雅各布斯全家迁居加拿大多伦多，迁居的原因是反对越南战争。她的两个儿子已到服役年龄，可宁愿去坐牢也不愿到越南战场去当炮灰。于是他们决定移居北上。由于当时美国公民不能拥有双重国籍，而雅各布斯又不愿放弃在加拿大的选举权，于是全家便成了加拿大公民，而她继续在多伦多认真实践她自己的城市规划思想。不久，雅各布斯就在她的这个新城市成了阻止修筑斯帕蒂娜高速公路的领军人物。这条计划中的高速公路要从多伦多的北端一直通过市区修到南部的斯帕蒂娜路，就如纽约原来计划通过华盛顿广场的高速公路一样威胁着沿线的社区。她又参与了示威游行，又两次被捕，而最后又是她及其所代表的社区获得胜利。她后来在文章和著作中常常提及这个主题：我们建设城市究竟是为汽车还是为人，并反复呼吁让步行者得到他们应有的合法行路权。20世纪70年代以后，各种类型的强调以社区和居民为主体的小规模社区规划（Community Based Planning）逐渐成为美国城市旧城更新的主要形式。显然，这与《美国大城市的死与生》大力推崇的传统的“小而灵活规划”（Little Vital Plan）是一脉相承的。但是，正如雅各布斯自己所言“时尚的背后是社会经济的原因”，导致这种现象发生的真实原因同样很复杂，并非一种观念所能推动。

在加拿大的38年，雅各布斯除参加各种社会活动外，还继续撰文著书，其研究范围还扩至经济学、社会学等。她的著作还有《城市经济学》（1969年）、《分离主义的问题》（1980年）、《城市与国家的财富》（1984年）、《生存系统》（1993年）、《暗淡时期在前头》（2004年）。她还多次提及种族主义、贫富差距和环境破坏等问题。加拿大社会评论家罗伯特·弗尔福特认为雅各布斯“是一个未必有渊博知识的勇士，一个抵制大多数理论的理论家，一个没有教职和大学学位的教师，一个写得出色却不经常写的作家。”

针对雅各布斯的贡献，也有人认为她不过是幸运地成为压倒骆驼的最后一根稻草，“当我们重新审视美国旧城更新的发展历史，会发现，上述大规模计划的失败还有其更加深刻的原因。事实上，几乎就在雅各布斯写《美国大城市的死与生》时，这些由政府主导的计划就已经开始走下坡路了。"他们认为这些大规模规划停下来的原因是美国经济开始走向萧条，而不是这位坊间主妇的愤怒叫喊与温情絮语。

八、《拼贴城市》(Collage City)

作者柯林·罗（Colin Rowe1920 ~ 1999 年）是一个后现代派的英国建筑师和规划师，也是 20 世纪后半期最有影响的建筑教师。柯林·罗 1920 年生于英国约克郡，1939 年进入利物浦的建筑学校学习，1942 年参加英军。二战后，回到利物浦完成学业，并执教一年，后来在伦敦沃堡学院师从建筑历史学家鲁道夫·维特考瓦。1952 年，前往美国，在耶鲁大学学习，1954 年赴奥斯汀得克萨斯大学执教，然后又先后任教于康奈尔大学、剑桥大学，最后，于 1962 年留在康奈尔大学，直到退休。1995 年获得英国建筑师的最高荣誉奖"女王伊利萨白金奖"。他有关城市设计的最有影响的著作有《拼贴城市》、《城市空间》、《理想别墅的数学和其他论文》、《十六世纪的意大利建筑》。其中《拼贴城市》是最重要的、有影响的著作，他主张建筑师把视角从建筑单体转移到整个城市。MIT Press 在 1978 年出版，1984 年再版了 Colin Rowe 和 Fred Koetter 合著的《拼贴城市》。

柯林·罗用他敏锐的洞察力直达建筑学和城市研究的思想本质，"其目的是驱除幻想，同时寻求秩序和非秩序、简单与复杂、永恒与偶发的共存，私人与公用的共存，革命与传统的共存，回顾与展望的结合。"

《拼贴城市》是 20 世纪 80 年代诞生的一部在建筑和城市研究方面重要的理论著作。他主张建筑师把视角从建筑单体转移到整个城市。他发现传统城市属于"肌理的城市"，而现代城市则更多表现为"实体的城市"。传统城市的构成形成了建筑与肌理的关系，而现代城市由于尺度的巨大和环境的要求而使得实体与虚体间发生了断裂，形成了"实体的危机"与"肌理的困境"。对于建筑学而言，现代主义建筑的出现为整个行业带来了革命性的转变与新生。但是，当现代主义建筑改变了一代又一代的建筑师的同时，现代主义的城市规划却受到了巨大的质疑。越来越多的人发现现代主义思潮下的城市规划是一种建筑物的堆叠，忽视城市内部的复杂化和多元化因素，而不是将城市作为一个整体进行考虑。"拼贴城市"试图缝合现代城市与传统城市的巨大差异，用拼贴的方法把传统和现代割断的历史重新连接起来。

林·罗认为，城市规划建立在历史的记忆和渐进的城市积淀之上，并在此所产生出来的城市背景上进行规划。城市是不同时代的、地方的、功能的叠加。“拼贴”是一种城市设计方法，它寻求把过去与未来统一在现在之中。人们是可以把“新城”描述成为单体为主，把“老城”描述成为空间为主；而作者所希望看到的情形是，建筑和空间能够以彼此平等共存。这种理想的状态是可能容许高度规划和高度无规划共同存在。柯布西耶设计建筑是复杂的，而规划的城市是简单的，而这与古希腊雅典卫城呈现的“简单的建筑和复杂的城市”的关系恰恰相反。城市在本质上应该是多元复杂的，“拼贴城市”正是对城市多元复杂性的回应。

现代建筑的单体涌进现存的城市，导致了这些城市的蒸发，即只有建筑而没有城市。当下城市中时间甚至比空间更重要，因为要保持时间太困难了。失去了时间的城市会失去它的特征，而变成“普遍的社会”。猩猩是“自然的”，与它的千年祖辈没有两样，每个生命从头开始，每天对于它总是新的，因为它没有足够的记忆；而社会的人可以用他的记忆、建筑、文字等等回到过去；人是“历史”的，而不是“自然的”。但失去时间的城市会失去记忆，让人变成猩猩。而拼贴城市是包容时间的城市。罗马就是一个拼贴起来的城市。城中就有许多看似不相容的东西，但是，它们在帝国城市结构中拼贴在一起，形成了远比巴洛克式城市要多的冲突。“拼贴的城市”肯定比“现代城市”更具有包容性。拼贴这种城市设计方法的核心是和谐。和谐存在于结构和事件之间、必然性和偶然性之间、内部和外部之间。拼贴是一种“取其精华”的方法，它以拿来主义的姿态使用这些“精华”，它允许我们接受乌托邦中的一些成分，而不必接受乌托邦的整体。

九、《设计结合自然》(Design with Nature)

图 6-1-3　伊恩·伦诺克斯·麦克哈格

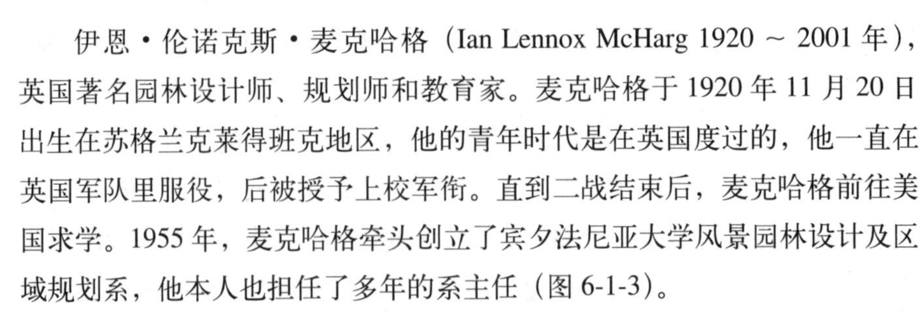

伊恩·伦诺克斯·麦克哈格（Ian Lennox McHarg 1920 ~ 2001 年），英国著名园林设计师、规划师和教育家。麦克哈格于 1920 年 11 月 20 日出生在苏格兰克莱得班克地区，他的青年时代是在英国度过的，他一直在英国军队里服役，后被授予上校军衔。直到二战结束后，麦克哈格前往美国求学。1955 年，麦克哈格牵头创立了宾夕法尼亚大学风景园林设计及区域规划系，他本人也担任了多年的系主任（图 6-1-3）。

由于他出色的设计和对园林事业的巨大贡献，他一生中获得了无数的荣誉，包括 1990 年由乔治·布什总统颁发的全美艺术奖章和日本城市设计奖。

伊恩·麦克哈格 1971 年所著的《设计结合自然》是一本具有里程碑意义的专著。作者以睿智的观点、丰富的资料和精辟的论断，阐述了修建环境与自然环境之间不可分割的依赖关系，指出设计必须结合自然的理由和途径，对规划设计领域的理论研究和设计实践产生了重大和深远的影响。在规划设计指导思想由“空间论”的基础上融入“环境论”，进而发展至“生态论”的今天，书中的许多理论观点仍充满着生机与活力，书中所介绍的学术观点依然对“可持续发展”的理论与实践探索提供着可贵的借鉴价值。

《设计结合自然》的学术价值首先体现在对规划设计界价值观的转变，提出要建立具有自然观念的生态价值体系和价值观。麦克哈格明确指出，人是整个自然界中的一分子，与其他生物和物质共存于宇宙之中，在有着自己独特性的同时也有着相互依赖性，并非是万物的统治者，为获得生存生长、繁衍发展就必须在自然系统中得到平衡。麦克哈格认为，价值观的转变至关重要，如果不具备自然生态的基本观点，就难以在规划设计中自觉的融入生态思维，所谓尊重自然的、生态的人类发展模式就无从谈起。

该著作的另一贡献在于发展了一整套完整的从土地适应性分析和土地利用的规划方法和技术。麦克哈格在书中以一些规划实例来说明其生态规划思路，提出任何一处规划用地都是物质的和生物的历史发展的综合，是动态的演进过程。只有充分认识这个“过程”，才能判断出最有效、最适当的土地利用方式。他进而提出了针对一个研究区域进行多因子分层分析，然后再叠加综合评价的分析方法，确定土地适应性分析的基本技术路线，并据此技术路线导出自然因素和社会因素相结合的规划方案。

《设计结合自然》的贡献还体现在作者提出了如何判断规划方案是否合理的思路。麦克哈格反对主观的、偶发的规划方法，提出合理的规划应具备某些客观标准来衡量。虽然他提出的判断标准也许不能简单地称其为“标准”，较准确地说，可能称其为因素更为准确。这些因素包括：负熵、感受、共生、适应性、健康状况和病理状况诸要素。换言之，他认为好的规划方案所构筑的创造出的模型应具备这样的资料库：包括物质和生命系统的秩序提升、感受力度和共生作用的增强、适应环境的能力优化、系统的健康和遗传潜力增长等。

《设计结合自然》1971 年获得全美图书奖，是一本具有里程碑意义的专著。此外，他还著有《生命的追求》(1969 年)，同时他也是《拯救地球》(1998

年）一书的主要作者。在 20 世纪 60 年代，他为哥伦比亚广播公司制作了系列电视节目《我们居住的房屋》，他也曾在 1969 年为美国公共广播公司制作过纪录片《地球的兴衰》。

十、《人性场所》(People Places)

作者克莱尔·库伯·马库斯（Claire Cooper Marcus），伦敦大学本科学习人文地理和历史地理，内布拉斯加大学地理学研究生，美国加州大学伯克利分校攻读城市和区域规划专业，1969 年，开始在景观设计学系执教。

卡罗琳·弗朗西斯（Carolyn Francis）该书编著的重要助手和作者之一。

在该书中，将一系列户外社会空间，概括为三种户外社会空间类型：公共所有的而且可被公众接近的、私人所有及私人管理但可被公众接近的、私人所有且服务于特定人群的户外空间，在三种类型中又划分为八种空间：邻里公园、小型公园、某些广场空间；公司广场、大学校园；老年住宅区户外空间、儿童保育户外空间、医院户外空间。

作者认为设计是一门钟情于创新的职业，各类精美杂志和奖励常常倾向于设计方案中的新奇古怪、非同寻常、异想天开、惊世骇俗或出人意料的方面。如果设计师负责设计一座新的博物馆、餐厅或时装店，他有充分的自由度去打破陈规塑造新形式。但是一般公众对住房和公共空间的态度就要相对保守一些；儿童和老人的年龄特点、医院里人们的生理和心理的需要起决定性作用，它限制了任何想创造史无前例的空间类型的念头。

作者坚信，空间设计中考虑人的使用的重要性，各类空间的委托方和设计者都关心人类自身，想要创造出宜人的场所。但是，利用人的行为或社会活动来塑造环境设计并没有被所有的设计师所接受，很多设计师还在追求单纯视觉形式。单纯追求视觉形式的途径不是复制以前的“方案”，就是崇拜时尚潮流，从而导致忽视公众需求的艺术表达形式的泛滥。作者认为，美学目标必须与生态需要、文脉目标和使用者喜好三方面取得平衡，并相互融合。

作者强调要设计好一个城市广场，城市设计师就必须知道它属于什么类型，坐落于何处，什么人群使用它，如何使城市生活更趋于人性化而发挥设计师的作用。当代城市广场包括街道广场、社团休息场所、城市绿洲、交通休息厅和重要的公共场所。该书针对所有这些广场类型都提出了相应的设计建议，涵盖位置、大小、视觉复杂性、活动、微气候、边界、交通、座位、栽植、公共艺术、铺装和相关的便利设施等。

该书所介绍的案例多数发生在北美小镇的邻里社区和郊区。这里不像欧洲传统城市那样具有高密度的公共生活，高密度的居住方式是支持欧洲城市主义的公共生活的基础。这里的公共生活主要发生在街道、广场及公园中。

十一、《城市建筑学》(The Architecture of the City)

作者阿尔多·罗西（Aldo Rossi）是意大利理性主义建筑运动的领头人，也是当今最有影响的一位理论家。1966 年出版的《城市建筑学》是他有关建筑和城市理论的一部重要著作，是一篇与近代城市规划理论的基本方向完全相反的、从城市角度来论述建筑意义的著作。罗西在本书中对现代建筑运动进行了重新评价，同时也分析了城市建设的规则和形式。

作者首先将城市作为一个整体来研究，其次将城市拆分成不同的组成因素来探讨，接着将组成因素中的“首要因素”提出来，最后论述影响城市演变的各种因素。《城市建筑学》一书分为四个章节：城市建筑体的结构；主要元素和区域概念；城市建筑体的个性；建筑、城市建筑体的演变。

《城市建筑学》主要讨论了城市建筑的组成、结构和特征，探讨了在城市建设发展中那些作用于城市建筑实体之上的基本力量，如历史、集体意愿、经济、社会、政治等。本书将建筑与城市紧紧联系起来，提出城市是众多有意义的和被认同的事物的聚集体，它与不同时代、不同地点的特定生活相关联。

罗西提出了“城市建筑体”这一概念，强调城市是一个整体，建筑则是构成城市整体的元素和部分。这种整体和个体的概念的提出利于对城市进行研究。他将城市建筑体视为一件艺术品，并以此为基础又提出了“城市人造物”这一概念。在这里，“城市”是一种由具象和抽象要素构成的整体，它既代表物质环境基础又代表人造物，并且是由众多可视和非可视要素构成的整体。而“人造物”的含义也远远大于具体的建筑物，它不仅是指城市中某一对象的有形部分，还包括它所有的历史、地理、结构以及与城市生活的联系。而作为城市构成要素的建筑，也是代表着人类文明的构造物。

罗西将类型学方法用于建筑学，认为古往今来，建筑中也划分为种种具有特质的类型，它们具有各自的特征。他在建筑设计中倡导类型学，要求建筑师在设计中回到建筑的原形去。罗西认为，建筑内在的本质是文化习俗的产物，形式仅仅表现出了文化的一小部分，其余的大部分则被编译进了类型中。形式所表现的仅仅是文化的表层结构，类型才反映出其深层结构；一种建筑类型可导致多种建筑形式的出现，每个建筑形式却只能被还原成一种建筑类型。

十二、《城市建筑》

作者齐康，建筑学家、建筑教育家，浙江省杭州市人。1931 年 10 月 28 日出生，1949 年 7 月毕业于南京金陵中学，1952 年毕业于南京大学工学院建筑系（现东南大学建筑学院）。1993 年当选为中国科学院院士（学部委员）。现为东南大学建筑研究所所长、教授，法国建筑科学院外籍院士。长期从事现代的建筑创作的研究及相关的建筑形态研究，主张进行地区性城市设计和建筑设计。

从 20 世纪 50 年代起由他设计、参与和主持的建筑工程设计及规划设计大小近百处。有南京雨花台烈士陵园纪念馆、碑轴线；淮安周恩来纪念馆；南京侵华日军南京大屠杀遇难同胞纪念馆；郑州河南博物院等等。

在该书中，作者认为城市的发展必然依赖于城市各要素之间的组合及城市各要素之间的结合和整体化。作者试图用整体、地区、互动、跨越、回归、整合六种方法来探讨城市设计理论思想，简明扼要地归纳出一系列城市建筑层面的理论和方法来平衡城市各类要素，化解各种矛盾，进而指导城市设计实践。

针对具体的城市建筑，作者从“轴”、“核”、“群”、“架”、“皮”五个方面对城市建筑做出分析归纳：

“轴”：轴是一种历史悠久的城市空间设计的思想和方法。作者依托于城市形态、城市空间研究这一领域，着手从“城市中的发展轴”、“城市中的建筑轴”、“轴的城市设计”三个方面来论述轴的应用，并结合工程实践进行阐述。

“核”：核作为城市特定区域的中心空间，应是城市设计与建筑设计的整合设计。作者对核的研究重点在于相对城市核和单元核而言的区段级和工程项目级的城市设计，并从核的角度来理解城市形态的发展和演变，探讨核的功能类型、核的空间形态、核的演化以及核的设计原则和手法。

“群”：作者首先以相关学科理论为指导，对群的概念进行界定，并对其形态构成特征进行初步探讨；然后，在群的概念特征论述及实例分析基础上，总结群设计中的一些规律和原则，并对群的重要类型之一——住宅群的设计原则、方法进行专门的论述。

"架"：街道网是城市的骨架，它是在城市的发展过程中发生和演变的。作者从街道的起源引入"架"这一概念的认知，谈及街区、街道、城市肌理的关系，着重从"架的生长与城市形态"来探讨街道网对城市形态的影响，将城市形态的圈层式发展和线形发展归因于骨架生长的均衡性，阐述了骨架生长的磁性特点和自我更新。

"皮"：城市空间极具多义表达的构成元素——"界面"。作者从分析城市街道空间的整体入手，对街道界面各要素与城市空间的整体环境之间的关系，以及界面各元素之间的关系进行研究，进一步揭示城市中界面的功能和内在本质。

十三、《城市设计方法与技术》(URBAN DESIGN：Method and Techniques)

城市是人类精神文化和物质文化最集中的体现，城市设计所关心的最主要问题是创造具有高质量环境的、可持续性发展的城市。为继续推动可持续发展与高质量的城市环境这两个目标的实现进程，英国学者拉斐尔·奎寺塔、克里斯蒂娜·萨里斯和保拉·西格诺莱塔联合出版了《城市设计方法与技术》（原著第二版）一书，大力支持环境设计的"预防性原则"，以城市设计方法为主题，着重研究城市设计方法学中的设计与评价技术，探索既能持续性发展又具有高质量城市环境的城市设计方法与技术。书中研究的方法及相关技术主要基于以下几个过程：目标定义、调查分析、候选方案的提出、候选方案评价和方案的实施。这些方法具有普遍性，适用于许多城市设计领域，依托实际工作程序进行论述也使抽象的创作变得能够操控。全书内容编排井井有条，还配有丰富的事例和个案研究，是一本方便实用的参考书。

书中对城市设计方法与经常使用的技术种类进行了全面而独特的论述，全文共分为八个章节。第一章为定义。对术语"方法"和"技术"进行定义，阐述了城市设计的主要目标，并对城市设计方法与过程进行了概括性介绍。第二章为规划方案的协商讨论。介绍了设计简介的内容，并对设计初期各方协商的有关程序过程和可能遇到的问题进行了阐述。第三章为调查技术。主要讲述了场地的调查测绘技术，重点介绍了历史文化分析法和城镇景观分析技术。第四章为分析。主要介绍了预报、限制、机会图谱及 SWOT 分析法等在城市中的应用。特别是地理信息系统（GIS）和空间结构法两种场地分析法的应用。第五章为设计方案的产生。讨论了用于产生候选方案的理念创造技术，诸如场地分析、历史发展研究、理论延伸、研究讨论、头脑风暴、公众启示等。第六章为项目评价。介绍了城市设计项目的几种评价技术，指出为了确定损失与收益的分配，除环境分析评估外，还要从社会学和经济学的角度考虑设计方法和技术问题，进行社会经济评估。第七章为方案汇报。介绍了设计思想和设计理念表达与交流工具的使用与陈述技巧。第八章为项目管理。讨论了项目实施过程中的一些问题，不仅考虑到内部因素，还考察那些有重要影响的外部因素，并概括了项目管理的建设、监理及反馈技术。第九章为结论，对前面各章的内容进行总结，并提出了一些有待商榷的问题。全书各章节之间相互关联，构成了完整的城市设计框架。

城市开发对城市可持续性发展的影响评价是这本书关注的重点内容之一，追求可持续发展的城市设计的社会目标，并贯穿于整个设计过程。书中支持并采用大纲式规划，指出同一项城市设计的不同规划方式之间可以相互比较、相互补充。城市设计项目和设计方案的评估结果往往需要在经济、环境和社会效益三个方面进行调和。全书对城市设计过程和城市设计方法进行了论述，研究了城市设计过程中经常使用的技术种类，并用深入详尽的个案实例阐述了理论与实践的结合。这本睿智、严谨的册子，正是城市设计从业人员通往精业的阶梯。

十四、《作为公共政策的城市设计》(Urban Design as Public Policy)

虽然城市规划与城市设计的公共政策属性已日益被大众所接受，但最初提出这个理念与实践时，还是给学界和城市带来震动与力量。这个理论与案例当时发生在纽约。建筑界的“现代主义运动（Modern Movement)”鼓吹以“打破一个旧世界，建立一个新世界”的方式对待城市的过去，许多实现的或纸面上的现代主义城市规划与城市设计使人们产生质疑和反思。作为当年纽约城市设计小组(Urban Design Group，下称UDG)的领头人，乔纳森·巴内特（Jonathan Barnett）教授1974年出版的《作为公共政策的城市设计》一书详细讲述了20世纪60年代纽约的城市规划与设计的理念、方法与实践，总结了针对纽约——一个从国家城市走向国际城市大胆探索、创新的经验与教训，首次提出建筑师、规划师参与城市政策制定过程的重要性。这里不能忽略一位重要的人物——纽约市长（John V. Lindsay），他作为政府管理者代表，极力推崇规划专家参与城市规划政策的讨论与制定，并直接聘请巴内特等人担任纽约市政府下属的专家组织，诸如城市设计小组（UDG)、城市规划委员会（City Planning Commission）等。城市是不断的决策过程的产物，而非偶然的结果。作者通过 UDG 纽约经验的梳理，包括 1961 年激励性区划法、剧院区等特殊历史街区设计、规划单元、住宅品质、高速公路、新型街道照明、中心城区的新城建设等，发展出一套切实可行的实践方法，通过设计和规划的积极介入，很大程度上影响了纽约城市的更新和发展。某种意义上讲，他们已不是传统意义上的建筑师和规划师，他们得以运用设计技巧在各种不同的状况里设计城市，同时和政治家、发展商、社区组织以及小商业集体和个人共同工作，最终发展和奠定了城市设计的全新地位。

全书共分八章。导论，作为现实问题的城市设计，通过对设计功能的分析，对现代建筑理念的批判和对 UDG 工作组织的说明，全面阐述了设计和政策互相尊重、介入的重要性。第一章，私人企业和公共利益。作者强调城市实现的一切都是共同决策的产物。专业和公众团体，政府和发展商，其努力都成为城市设计的一部分。第二章，不通过设计建筑来设计城市。通过对纽约剧场区等特别历史街区的开发与设计讲述值得关注的问题，在核心地区如何在私有经济开发背景下保护公共利益。第三章，保护与历史相连的地标和纽带。这是城市需要特别设计和关注的地方。第四章，邻里规划与社区参与。介绍城市设计如何通过大量的公众支持去保护邻里关系，并解决城市生活问题。第五章，帮助中心城区与郊区竞争。中心区与郊区存在竞争格局，城市设计可以作为加强区域竞争力的手段之一。第六章，交通，城市的骨架。作者认为交通是当代城市设计最基本的决定因素。第七章，设计回顾与环境质量。第八章，城市设计。一个新职业，作者强调城市设计是一种在技术运用和合作组织方面需要高度复合化的学科，为今天的建筑学提出了一条建立社会影响力的新途径。

这本经典著作对于城市设计的重新认识和定位是另一个里程碑，对于今天中国关于城市设计的研究有很大的启发作用和指导意义。同时，这也是一部可以让政治家了解城市设计的重要性的著作。它鼓励年轻的规划师接近政府，只有理解和尊重那些具体的、每天在微观现实里发生的决定才能为城市的将来做出贡献。并且，城市设计只有在得到发展决策者的支持时才能得到成功。当然，城市设计并非包治百病，它是一个自我证明或否定的一系列实践事件，城市问题的解决不能没有国家住房、雇佣、福利、教育等政策。许多问题的答案隐藏于曲折道路的尽头，如果不迈出脚步，将永远无法到达彼岸。

十五、《全球化时代的城市设计》

时匡教授、全国工程设计大师，1946年11月生于江苏省南京市，2006年1月至今任苏州科技学院教授，曾任苏州市建筑设计研究院总建筑师，1993年起任苏州工业园区总规划师，兼苏州工业园区设计研究院院长、总建筑师。

美国宾夕法尼亚大学设计学院院长加里·赫克博士是一位国际知名的城市设计专家，他是纽约世贸中心重建项目李布斯金设计组所提出的中选方案的首席城市设计师。

时匡、加里·赫克、林中杰所著的《全球化时代的城市设计》一书，例举了16个不同国家城市设计案例，为我们提供了认识现代城市设计的一种视角。作者结合国际最新城市设计实例，通过对理论与实践的结合研究，来阐述现代城市设计的概念和方法，使读者窥察到城市设计领域的最新动向和工作标准。对收集到的世界级优秀城市设计案例进行分析和研究也正好成为佐证城市设计理论的重要依据。

本书总共分成三个部分：

第一部分是城市设计方法论，也称为“设计城市的框架”。城市设计的根本任务是创造城市生活的空间框架，城市的重要区域会被作为一个相互协调的整体进行设计。作者在这一部分中将大规模开发项目的特征、场所感的创造、组织大型开发、创造场所、可持续性基础设施、引导项目长期发展、连续性和变化这七个方面作为设计城市的框架分别进行论述。

第二部分为“现代城市设计理论综述”，是对现代城市设计的概念、理论以及历史发展的脉络进行概述，并讨论学科近年来出现的一系列发展趋势及其表现。作者认为，经济全球化、城市与区域在地理上的加速融合，信息与传媒技术的飞跃，以及环境观念的变革这四大趋势是使城市设计发生深刻变化的客观要素。

第三部分堪称本书经典部分，为“国际城市设计案例分析”。这一部分选取了当前世界范围内最具代表性的16个城市设计案例进行介绍，它们涵盖了旧城改造、滨水区开发、城市中心金融商务区、商业综合体、城市公园、居住区规划、新城建设、“边缘城市”改造、宗教城市更新等不同类型的项目。

其中，有一些项目是近年完工的，有的还在进行之中，且每一个大型项目都对应一个世界级或区域级大城市。这些大型项目的设计和建设皆可视作其对应的城市发展过程中的标志性事件影响，并推动着城市的整体发展进程和态势，并对这些城市的经济前景和国际竞争力产生重要影响。这是当前我们所处的全球化时代城市发展的特征，也是当下城市设计学科发展的现实意义所在。

第二节　城市设计案例分析

我们在这里遴选了三个不同时期的设计案例：第一个案例为中世纪时期的罗马城市，分析欧洲古典城市设计方法；第二个为美国的郊区城镇，介绍当代美国新城建设；第三个为中国当代城市的案例，分析高速城市化背景下中国城市设计的方法。

一、中世纪时期的罗马城市广场设计

罗马本身并不是建立在一个整体的设计结构之上，而是建立在自给自足的建筑综合体的逐渐积累的基础上。其中每一栋建筑都是为各自独立的功能而设计的，每一栋建筑又与其四邻建筑相互联系。整个设计通过单体建筑而结合在一起，彼此之间由于城市不断发展所导致的结合力而结合在一起。在意大利中世纪和文艺复兴时期的城市中，形成了许多古典法则。

1. 古典法则——喷泉、纪念碑和雕塑放置在公共广场边缘

在欧洲南部，尤其是意大利等地，古老的城市及其公共生活方式延续存在了很多年。直到现在，一些地方的公共广场依旧遵从着古代广场的样式，它们在城市的公共生活中依然扮演着原来的角色。

在中世纪和文艺复兴年代，喷泉、纪念碑和雕塑常被用来装点公共活动的中心，特别是雕塑，它是每个城市的荣誉和骄傲。研究古人布置喷泉和纪念物的方式，了解他们如何巧妙地利用现有条件，将对我们大有裨益。古罗马时代的艺术原则在中世纪被重新运用，只有瞎子才会对罗马人总是让他们的广场中心空置这一事实视而不见。甚至在维特鲁威的著作中我们也可以读到公共广场的中心不是用来布置雕像，而是用来供格斗士进行角逐的。

在中世纪，选择布置喷泉和雕像的地方在许多情况下并无明确规定，人们可能采用一些极端奇怪的布置方式。但我们不得不承认，米开朗琪罗

选择大卫雕像的位置是其杰出的艺术感觉指导的结果，从而令这尊雕像与它周围的环境保持和谐。因此我们面临一个谜，一个对艺术自然感受之谜，它帮助大师们创造奇迹，而无需任何美学原则。而接替他们的、靠丁字尺和圆规武装起来的现代技术人员，则自认为可以通过粗糙的几何学做出有品位的好设计。

在佛罗伦萨，大卫雕像的遭遇，显示的当代的这种错误是何等荒谬。米开朗琪罗曾精准地选择将这尊巨大的大理石雕像竖立在凡奇欧宫主要入口的左侧墙边。在这个平常的地方竖立一尊雕像，在现在人看来是极其愚蠢、极其荒唐可笑的。然而，这一位置无疑是米开朗琪罗审慎选择的结果，所有在那里看到这一杰作的人们都为它所产生的非凡的表现力所折服。坐落在这一位置上的雕像与相比平淡的背景形成对比，并且便于与真人尺度相比较。巨大的雕像似乎变得更宏伟，超过了它的实际尺寸。雄浑有力的灰色宫墙为雕像提供了一个背景，在它的衬托下，雕像的线条十分突出（图 6-2-1）。

图 6-2-1（a） 佛罗伦萨·西格诺里教堂广场

图 6-2-1（b） 佛罗伦萨·西格诺里教堂广场，正对兰花廊

而现代人复制了一尊与大卫雕像一样壮观的青铜像，并把它放在离佛罗伦萨很远的科利（via dei colli）的一个巨大的广场上（自然会位于其数学中心的位置）。在它的前面是一望无际的地平线，后面是一些咖啡馆，一侧是车站及一条主要街道，于这种环境，雕像根本不可能有什么艺术效果可言，而且常常会听到游客们抱怨，雕像的大小看起来还没有真人一般大。因此，米开朗琪罗对于艺术作品的最佳位置的理解可谓最为深刻。

传统手法和现代手法的基本区别在于，我们不是采用画家在绘画中所用的方法，即依靠中性的背景来增强雕像的效果，而是为每一小雕像寻找尽可能大的空间，这就削弱了它应该产生的效果。这说明了为什么古人在公共广场的周围竖立纪念物，如同在佛罗伦萨·西格诺里教堂广场所见到的那样。这样的布置使得雕像的数量可以无限制的增加，并且不会阻碍交通路线，而每一尊雕像都能有一个幸运的背景。

与传统作法相反，我们则认为，公共广场的中心只能布置一尊雕塑或是纪念物。现代设计手法在于为每一尊小雕像寻找尽可能大的空间，这就削弱了雕塑的艺术效果。而现在，我们费尽了气力，终于使自己能够接受那种大的几乎为人所弃的现代公共广场，却使那些处于小巧而古老的广场上的纪念物沦落到毫无空间遮蔽的进退两难的境地。尽管这是非常荒谬的现象，但却无比真实。

2. 纪念物和喷泉应布置在避开交通的位置上

除了将纪念物空置在公共广场边缘的这一古代法则外，还有中世纪时期、特别是北方城市中所遵循的原则，就是把纪念物和喷泉布置在避开交通的位置上。这两条原则有时可以同时实现，以确保巧妙的艺术效果。有时候，实际的需要和艺术的要求是一致的，这个很好理解，因为交通的障碍也会遮挡好的景观。应当避免将纪念物布置在纪念性建筑或华丽的拱门的轴线上，因为它遮挡了观赏建筑物的视线，而且装饰的过于丰富的背景对纪念物也不合适。纽伦堡 (Nuremberg) 的美丽喷泉就是一个很好的例子 (图 6-2-2)。陶伯河畔 (Tauber River) 的罗藤堡 (Rothenburg) 的喷泉也是如此。(图 6-2-3)。

古埃及人懂得这一原则，就像意大利人将加塔梅拉塔雕像和小纪念柱布置在帕多瓦教堂入口的侧面一样，他们将方尖碑和法老雕像并排布置在神庙大门的一旁。这是我们今天不愿破译的秘密。

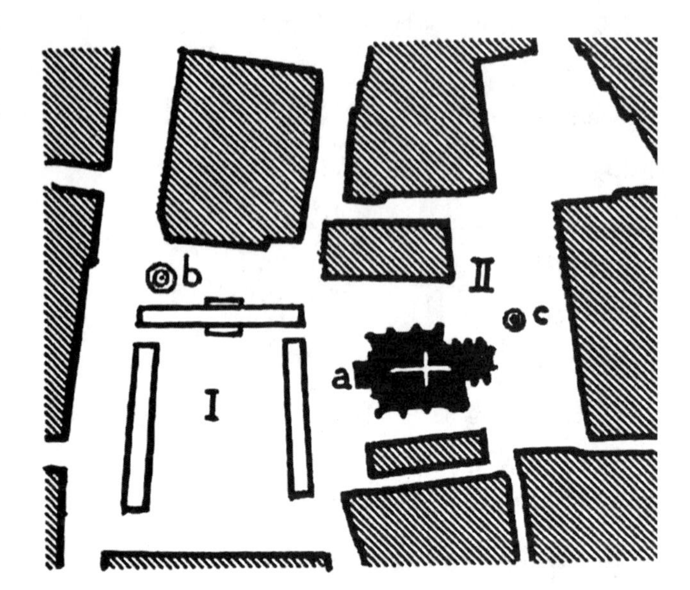

图 6-2-2 纽伦堡 (Nuremberg)，I-商贸广场，II-女性广场，a-Marienkirche，b-喷泉

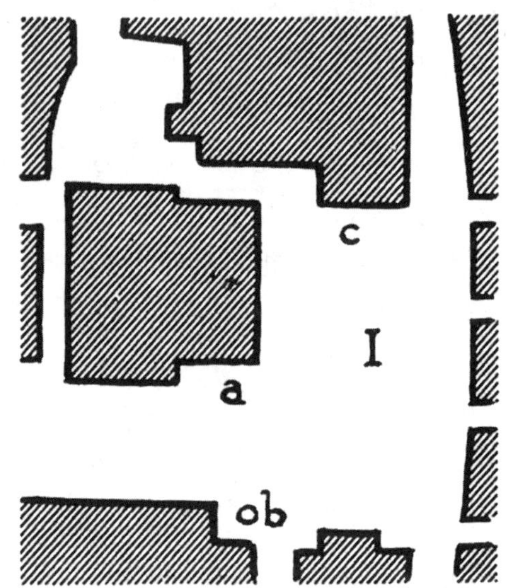

图 6-2-3 陶伯河畔 (Tauber River) 的罗藤堡 (Rothenburg)，I-商贸广场，a-市政厅，b-喷泉，c-咖啡馆

3. 中心开敞的公共广场

上述法则不仅适用于纪念物和喷泉，也适用于各种类型的建筑物，特别是教堂。如今几乎无一例外教堂要占据广场中央。在过去，意大利的教堂总是退后布置，以一个或几个面和其他建筑一起形成开放空间，下面是几个有趣的案例：

帕多瓦教堂（图 6-2-4）是这方面的典范。圣朱斯蒂娜教堂只有一个面退后，紧靠其他建筑物（图 6-2-5），圣安东尼奥和卡尔米内街的两个边都向后退，而耶稣会教堂的一个整边和一个半边靠着其他建筑物布置。其周边空间的边缘十分不规则。这种做法在维萝娜也可以看到，只是更趋向于在教堂的主入口前保留一个大广场，就像圣费尔莫马焦雷教堂、圣阿拉斯塔西亚教堂和其他教堂前面一样（图 6-2-6）。每一个这种广场都有自己特殊的历史，并给人一种生动的印象，因此在这些广场中起主导作用的教堂立面和拱门显得十分壮观。我们很少发现如巴勒莫的圣奇塔教堂广场(图 6-2-7）一样的位于教堂侧面的广场。

这几个与现代实践形成鲜明对照的实例将令人信服地引导我们作进一步的研究，有大量宗教建筑的罗马是这一研究再好不过的对象。研究教堂的空间位置后，得到了令人惊奇的结果。在 255 个教堂中，有 41 个一面退后，紧靠其他建筑物；96 个两面紧靠其他建筑物；110 个三面紧靠其他建筑物；2 个四面为其他建筑物所包围；只有 6 个独立于其他建筑物。

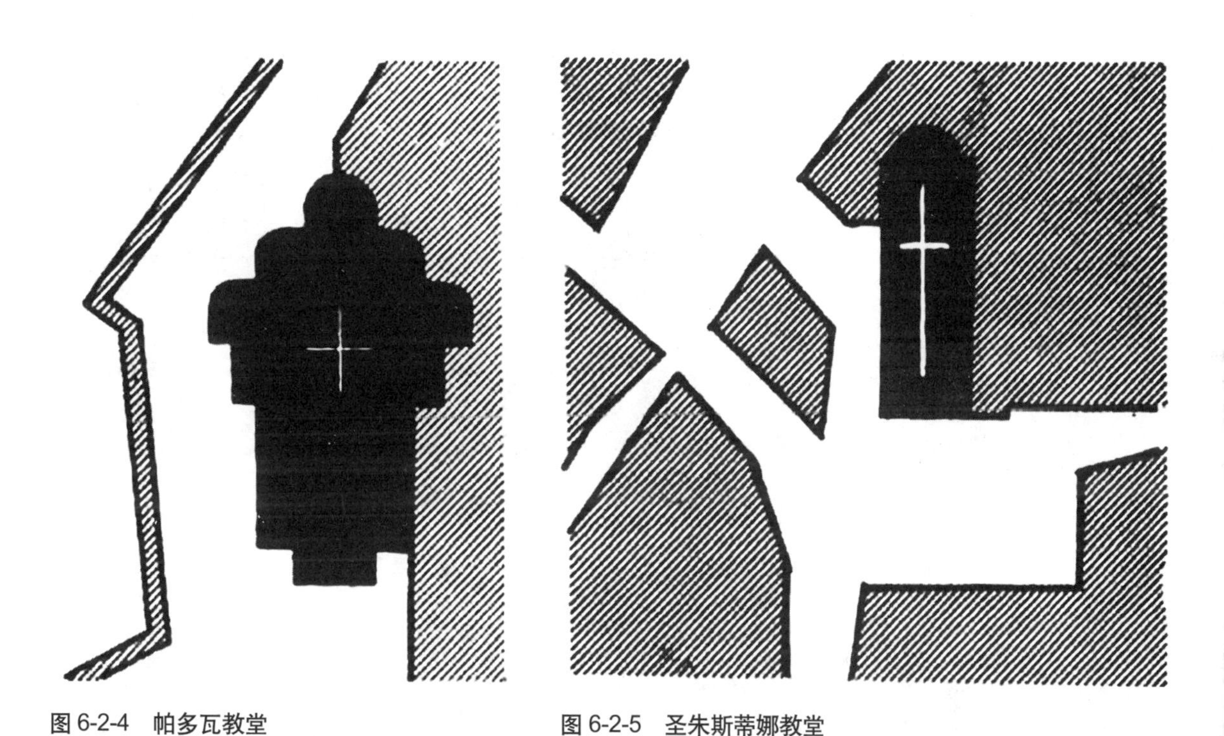

图 6-2-4 帕多瓦教堂

图 6-2-5 圣朱斯蒂娜教堂

图 6-2-6 圣费尔莫马焦雷教堂

图 6-2-7 巴勒莫的圣奇塔教堂广场

在 6 个当中，有两个现代建筑——新教教堂和英国圣公会小教堂，而其他 4 个为狭窄的街道所围绕。这一结果与将教堂中心与其他中心重叠的现代做法形成鲜明对比。我们可以肯定地断言，罗马教堂从不独立布置，甚至在整个意大利也是如此。在帕维亚和威尼斯，只有大教堂是独立布置的，在克内摩纳和米兰也是如此。在雷几欧，连大教堂也是依靠其他建筑物布置的，在卢卡（图 6-2-8）和维琴察（图 6-2-9）所看到的形式使我们回忆起在讨论纪念物布置时推断的原则。就纪念性建筑物来说，布置在中等大小的公共广场的侧面更为有利。因为只有这样，这些纪念性建筑物才能更好地被使用，并且能从一个适当的距离欣赏。

从建造者的利益来说，教堂布置在场地中心也是十分不利的，因为这迫使它以昂贵的代价来装饰四周的立面，如飞檐、基座等。而将建筑物后退以一个或两个侧面紧靠其他建筑，建筑师可以用省下来的费用将露出的墙面全部做成大理石墙面，还会留下足够的钱用雕像加以装饰。我们不该让建筑被连续的单调立面所包围，在一个固定的视点不可能同时欣赏建筑的各个立面。而且这种布局也常常不利于教堂与其他建筑建立良好的联系。因此，除了建筑物本身之外，公共广场也因这种现代布局受到损害。它们名为广场，实际上成了一种讽刺，它们只是比一般道路稍宽而已。尽管有如此之多不便，尽管有这些宗教建筑的历史教训，全世界的现代教堂还是几乎无一例外地布置在场地的中心。我们已经失去了所有的鉴赏力。

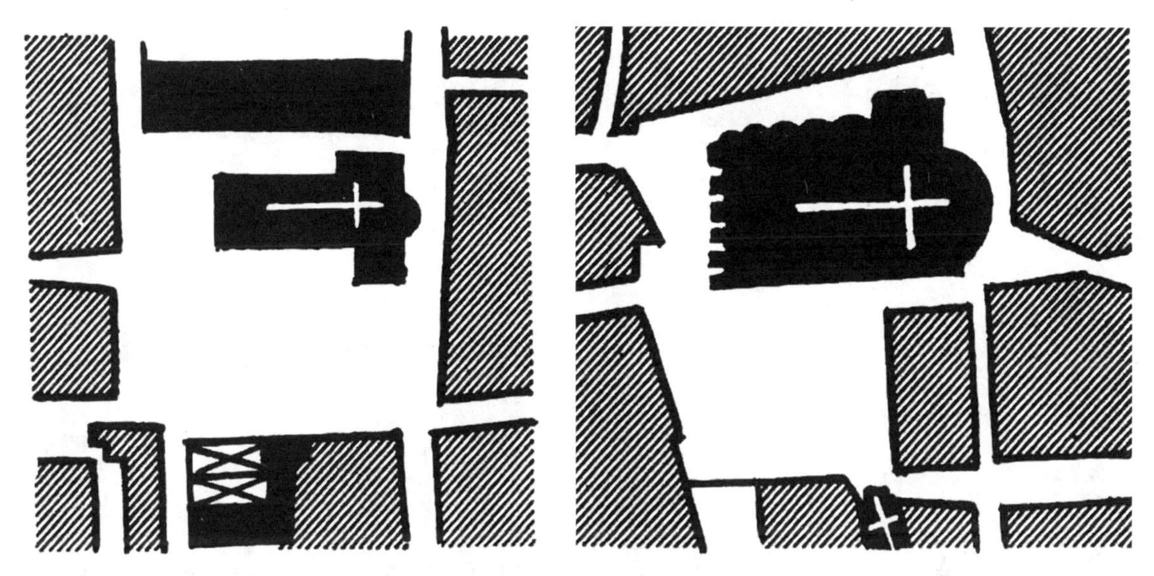

图 6-2-8　卢卡（Lucca），圣麦克尔教堂广场

图 6-2-9　维琴察（Vicenza）大教堂

4. 广场的封闭与开敞

纪念性之间留出一个放大的空间，形成一个完全为建筑物围绕的广场，会产生令人愉快的效果。在这种情况下，古人谨慎地避免在广场边缘上开过大的缺口，以使主要建筑物能够保持很好的封闭性。古人为实现这一目标所使用的方法是如此的丰富多样，因而这不可能完全是他们无心而为。无疑，他们常常借助于环境，知道如何充分运用环境的有利条件。

如果这种情况发生在今天，所有的阻碍物会被拆除，而在公共广场的边缘上会打开巨大的缺口。这正是我们在使一座城市迈入“现代化”的过程中的所作所为。我们会发现现代城市建设者修建通入广场的道路的方式与古代截然不同，而这也不是他们随意所为。今天的做法是让两条互成直角的道路在广场的每一个角落会合，广场封闭物上开的缺口尽可能的大，这样做破坏了空间连续感。过去的做法则全然不同，人们努力使广场的每一个角落只有一条道路进入广场。如果有第二条干道必须与第一条路成直角进入广场，它就被设计成终止于距广场还有一段距离之处，以避开来自广场的视线。而更妙的是，从各个角落进入广场的三或四条道路来自不同的方向。拉文纳的大教堂广场是上述布局最典型的案例（图 6-2-10）。这种有趣的布局完整或不太完整地多次重复运用，以致可以被认为是古代城市建设有意识或无意识的原则。

皮斯托亚的教堂广场（图 6-2-11）、曼图亚的圣皮埃特罗广场（图 6-2-12）、帕尔马（parma）的大广场（图 6-2-13）也采用了同样的布局方式。在佛罗伦萨的西格诺里教堂广场（图 6-2-14）中识别这一原则稍有些困难，但主要道路仍遵循这一原则。当人们身历其境，位于兰西廊侧面大约 0.90m 宽的狭窄的缺口比它在图上更易于被人忽略。

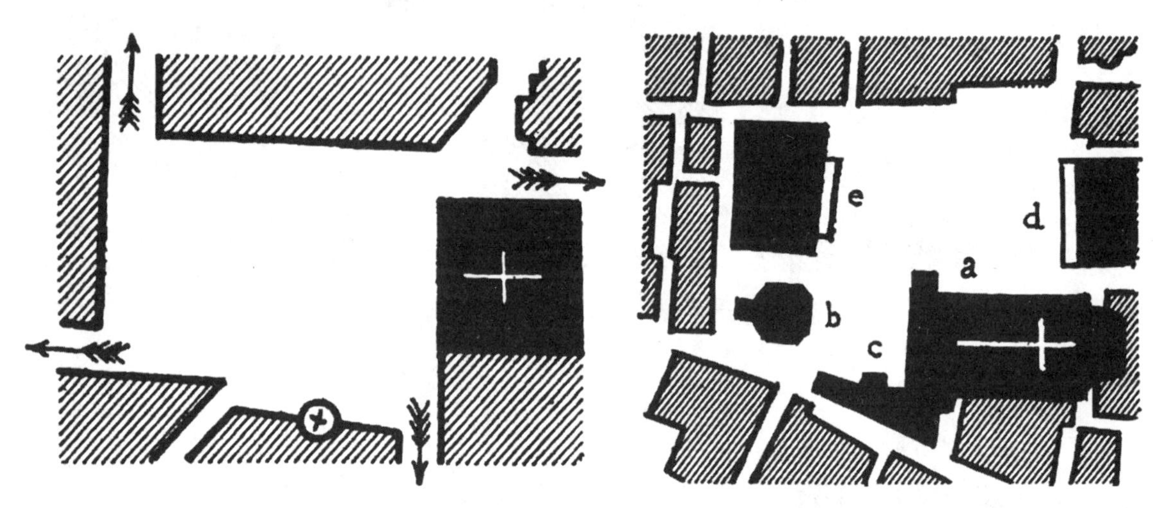

图 6-2-10 拉文纳大教堂广场

图 6-2-11 皮斯托亚（Pistoia）教堂广场，a-大教堂，b-洗礼池，c-主教寓所，d-市政厅，e-波代斯塔宫（Palazzo Podesta）

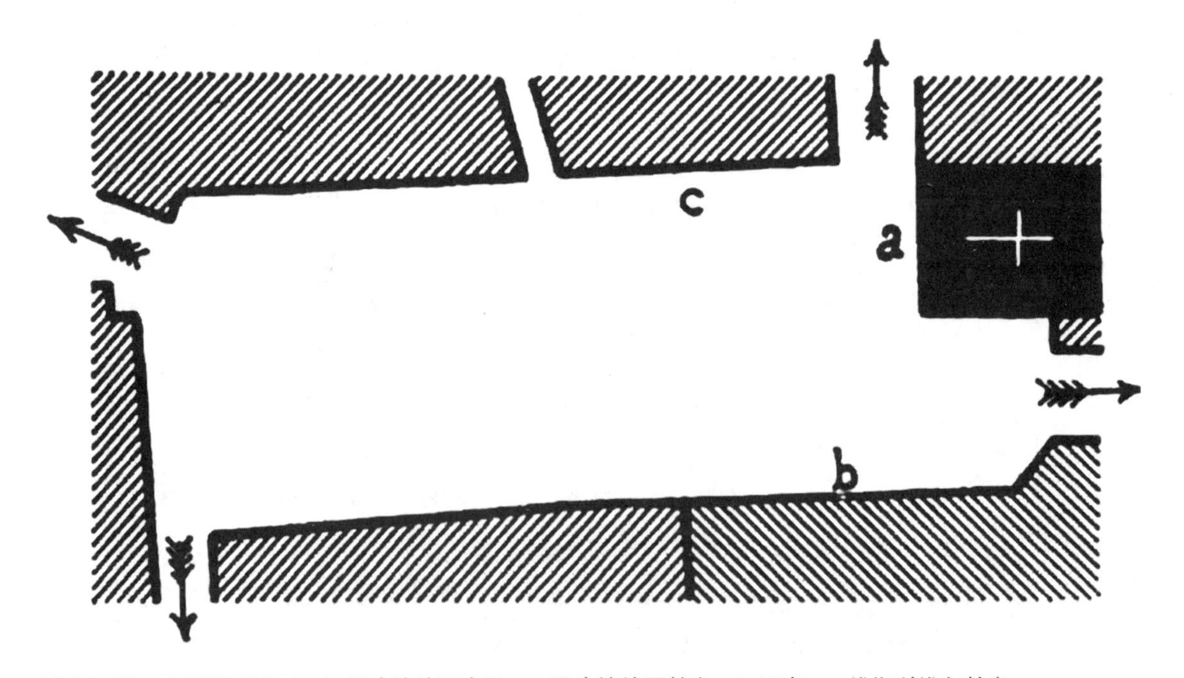

图 6-2-12 曼图亚（Mantua）圣皮埃特罗广场，a-圣皮埃特罗教堂，b-王宫，c-维斯科维尔教堂

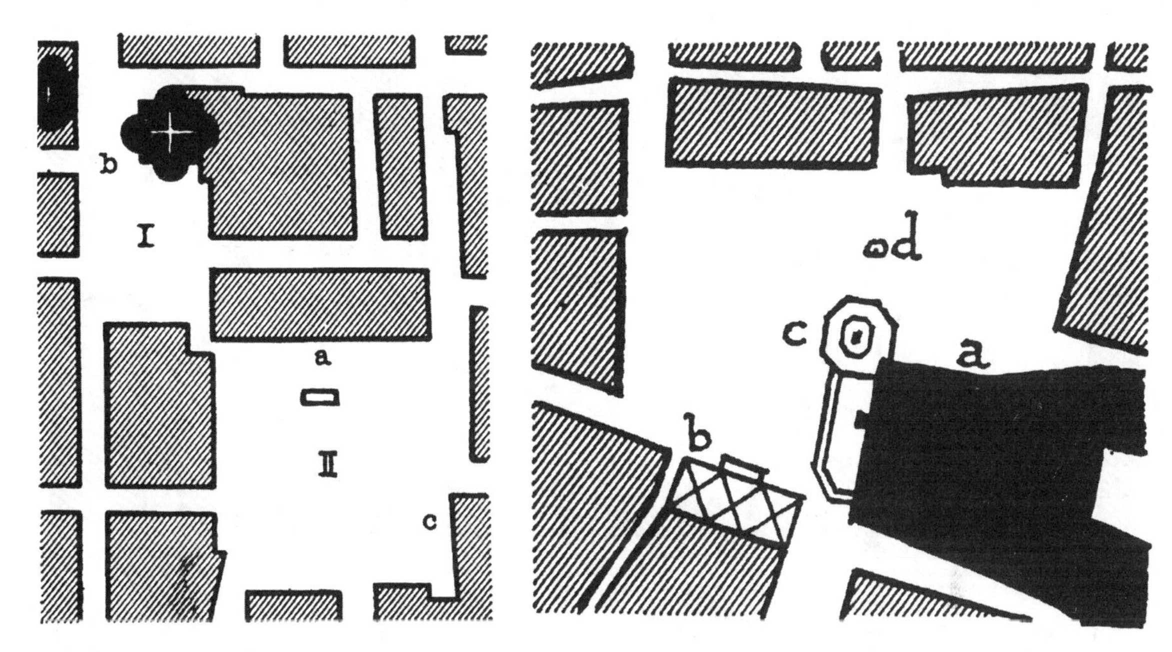

图 6-2-13 帕尔马（parma）广场，a-公共议事宫，b-马多纳教堂，c-行政宫广场，I-司太卡塔教堂广场，II-大广场

图 6-2-14 佛罗伦萨的西格诺里教堂广场，a-凡奇欧宫，b-兰西廊，c-海神喷泉，d-雕像

5. 广场的尺度与比例

我们可以把公共广场分为深远型和宽阔型。然而，这种分类只有相对的价值，因为这取决于观看的位置和观看的方向。因此，依据观者相对于建筑物的位置是在广场的主要一侧还是在次要一侧，一个广场可能同时具有上述两种类型的特点。但一般说来，广场形式的特征取决于一座特别重要的建筑物。

如果说教堂广场通常属深远型，那么市政厅广场就应是宽阔型的。摩德纳的雷亚莱广场不论是从形式上还是从尺度上来说，都是一个布局良好的宽阔型广场（图 6-2-15）。相邻的圣多米尼科广场是深远型的。而且其中各条道路通进广场的方式也值得注意，所有的一切都各得其所。教堂前面的道路并未由于打破了封闭格局而影响到总体效果，因为它的走向与观看者的视线方向垂直。朝向教堂立面开口的两条道路也不会产生不利的影响，因为观看者观赏教堂时背朝着它们。城堡凸出来的左翼并非随意之举，它起着限制教堂广场内部视线的作用，而且明确地分隔了两个广场。

这两个相邻广场形成了鲜明对照，各自的效果因与另一个广场的对比而得到加强。一大一小，一宽一深，一个为府邸所支配，一个为教堂所控制，相得益彰。

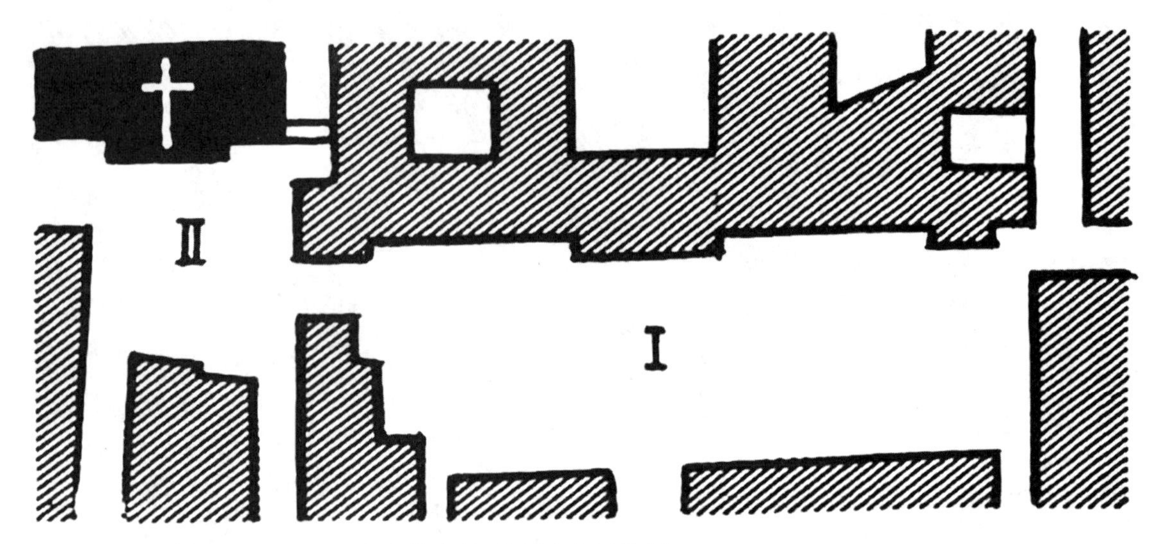

图 6-2-15 摩德纳（Modena），I-雷亚莱广场，II-圣多米尼科广场

实验表明，广场的最小尺寸应等于它周围的主要建筑的高度，而最大尺寸不应超过主要建筑高度的两倍，除非建筑物的形式、目的要求设计采取较大的广场尺寸。中等高度的建筑物如果层数不多，建筑处理较为厚重，而且可以横向拓宽的话，也可以建造在较大的广场上。

公共广场的长宽之比也很重要。在这一问题上，精确的规则没什么意义，因为这一问题并非单从纸上、而是应从实际中才能得到结果。实际的效果将主要取决于观看者的位置，而且可以说，通常很难对距离作出精确的估计，而且我们对一个广场的长宽比例的估计也常常不完整。精确的正方形广场为数极少，也缺少吸引力；而过长的矩形广场（长相当于宽的三倍以上）看起来并不好。一般说来，宽型广场比深型广场的长宽比要大一些。然而这些经验还要取决于现实环境。例如通向广场的道路开口就必须予以充分考虑。古老城市狭窄的街巷只能要求较小尺寸的广场，而今天则要以巨大的广场来适应宽阔的大道。中等宽度的现代街道（15 ~ 30m）在古代已经足够作为一个典型的封闭式教堂广场的宽度。当然，只有在古代街道宽度很窄（2 ~ 8m）、并且有很好的设计的情况下，这种封闭的广场才有可能实现。那么，对于宽度为 46 ~ 60m 的街道来说，多大的广场算比例合宜呢？维也纳的环路宽度为 57m；汉堡的埃斯普兰拉德为 46m，柏林的林登路 58m。这些街道如此之宽，甚至威尼斯的圣马可广场也达不到这一宽度，而巴黎的香榭丽舍大道的宽度竟是 142m。一般古老城市的大广场的平均尺寸是 142× 58m。

6. 广场的组合与变化

在各地，特别是在意大利，广场组合屡见不鲜，只有在相当特殊的情况下，才会例外地将城市的主要建筑物组合在一个单个的广场周围。这是传统做法中，封闭广场结构以及将教堂和宫殿退后紧靠其他建筑物布置的结果。

在卢卡（Lucca），大广场和大教堂共有的双广场的一部分在教堂的前面，一部分在侧面，见图 6-2-8。具有类似规则的实例举不胜举，证明了不同的建筑立面决定了相应的公共广场的形式，从而产生一个优秀的作品。事实上，只有当一座教堂的各个立面能与广场相和谐时，才可能同时设置二至三个广场。在任何情况下，这种结合都能显示出一座纪念性建筑物全部的美。要求围绕一座教堂有多于 3 个的广场和多于三个的不同景观，同时还要求各自都是一个和谐的整体，就真勉为其难了。

这又一次证明了古人的智慧：用最少的素材取得最佳的效果。或许可以说，他们的做法包含着一种可以最大限度发挥纪念性建筑的意义的方式。事实上，每一个值得注意的建筑立面都有自己的广场，而每一个广场相应地都有自己的建筑立面。这些建筑立面对于广场也很重要，因为这些壮观的石头立面十分难能可贵，它们给予广场以足够的特征并使之提高艺术价值，而这并不是随处可见的。

这一巧妙手法今天已不再适用。因为它要求有完全封闭的广场，并要求将建筑物退后紧靠其他建筑物布置。这两种做法与喜欢到处打破封闭的当代风格是格格不入。

还是让我们继续研究古代大师们的杰作。佩鲁贾市 (Perugia) 的圣洛伦佐广场（图 6-2-16）将教堂与公共议事厅分隔开，因此它既是一个教堂广场，也是一个市政广场。广场Ⅲ是为教堂而设的。维琴察（vicenza）的由帕拉第奥（basilica of palladio）设计的教堂（图 6-2-17、图 6-2-18）周围有三个广场，各具特征。与之相似，佛罗伦萨的西格诺里教堂广场也在乌菲齐拱门前有一

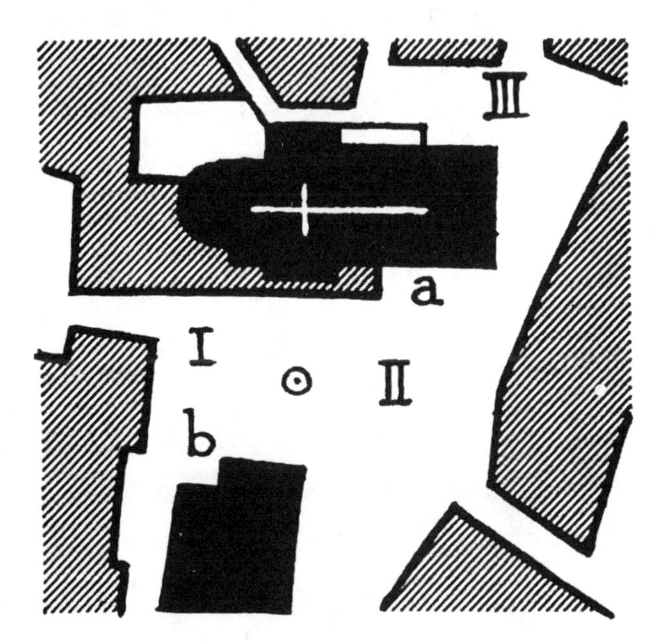

图 6-2-16 佩鲁贾市 (Perugia)，I- 维斯科瓦托广场，II-11 月 4 日广场，III- 帕帕广场，a- 大教堂，b- 公共议事宫

个次要广场。从建筑学的观点来看，佛罗伦萨的西格诺里教堂广场（图6-2-14）是世界上最卓越的广场。城市建设艺术的每一种手法都在这里有所体现：与相邻广场的对比、广场的形状和尺度、道路开口的方式、喷泉和纪念物的选址，所有这些都值得深入研究。几代天才的艺术家用了几个世纪的时间将这本身平淡无奇的地方变成了一个建筑杰作。它具有令人赏心悦目的效果，我们绝不会厌倦它的景色，而它的构成手法则是难以觉察的。

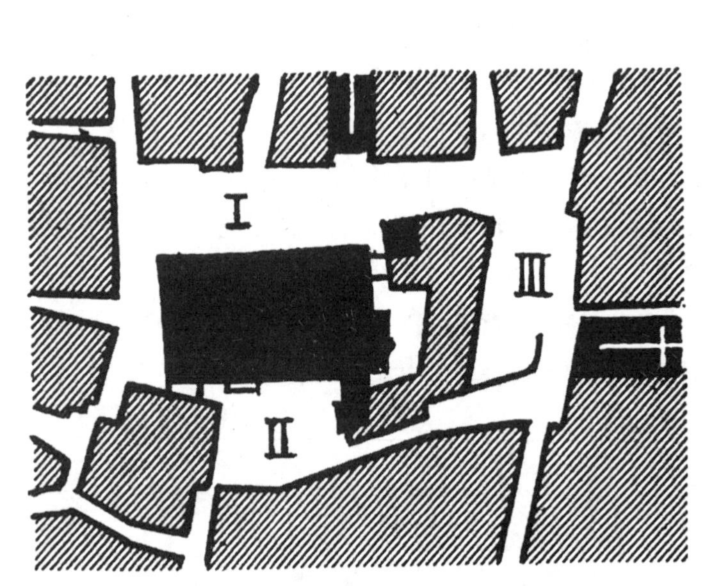

图6-2-17 维琴察（Vicenza），I-教堂广场，II-埃尔博广场，III-比阿维广场

图6-2-18 维琴察市政广场

威尼斯也有一些精彩的组合广场，如圣马可广场和小广场（图6-2-19）。第一个广场对于圣马可教堂来说是深远型广场，而相对于总督宫来说则是宽阔型广场。同样，第二个广场相对于总督宫是宽阔型广场，而相对于大运河及远处的圣马焦雷教堂钟塔形成的壮观景色来说则是深远型广场。在圣马可教堂侧立面前还有第三个小广场。这里有着无限的美景，没有一个画家曾经构想出比这一环境更为完美的建筑背景，没有一出戏剧曾经创造出比在威尼斯所能享受到的景色更为壮丽的场面。这里的确是人类伟大力量的集聚之所，一种精神的、艺术的和勤劳的力量将全世界的财富集中于此，也是这些力量将圣马可广场的至高无上的感染力传达给全世界，也正

是它们占有了积累在这个星球上的这块财富。即使是提香或保罗韦罗内塞（威尼斯最重要的画家之一）的想像力也不能在他们表现盛大节日的油画的背景中构思出比这里更为壮观的城市景象。

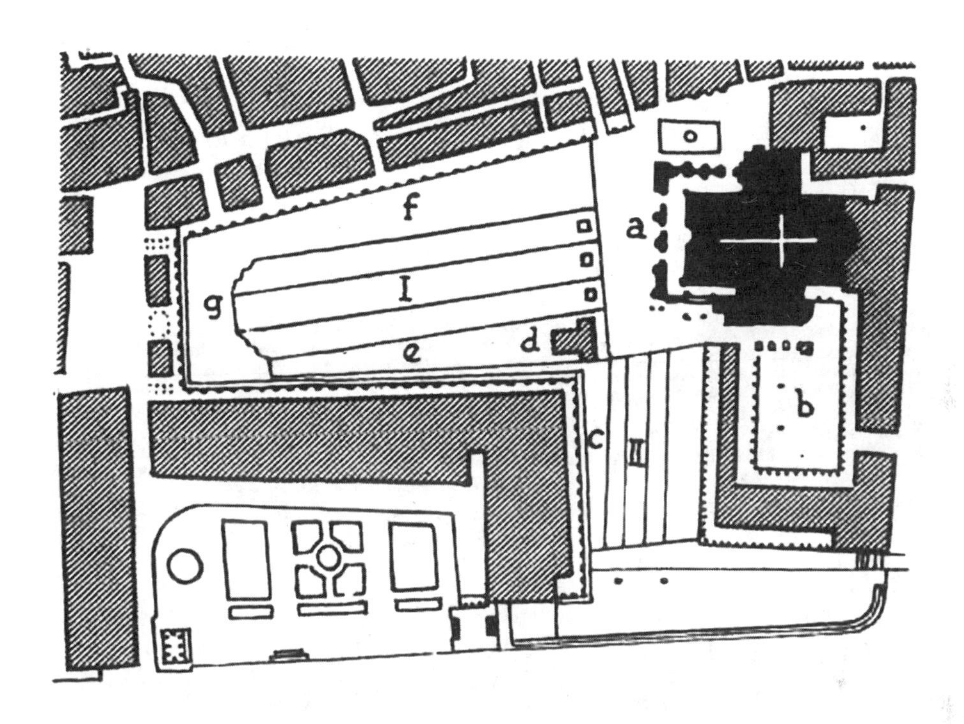

图 6-2-19 威尼斯，I-圣马可广场，II-小广场

这无与伦比的壮观无疑是通过非凡的手法才取得的：大海、大量的雕刻装饰起来的建筑物、圣马可教堂金碧辉煌的色彩以及高耸的钟楼的共同作用。但是这一奇妙组合的卓越效果大部分来自巧妙纯熟的经营布局。我们可以肯定地断言，如果根据现代体系、依靠罗盘和直尺来任意布置，这些艺术作品的价值就会大大降低。试想，将圣马可教堂与它的环境孤立起来并移至现代广场的中心，或不是将办公楼、图书馆和钟楼如此紧凑地加以组合，而是散布在一个宽阔的范围，沿一条 61m 宽的林荫路排列，这对于一个艺术家而言是何等不可思议的恶梦！这一艺术杰作也就不复存在了。如果这个广场不是这样精致地布局的话，单单是建筑物的壮观也不足以形成优美动人的整体。圣马可广场及附属于它的各个广场的形状符合我们至此讨论的每一条原则。我们应特别注意钟楼的位置，它好像卫兵一样矗立在两个广场之间。

当一个人从一个广场进入另一个广场的时候，对这样几个组合在一起的广场会产生非常深刻的印象，步移景异，使我们得到变化无穷的印象。这可以从圣马可广场和佛罗伦萨西格诺里教堂广场的照片中看到。每一个广场都可以有十多个为人熟知的、从不同视点拍摄的景色，各自展示出全然不同的画面，其变化之多，使人难以相信他们全部摄自同一地方。而当我们考察一个严格按直角设计的现代广场，我们只能获得 2 ~ 3 个不同特点的景色。它们表达不出艺术感觉，仅仅是一些空泛的表壳而已（图 6-2-20 ~图 6-2-23）。

图 6-2-20 威尼斯，圣马可广场

图 6-2-21 威尼斯，从不同的视点看圣马可广场

图 6-2-22-1 威尼斯，从不同的视点看圣马可广场

图 6-2-22-2 威尼斯，从不同的视点看圣马可广场

7. 中心广场的延伸

在意大利中世纪和文艺复兴时期的城市中，有一个反复重现的主题，即总有一个直接的、有目的、由中心广场延伸到外面某一点。

托迪城（图 6-2-23-1、图 6-2-23-2）就是最好的例子，托迪城两个相互连锁的广场明确地布置在两处观景豁口之间，可以从不同方向纵观翁布里亚山丘的景色。纵观建筑围合的中心广场，环顾之下，那里建筑立面层层叠叠，毫无疑义地形成了城市中心的特征；再从两端豁口处看乡村的绿化景色，狭窄的一端通向教堂前上层平台，宽的一端通向小广场开阔面，向广场内饶有趣味地展示景色。城是城，乡是乡，各自保持独立，竟被鲜明地限定在构图的某个范围内。

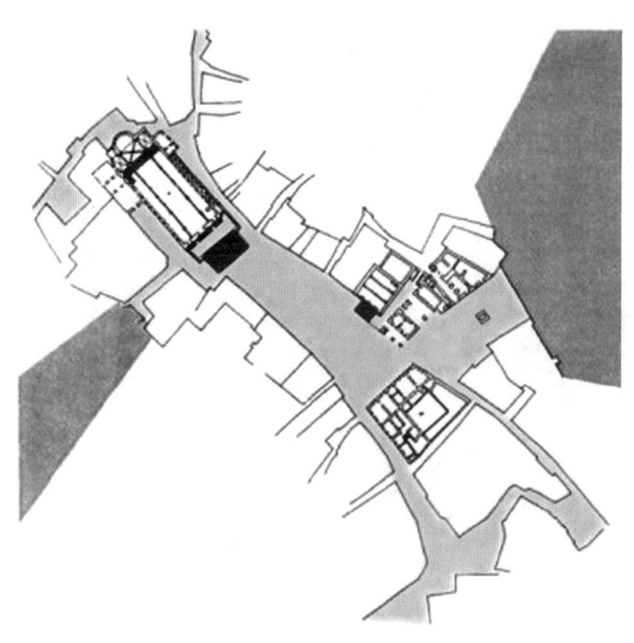

图 6-2-23-1　托迪城

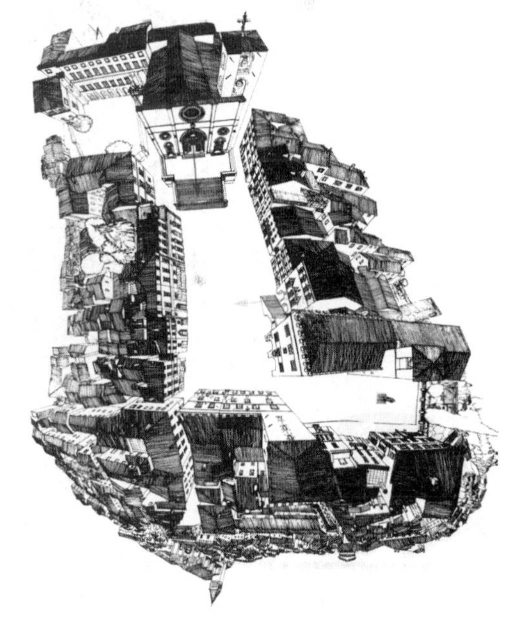

图 6-2-23-2　托迪城透视

8. 中心控制全局

威尼斯城市中心基本的设计运动是沿着大运河的商业流，经过圣马可教堂和道奇 (Dosre) 宫立面之间空间的挺伸交叉处，它牢固地确定了城市中心在区域中的位置（图 6-2-23-3）。这个原理就是建立一个主要的城市中心和与居全局支配地位的中心相呼应的次中心系统。市民为城市所有这一切而感到自豪。他们对圣马可广场的认同，正是城市整个市民生活的一种表现。而通过聚集着教堂、咖啡馆，水源以及纪念建筑的广场周围的日常活动，可以感觉到在他的邻里中反映出整个城市的宏伟。他们有可能从自己个人的感受上升到对整个城市公共生活的认同。

支配性中心和分散的次中心的原理在图 6-2-23-4 中从三维建筑形式加以表达。为数众多的教堂楼尖塔与圣马可广场钟楼呼应而不会喧宾夺主。

图 6-2-23-5 表明大教堂圆顶是向外放射的点划线线条的汇聚点，也表

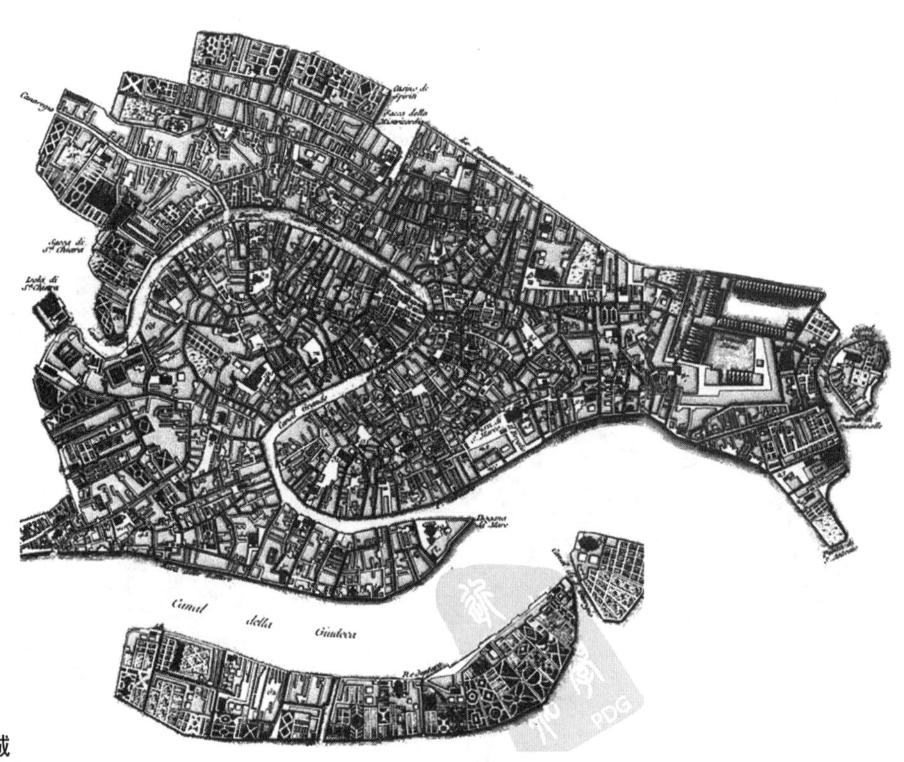

图 6-2-23-3 威尼斯城

图 6-2-23-4 佛罗伦萨大教堂成为视觉的中心

明安农齐阿广场以及由 Signoria 广场至阿尔诺河的乌菲齐宫扩建两者和教堂之间的直接的形态关系。这张图表明了相互联通的街道广场网络，以黑色表示主要的教堂建筑，使人想起一个新的规模、新的概念基础上全城性设计结构的开端。这个概念在以后罗马的发展中达到完美而壮观。

1420 年，由建筑师怕鲁乃列斯基设计的，在佛罗伦萨大教堂中央的八边形墙上修建起了一个穹窿。这远不止是建筑工艺学的一项光辉成就。它赋予佛罗伦萨一个心理的、视觉的中心，并成为此后许多作品的导向点（图 6-2-23-6）。

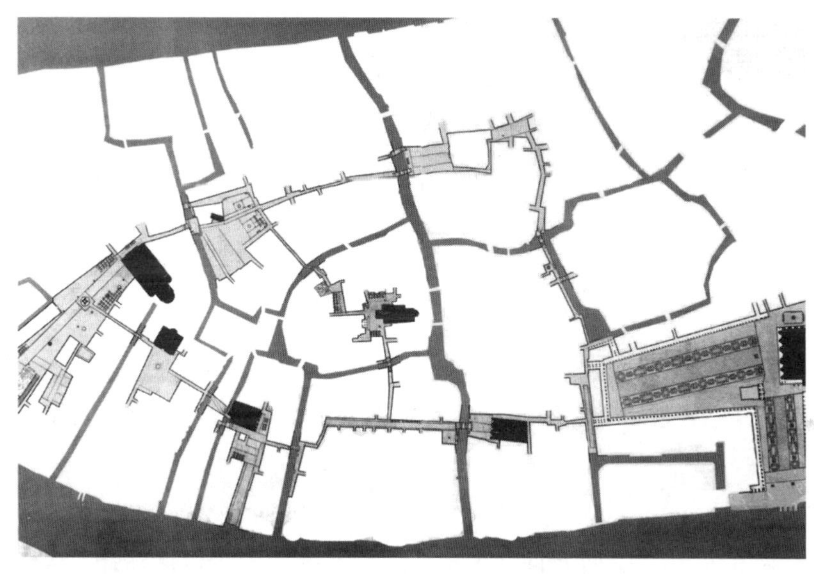

图 6-2-23-5 大教堂是汇聚点

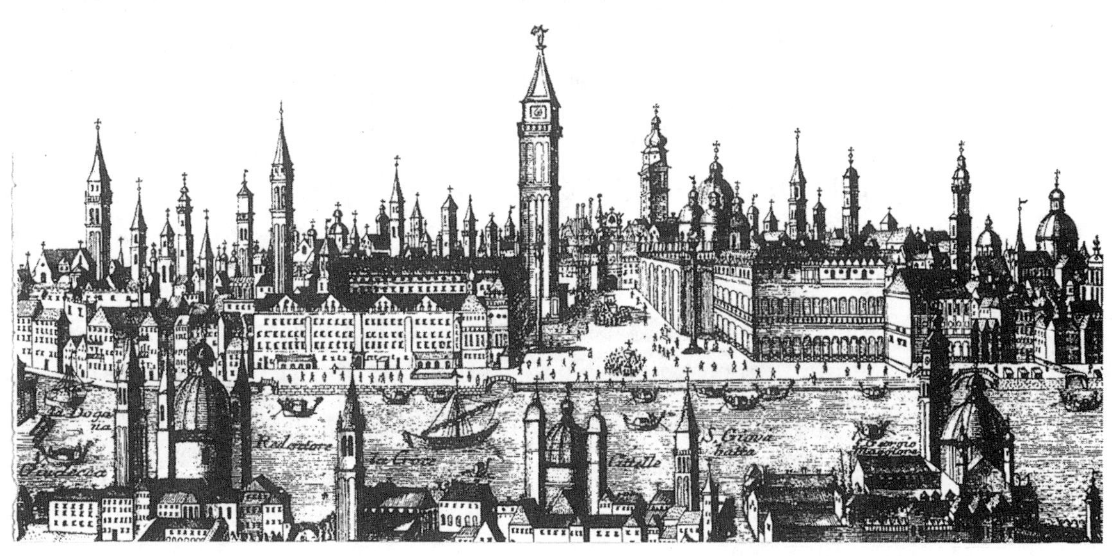

图 6-2-23-6 圣马可广场钟楼与众多教堂塔尖的空间关系

本案例根据（美）沃特森（美）布拉特斯（美）谢卜利编著的《城市设计手册》和培根所著的《城市设计》编写

二、现代城市设计——爱迪生圆环，达拉斯 Addison Circle，Dallas

（本案例根据“John R Golsing, Addison Circle：Beyond New Urbanism, Urban Land 1996 Mar.p19-20”和“时匡，（美）加里·赫克，林中杰著．全球化时代的城市设计 .[M]. 中国建筑工业出版社，2006”编写。）

1. 工程概况

工程名称：爱迪生圆环

地理位置：美国达拉斯

工程性质：城镇中心区，居住商业综合开发

业主和开发商：哥伦布斯地产信托公司

主要规划设计者：RDKL 事务所

规划设计时间：1993 ～ 1995 年

建设时间：1995 ～ 2005 年

用地面积：32 公顷

总造价：3 亿美元

建设内容：住宅（3500 居住单元）和办公、酒店、商业零售（约 40 万 m^2）

2. 项目背景

爱迪生镇位于达拉斯北面 23km，是美国典型的“边缘城市”，与许多边缘城市形成的条件相似，爱迪生坐落在高速公路和区域快速干道的交接处，四面的道路把它联入达拉斯纵横交错的高速道路网路中。但爱迪生的高速发展也在很大程度上得益于 1975 年通过的公民表决，即允许酒类在镇里不受任何限制而自由买卖。这项政策使达拉斯经营酒店和餐厅的商人蜂拥而至，造成爱迪生的商业和娱乐业在 20 世纪 70 年代末 80 年代初以爆发式的速度增长。虽然面积仅 12km^2，居住人口只有 15000 人，爱迪生提供的就业机会却超过 16 万人，占整个达拉斯地区的 14%。但到了 20 世纪 90 年代初期，爱迪生的销售税收开始锐减，其传统的餐饮业受到一些新兴的、人口增长较快的郊区城市的挑战，如在它北面的布拉诺（Plano）。在这种背景下，爱迪生镇决定规划建设一个新的城市中心，提高居住人口，以平衡城市结构，支撑餐饮娱乐业的持续发展。

美国经历了三次逆城市化浪潮：第一次是二战以后城市人口的大规模外迁；第二次是20世纪六七十年代郊区大量建设购物中心，零售和服务业外迁；第三次则是大量的企业追随就业人口和商业服务外迁，在传统大城市周边迅速发展起来的企业园区或新的商业中心，其结果是在原来的城市郊区形成了一系列自我完善、低密度、高度依赖汽车交通的卫星城市。边缘城市是美国城市在半个世纪以来走向新城市化现象的第三次浪潮。美国已有2/3的办公楼坐落在边缘城市之中。

3. 规划方案

1991年，爱迪生镇的总体规划首次提出建设新镇中心的构思，并在几年后社区的长期展望计划中（Vision 2020）得到进一步加强。这两个规划文件都强调新的中心应该符合多功能融合、高密度、街道适合步行等特征，它们试图通过这个项目把原来没有步行空间的郊区改造成充满活力的城市街区。在此之前，达拉斯地区的住宅开发一般采用所谓的“花园公寓”（Garden Apartment Development）的模式，他们的规划较为灵活，建筑密度较低（每公顷50个住宅单元）。但爱迪生镇否定了这种模式而倾向于有系统、有高标准的城市景观的城市设计。他们选定了与原来的镇中心比邻的一块32公顷的地块。由于这个地块中心有一个大型交通圆环，因此新的镇中心得名爱迪生圆环（Addison Circle）。它的优点是从市中心到主要的工作区都在步行距离之内，比邻规划中的区域公共交通站点，靠近城市会议中心和社区活动场所，还有很重要的一点是土地属于单一业主所有，因此收购土地的过程相对简单。

爱迪生圆环的建设计划包含3500个居住单元和大约40万m^2的办公、酒店、商业零售。这个项目的实施建立在公共部门和私营机构合作的基础上，爱迪生镇政府与土地的所有者盖洛德信托公司(Gaylord Trust)以及被挑选作为该项目开发商的哥伦布斯地产信托公司(Columbus Realty Trust,1997年并入普斯特地产公司，Post Property，Inc.)三方共同参与这个项目的策划和投资。1993年他们挑选了RDKL事务所担任爱迪生圆环的规划、城市设计和部分建筑的设计（图6-2-24）。

为了使爱迪生圆环成为一个多功能融合并有城市特性的街区，规划设立了新的分区种类，修改了原来的建筑规范，并制定标准，详细规定了密度、街道景观、建筑材料、覆盖率以及停车场设置。把重点放在高质量的市政设施上，以求形成对行人友善的街道系统。

为了保持城市的步行尺度，并把车辆交通的影响降到最低，规划方

图 6-2-24 爱迪生圆环步行广场——由于这个地块中心有一个大型交通圆环，因此新的镇中心得名爱迪生圆环。

案建议把爱迪生圆环再分成两个分区（图 6-2-25）：一个是居住社区，包含多层住宅建筑、排屋、社区商业和服务以及公园。这个分区将提供 3000 ~ 4000 户的住宅单元。另一个是商业区，面向途经爱迪生的北达拉斯收费高速公路（North Dallas Tollway）。这个分区包含高密度的办公楼、酒店、商店和一小部分住宅，它的建成将提供大约一万个新的就业机会。连接这两个区的是一个圆环广场、一条线性的散步道公园 (Esplanade Park) 以及一系列开放空间（图 6-2-26）。

RDKL 的规划方案采用开放的网格式布局（图 6-2-27）。它的特点是能形成传统的步行街道空间，而且与周边已建成区域有良好的联系。街道和广场设计的要旨是创造舒适的步行环境，因此步行道设计得相当宽，达到 4m 以上，车行道则比较窄，以限制车行速度和流量。道路两旁是 8m 间距的树行。建筑与建筑之间的小巷子提供消防车入口、人行入口和辅助的车辆入口。

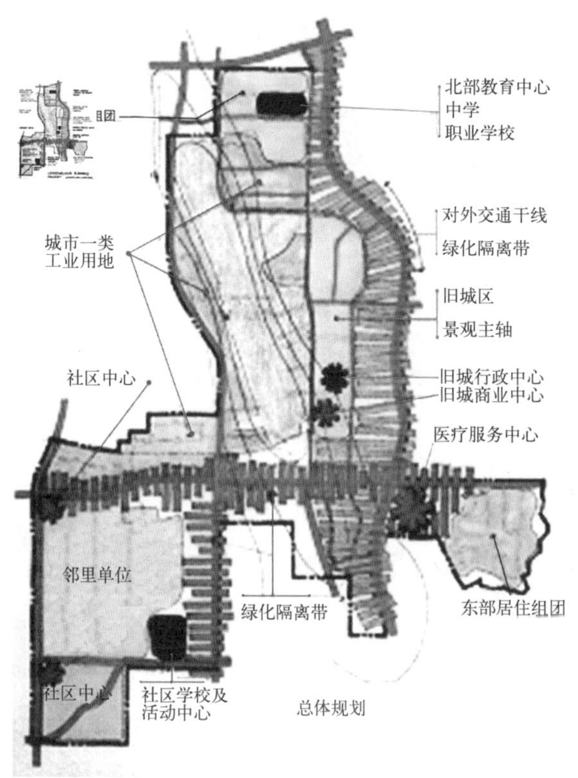

图 6-2-25　土地利用规划图

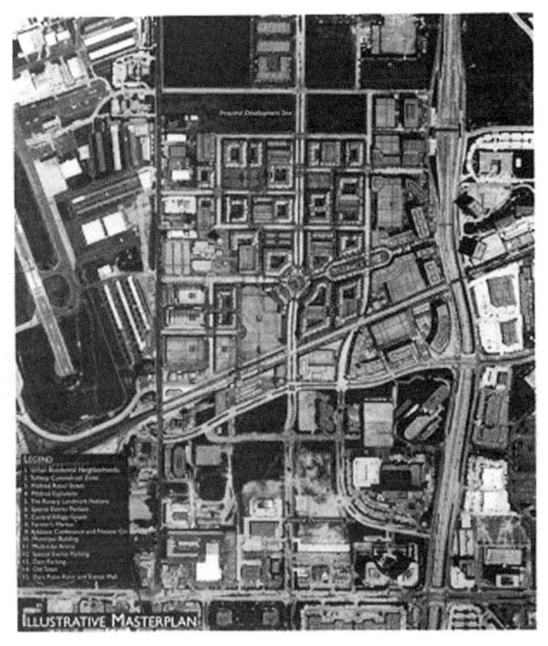

图 6-2-26

RDKL 设计了一系列不同层次的公共空间（图 6-2-28）。尽管平均建筑密度达到每公顷 94 户，但爱迪生圆环提供了 30% 的土地作为开发空间和公园，因此居民有充足的社会交往场所。在会议中心和戏院旁边也有露天空间作为每年举办名目繁多的饮食节日等大型活动的场所。圆环广场的中心是一座造价 200 万美元、重达 200t 的超大型雕塑。它成为社区公共活动的地标。与圆环广场相联系的是一条开阔的步行林荫道，两边的商店直接朝向道路和广场（图 6-2-29）。爱迪生圆环在市政设施和街道景观上的投入资金是标准工程的 3 倍。

爱迪生圆环典型的住宅建筑是四层楼高的庭院式公寓，建筑围绕着中心庭院。庭院内有喷泉、壁炉、游泳池和集会区。建筑物内半开敞的庭院空间对爱迪生镇的居民和餐饮业主有很大的吸引力（图 6-2-30）。建筑物采用砖作为主要材料，它反映爱迪生镇本地的建筑风格传统（图 6-2-31）。建筑物的底层一般作为商业使用，天井直接朝向街道开放，这样既保证社区的多元性，也使街道空间更加安全和有活力。

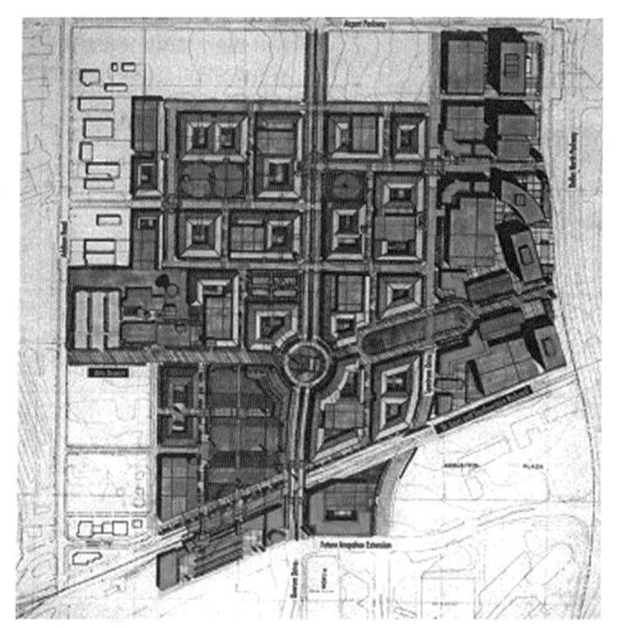

图 6-2-27

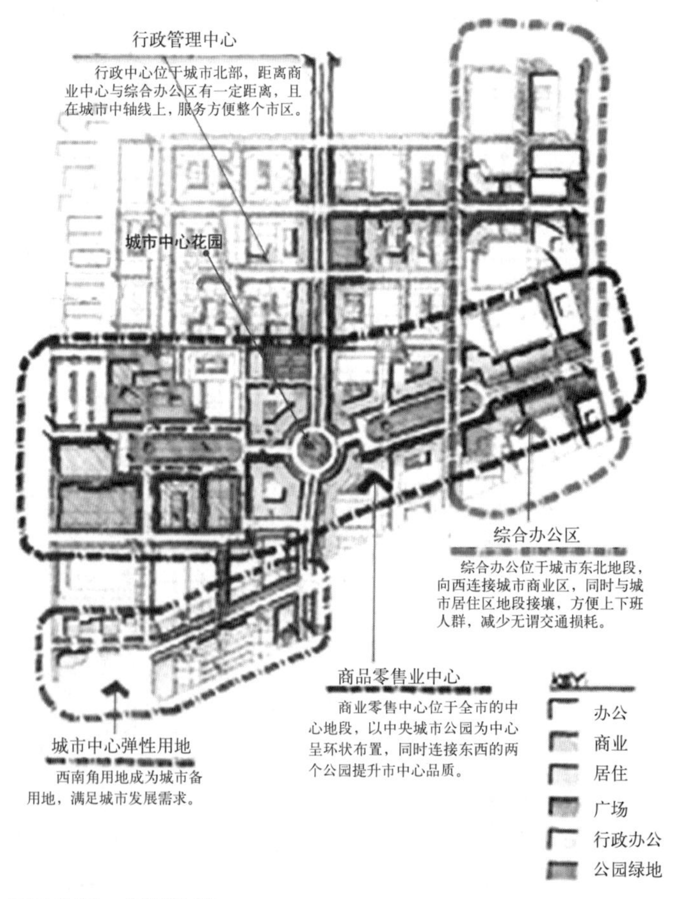

行政管理中心
行政中心位于城市北部，距离商业中心与综合办公区有一定距离，且在城市中轴线上，服务方便整个市区。
城市中心花园
综合办公区
综合办公位于城市东北地段，向西连接城市商业区，同时与城市居住区地段接壤，方便上下班人群，减少无谓交通损耗。
商品零售业中心
商业零售中心位于全市的中心地段，以中央城市公园为中心呈环状布置，同时连接东西的两个公园提升市中心品质。
城市中心弹性用地
西南角用地成为城市备用地，满足城市发展需求。
KEY
办公
商业
居住
广场
行政办公
公园绿地

图 6-2-28 规划分析

图 6-2-29

图 6-2-30

图 6-2-31

4. 实施

爱迪生圆环的建设资金由政府财政资助和发展商投资两部分组成。爱迪生镇根据哥伦布斯地产公司的投资进度提供一笔逐步递增的资金作为基础设施的建设费用。第一笔 400 万美元的资金用于启动阶段的基础设施和公共空间建设，另 500 万美元投入后继阶段的发展，还有 100 万用于国际竞赛征集圆环广场上的公共艺术展示。总的私人投资预计达到 3 亿美元。这种政府与开发商的合作给双方都带来了好处，它既解决了开发商项目启动之初基础建设资金不足的问题，在产生一定成果后，公共部门也从项目所带来的新的产业中得到税收等益处。

爱迪生圆环建设从 1995 年开始，第一期工程包含 460 套公寓、2500m^2 的沿街商业、一个城市公园以及若干街道的改造。建成之后得到很好的评价，公寓在不到 6 个月就全部租出。1999 年完工的第二期工程建成了 607 套公寓、沿北达拉斯收费高速公路的商业建筑群、散步道公园，以及圆环广场上的巨型雕塑。第三期工程再添 250 套公寓和若干排屋。随着达拉斯区域公交系统车站在爱迪生圆环建成，这个地带的住宅需求持续上涨，推动了相似类型的开发项目在周边区域的推广，其中 RDK 设计公司又参与位于布拉诺的列格西镇（Legacy Town）（另一个边缘城市）的改造。

爱迪生圆环的成功主要归功于两个方面。首先在设计上回归传统的城市设计方法，即以街道为主体的城市空间，街道是为行人服务的，也是社区交往的场所。建筑物界定了街道的空间，它们保持一定的高密度，并融合居住与多种功能为一体，使城市活动在昼夜间保持平衡。其次，在爱迪生圆环的发展过程中，公共部门和私营机构之间的合作取得很好的成效，在资金的调配和建设管理的合作上创造了一种卓有成效的城市开发模式。

5. 小结

爱迪生圆环给边缘城市的转型提供了一个成功的典范。随着私人汽车的普及，边缘城市的现象也在一些新兴国家开始萌芽，郊区的超大型购物中心就是其中的一种表现。但正如著名的城市规划理论家坚那森·巴内特 (Jonathan Barnett) 在他的著作中所反复强调的，以边缘城市为代表的郊区化是不可持续的发展。因为随着地价优势的丧失、基础设施的破落以及周边竞争的出现，它所聚集的产业或人口必然会继续流向它处，正像原来由传统城市流向边缘城市一样，最后的结果可能是一种“没有边际的城市”(Edgeless Citics)，除了对土地资源的严重浪费，边缘城市功能组成单一，城市结构疏散，过分依赖私人汽车，不但在物质空间上很难形成真正的城市性，也产生相当多的社会问题。

三、现代城市设计——重庆市两江新区水土片区中心

1. 设计概况

设计名称：智慧城

地理位置：重庆市两江新区

设计性质：城市中心区，商务、居住综合开发

主要规划设计者：胡纹、魏皓严、黄瓴等

规划设计时间：2011 ～ 2012 年

用地面积：316 公顷

2. 项目背景

项目位于重庆市两江新区水土片区。成渝经济圈是继长三角、珠三角、京津冀后崛起的区域城市经济体，四者构成中国“四极”城市群格局。两江新区是“第四极”最核心的区域，是内陆开放高地的先锋。嘉陵知识城定位为两江新区西部创新智库，水土片区将是体现两江新区产业高地与嘉陵知识城的重要平台。

3. 项目定位

水土片区中心区城市设计的定位为——面向西部的中试产业服务基地；两江新区西北枢纽及门户区域；水土片区现代化城市综合服务中心。

4. 场地认知

综合现状分析——基地现状主要为农田，植被丰富，竹林茂盛，竹溪河自北向南蜿蜒流过规划区。

地形特征分析——以河为轴，向东西两侧抬升；河道两侧坡度较陡，中心地带平缓。

地景要素分析——将基地河流、梯田、山头、水塘、坡度等多种地形特征要素提炼，按照一定科学比例进行加权叠加，得到规划区用地生态敏感性地图，用地划分为三类：生态敏感区、生态次敏感区、建设开发用地（图 6-2-32）。

5. 规划目标与空间途径

见图 6-2-33。

6. 设计策略和创意

设计以智慧城为规划理念，从生态之智——生态平衡循环；社会之智——社会和谐公平；产业之智——产业发展升级；文化之智——文化多

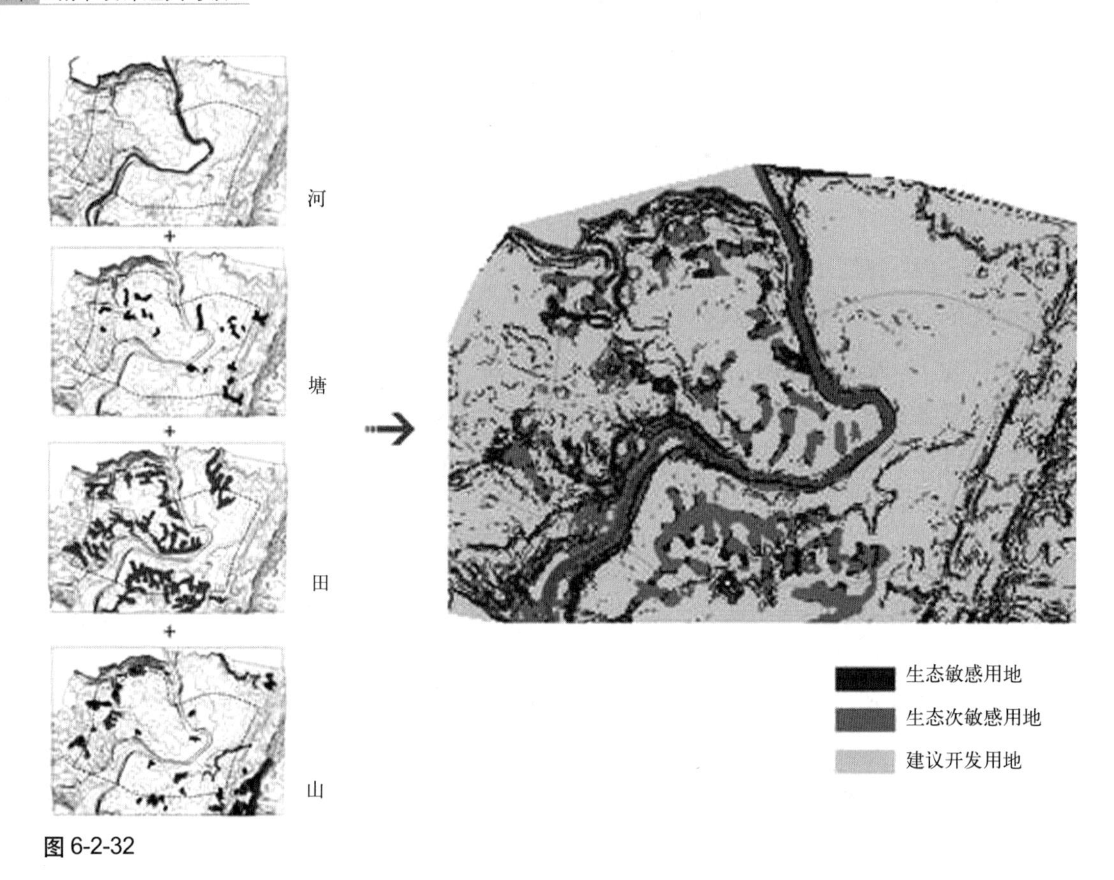

图 6-2-32

	发展目标	构成要素	空间途径	空间地图
生态之智	生态目标： 构建人工与自然充分平衡，人的生产力和创造力得到最大限度发挥的生态良性循环的理想栖境。	生态要素： 与自然共生的土地开发模式 低碳环保的交通网络 基于原始地景的绿地系统 复合的公共空间系统 生态住区	紧凑集约 / 功能复合 / 弹性开放 公共交通 + 自行车交通 + 快速轨道交通 = 多层次 / 高效的综合交通体系 绿脊 + 梯园 + 山园 + 水园 地面 / 地下 / 地上多元空间的衔接 “社会生态”与“自然生态”共生 + “混合型”居住模式	生态地图
社会之智	社会目标： 建设和谐公正、安全舒适、充满活力与人文关怀并充满幸福感的城市中心区。	社会要素： 完备的社会公共服务设施 多样化的公共空间 异质多样的社群结构	构建社会公共服务设施体系 营造幸福社区	社会地图
产业之智	产业目标： 依托周边高新产业集群，打造高端现代服务业为主导，多重产业共生的现代服务产业中心地。	产业要素： 孵化科技 商务办公 商业娱乐 运动休闲 文化教育 医疗卫生	孵化中心 - 会展贸易 办公中心 - 酒店集群 - 会议集群 购物中心 - 餐饮娱 - 电影院 体育场馆 - 度假休闲中心 - 城市公园 培训中心 - 文化活动中心 - 图书馆 医院 - 疗养 - 保健 - 卫生设施	产业地图
文化之智	文化目标： 打造高品质文化与多元文化共融的城市文化环境，构建社会精英思维跃动畅翔的文化高地。	文化要素： 文化理念凝炼 文化资源盘点 文化空间塑造	建设城市空间文化结构 塑造城市文化空间 形成城市文化空间地图	文化地图

图 6-2-33

元融合四个层面对未来的城市发展思想与人居环境模式提出六大设计策略与五大设计创意。每条策略与创意都是通过对所在环境的空间联系、整合以及特定场所精神的空间形态的整合而得出的综合结果，都将对未来的城市中心设计起到原理性的指导意义。

六项设计策略：

策略一 自然生态文脉

山、河、梯田是重庆自然生态的显著特征。基地呈现出以竹溪河为轴，东、西两侧呈台地上升的地形、地貌。通过分析研究，基地中的梯田、山头、河塘、水系、陡崖等原始自然地景要素经过保留、整理与雕琢，形成独具特色的“梯园”、“山园”和“蓝脐”，结合规划道路和组团间绿化而生成多层次绿色城市生态网络，建构城市公园绿地系统与景观系统，使其成为本案设计的公共准则（图 6-2-34）。

策略二 紧凑城市形态

基于 TOD 的开发建设理念，结合规划轨道站点与片区内主要的交

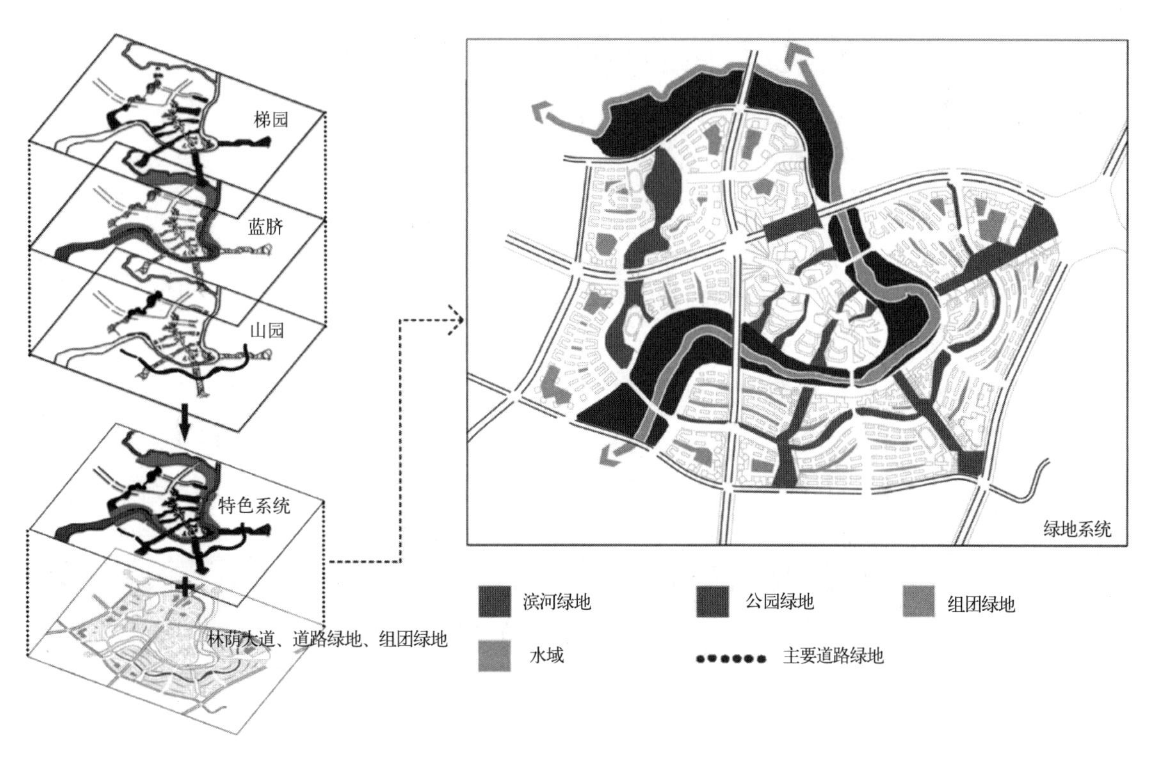

图 6-2-34

通性干道节点，以 400 ～ 800m 为半径建立城市功能高度复合的“城市塔群”结构，确立城市开发强度与城市形象的制高点，将建设量作为空间资源，进行总量调配，塑造“大疏大密、集约紧凑”的城市空间形态（图 6-2-35）。

策略三　绿色交通体系

组织建立多层级、高效率的绿色交通体系。规划以一条快速路和三条

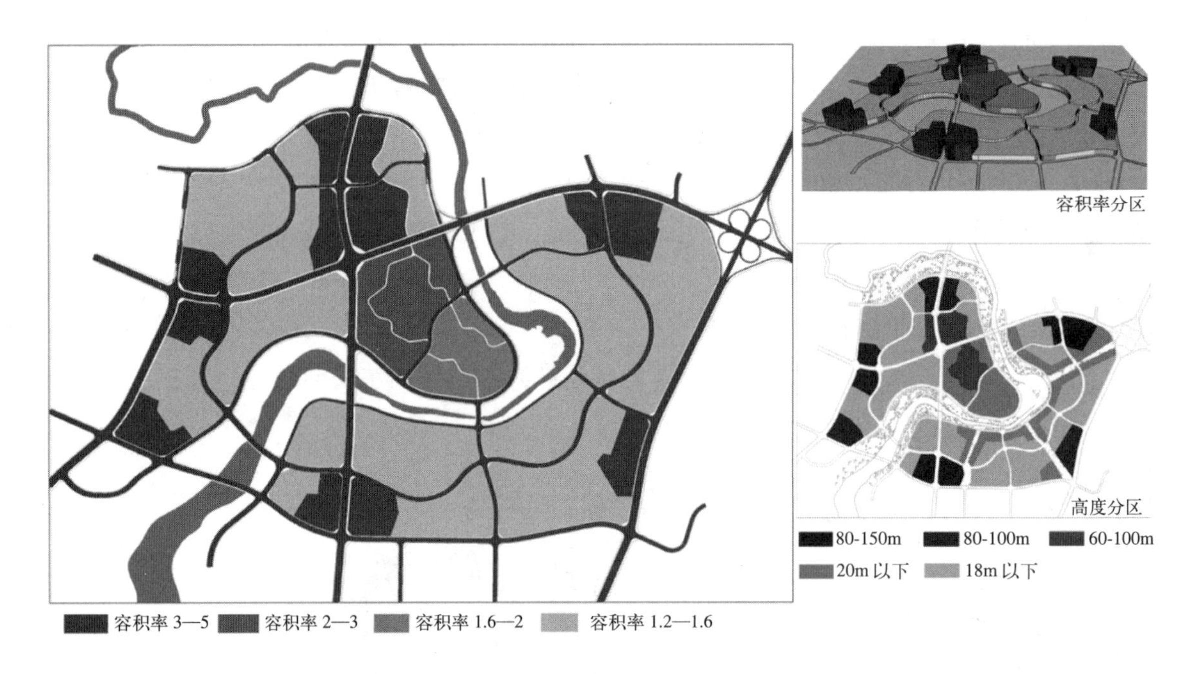

图 6-2-35

城市主干道形成规划区主要的交通性道路骨架，并结合规划区内山水特质组织次干道以及支路、步行道路，以方格网为骨架，形成环状 + 放射状次干道以及多种交通系统；在城区内部重要功能区之间实现自行车、步行等低碳“绿道”交通。自行车系统的服务半径为 3 公里，出行时间为 10 分钟。“绿道”不仅在全区内形成网络，同时是联系城市公共场所最直接的线路（图 6-2-36）。

策略四　适宜人居尺度

以开发强度为目标的城市开发模式，牺牲了城市环境的尺度和品质，这并非明智之举。本案鼓励在轨道站点或交通节点枢纽上集中超高强度开发，以摊薄城市一般地区的开发强度，以此平衡集约利用土地和宜人居住环境之间的矛盾。在城市商业中心与一般性的居住空间设计中，控制建筑

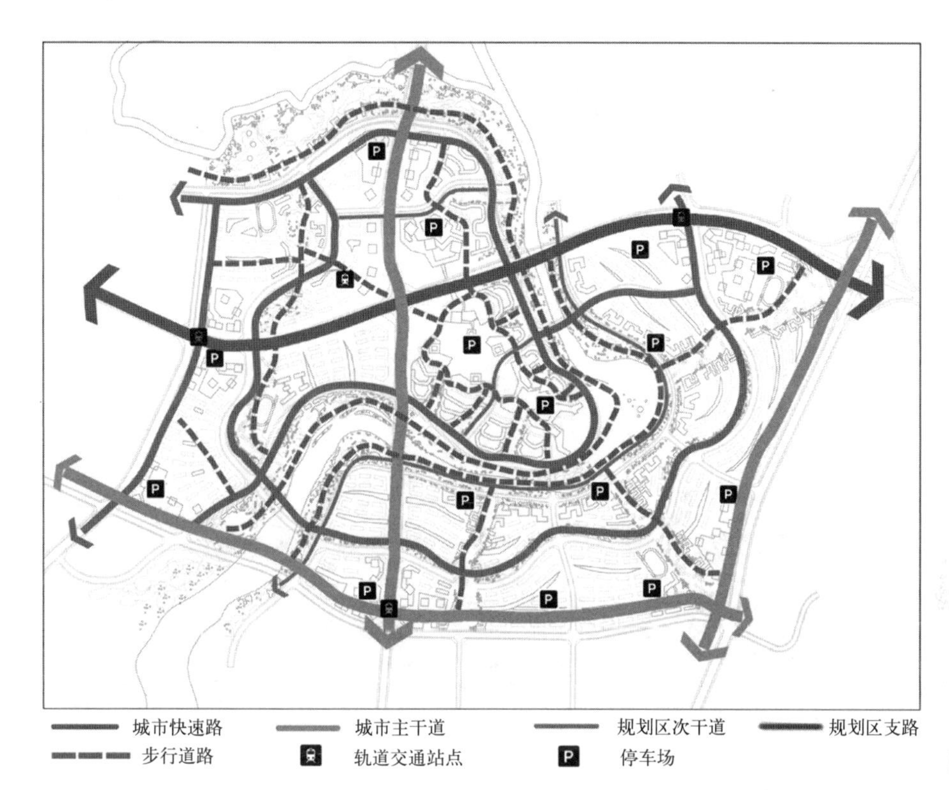

图 6-2-36

高度与空间尺度，摒弃重庆传统的混凝土森林形象，城市商业中心的空间设计采取多层、高密度相结合的中心绿带，回归传统的商业街道尺度。居住空间设计采取大社区、小街坊的空间模式，以密集的公共场所缝合多阶层的公共活动，从而形成宜人的空间尺度（图 6-2-37）。

策略五 智能产业空间

现代高科技城市需要快节奏的工作配套慢节奏的生活，从科技研发到高端服务再到低碳生活，完整的智能产业空间布局是激发城市经济活力的重要保证。智慧城以低层高密度城市半岛商业“绿芯”，建立现代金融、商业服务中心；以“梯园”、“山园”、“蓝脐”等公共景观带建立休闲娱乐系统，以社区公园网络和街坊建立混合功能的低碳居住圈（图 6-2-38）。

策略六 和谐社会网络

建设四大公共空间系统。一．“蓝脐”大公园系统；二．“梯园”、“山园”和主要街道公共空间系统；三．街坊间的公共空间系统；四．居住街坊内部的公共空间系统。多层级的公共服务体系和公共活动体系布置于四大公共空间系统中。政府管理和控制的公共空间体系是粘接社会的场所，城市中

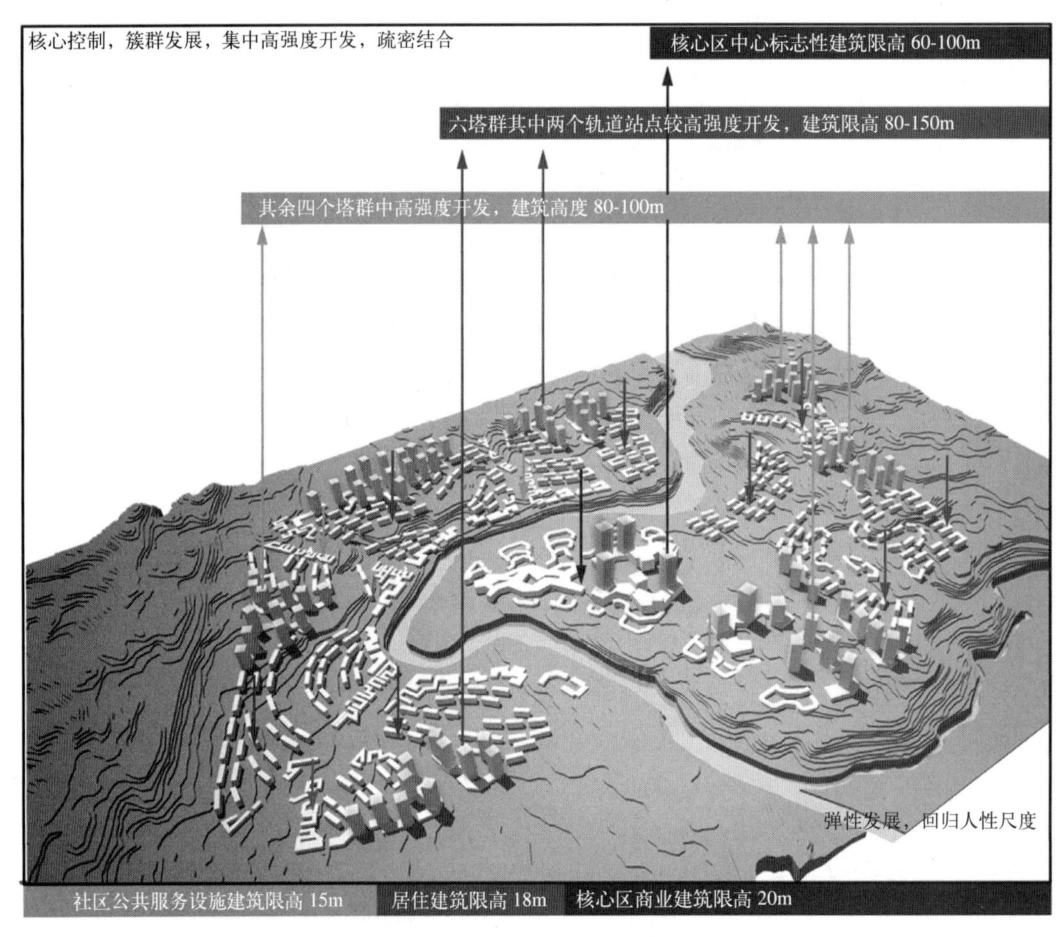
核心控制，簇群发展，集中高强度开发，疏密结合
核心区中心标志性建筑限高 60-100m
六塔群其中两个轨道站点较高强度开发，建筑限高 80-150m
其余四个塔群中高强度开发，建筑高度 80-100m
弹性发展，回归人性尺度
社区公共服务设施建筑限高 15m
居住建筑限高 18m
核心区商业建筑限高 20m

图 6-2-37

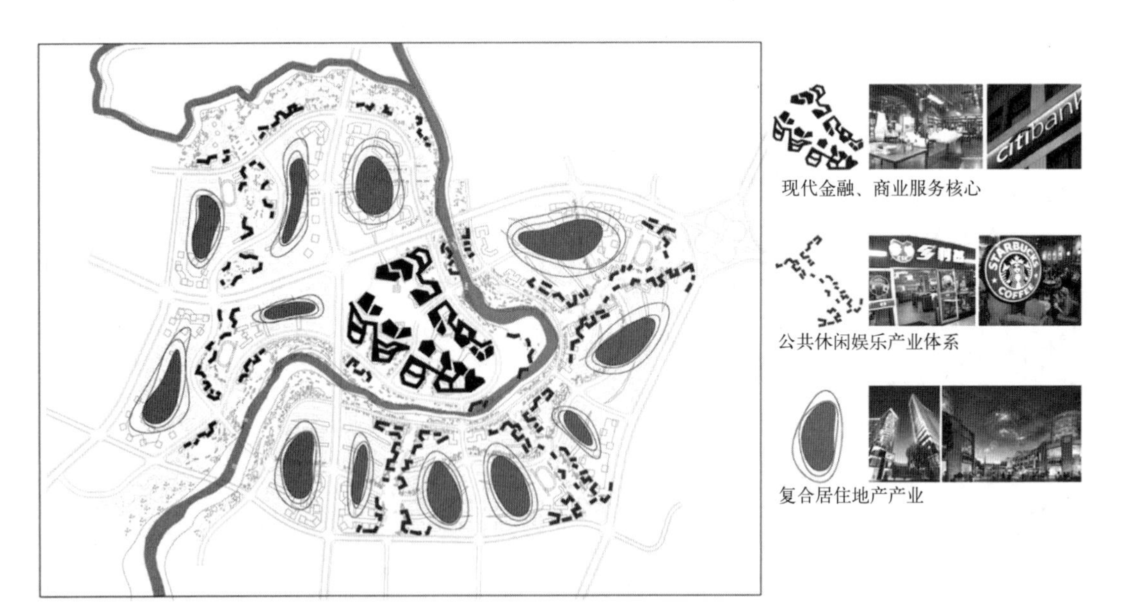
现代金融、商业服务核心
公共休闲娱乐产业体系
复合居住地产产业

图 6-2-38

公共空间的数量和类型特别体现了政府对弱势群体的关怀。本案倡导以适宜的物质空间设计促进社会和谐发展（图 6-2-39）。

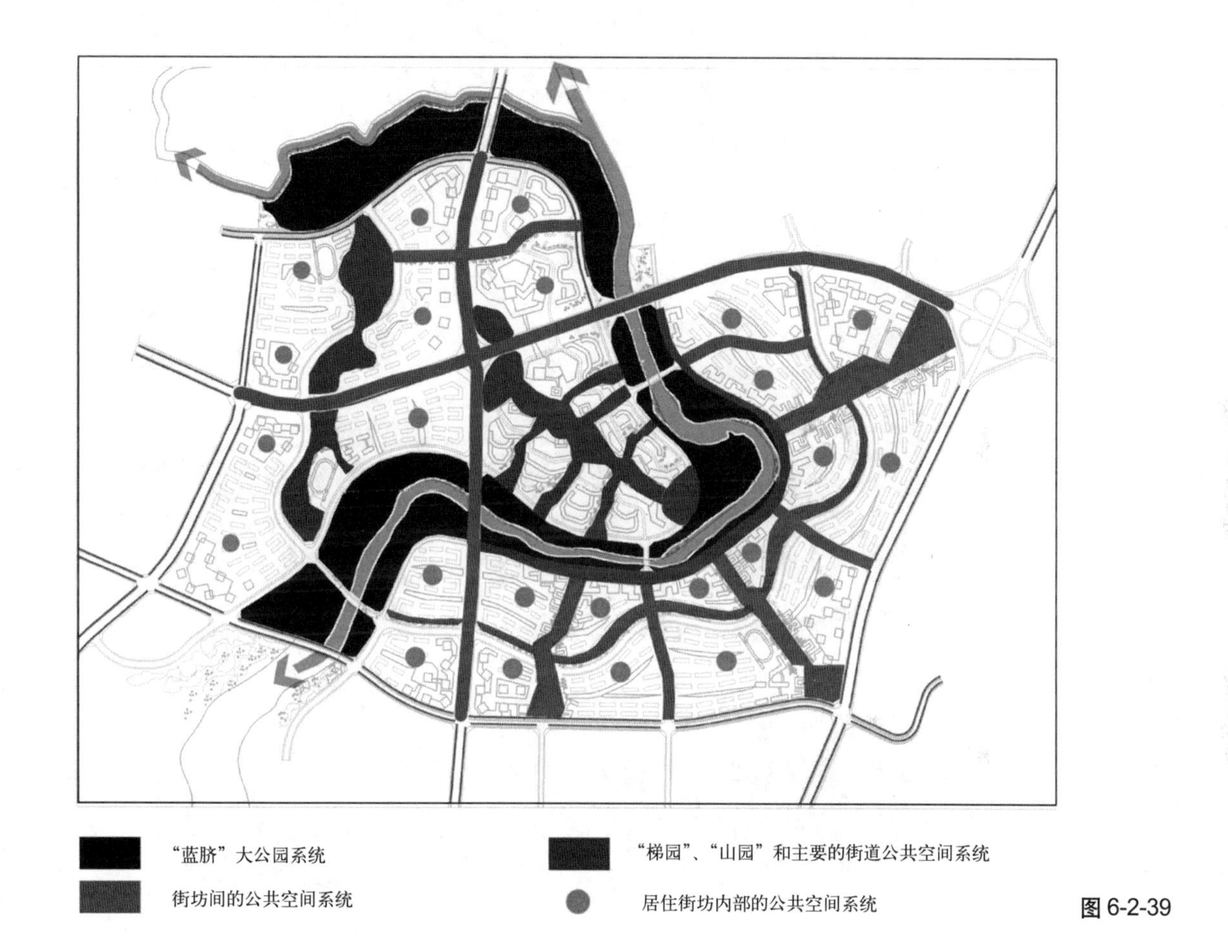

图 6-2-39

五项设计创意：

绿芯——一个汇集智慧的绿色城市中心。它既是城市的综合性商业服务中心，又是一个城市中心公园。田园式生态商业城集合了购物、娱乐、餐饮、住宿等传统城市中心服务功能，同时还包括游憩、观赏、体验等亲近自然的休闲功能（图 6-2-40）。

蓝脐——一个贴近自然的放松之地。蓝脐依托水体和陡崖联通全城，串联三个主题公园，是城市主要的生态游憩带和公共服务带（图 6-2-41）。

梯园与山园——一个山地社区中游乐与交流的场所。梯园——依托原始地景中的梯田和台地构建，沿坡度纵向串联而成；山园——横向串联山体。梯园与山园是城市社区的中心公园和服务中心（图 6-2-42）。

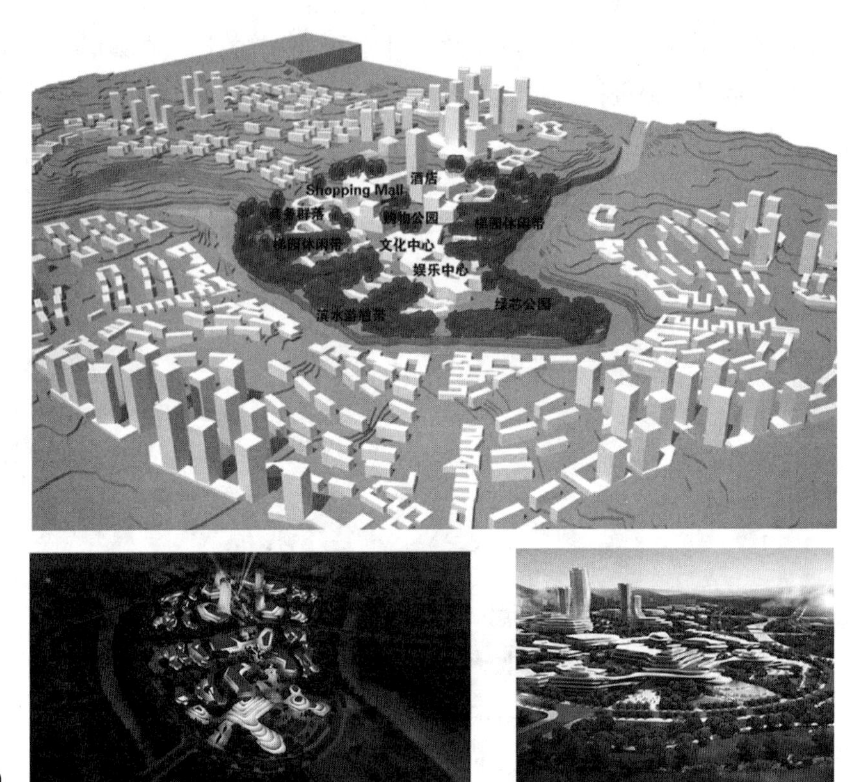

图 6-2-40

图 6-2-41

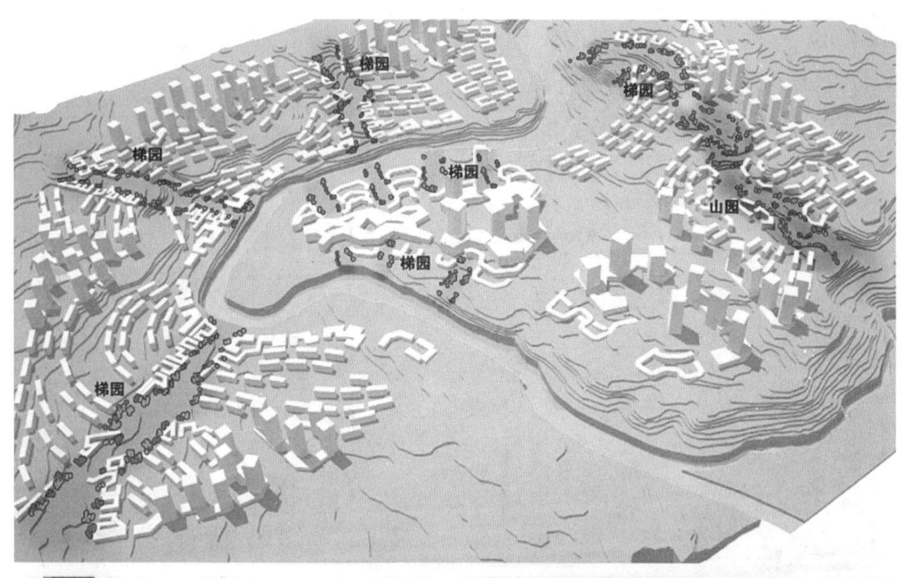

图 6-2-42

塔群——一个城市的空间标志。在城市中心区外围结合轨道交通枢纽和主要干道公共交通站点打造六处高层建筑塔群。塔群是具有复合功能、高强度开发的城市综合体（图 6-2-43)。

绿道——一个低碳健康的慢行网络。绿道包括了步行路径和自行车路径两套系统，步行路径结合梯园、山园和滨水空间，自行车路径结合区内环形林荫大道设置，并在公交站点和重要设施处设置自行车换乘站点，引导绿色低碳的出行方式（图 6-2-44)。

7．规划结构

规划在六大核心策略的基础上衍生出“一心、一带、四廊、六组团”的总体布局结构（图 6-2-45、图 6-2-46、图 6-2-47)。

一心集聚：即商业“绿芯”，打造森林购物公园。智慧城以人与自然和谐重聚的思想作为规划宗旨，通过对比研究，分析不同特质的商业中心空间模式，革命性地提出田园式生态商业结构模式，以趣味横生的自然原野搭配低层灵动的建筑体量。

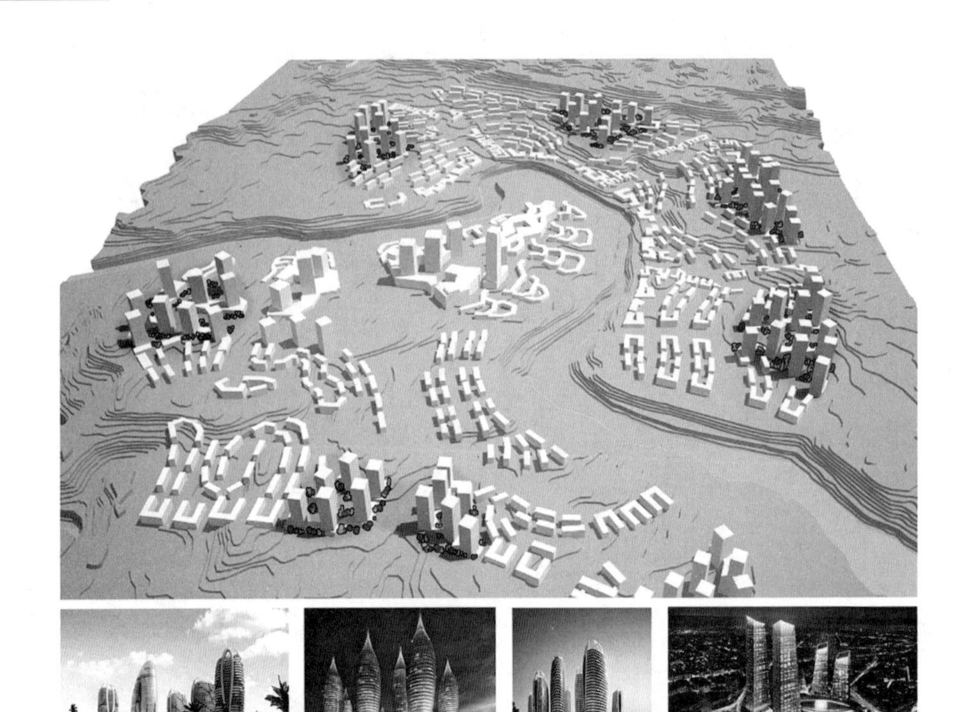

图 6-2-43

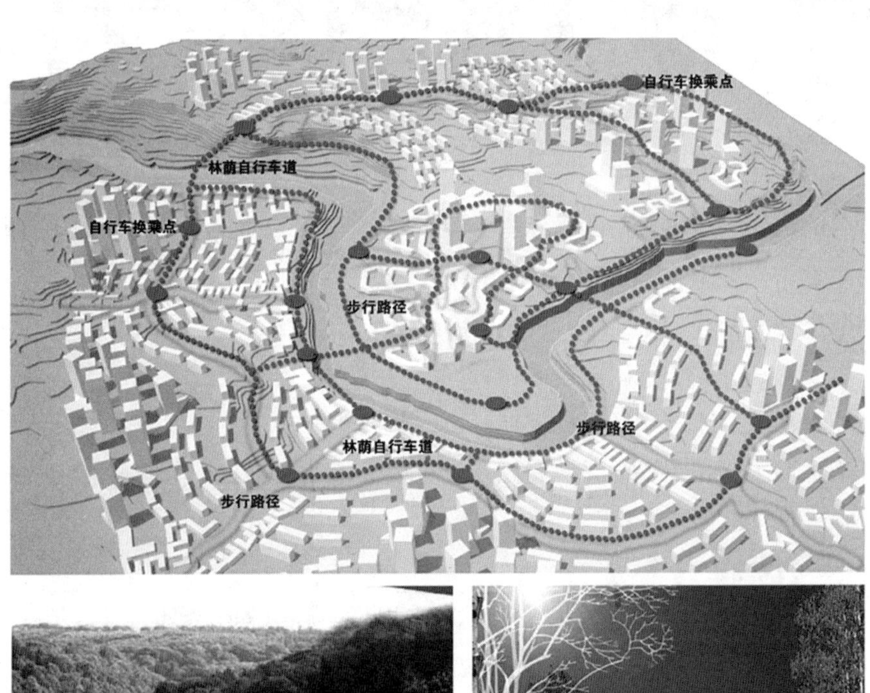

图 6-2-44

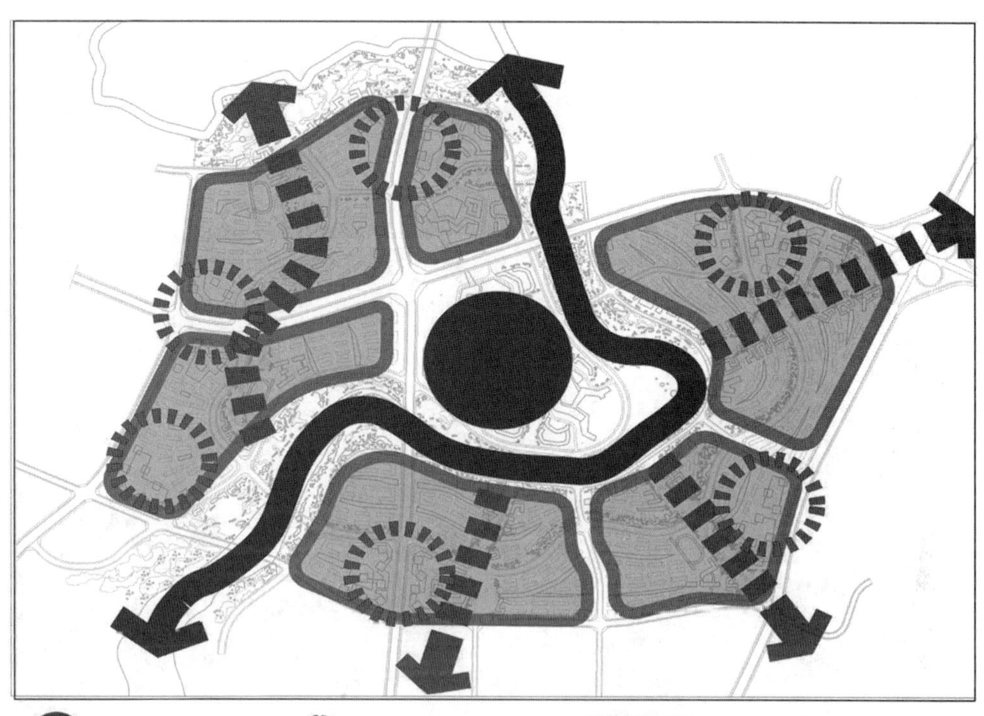

城市中心  城市簇群  组团

 滨水公共服务带  社区服务廊道

图 6-2-45

图 6-2-46

图 6-2-47

一带串联：即滨水公园聚落带，设计沿竹溪河滨水带打造不同主题的公园群落，形成集自然生态、商业休闲、文化娱乐为一体的多功能城市活力带。

四廊延伸：即基于自然地景要素形成的四条城市生态廊道“梯园”与“山园”，同时，也是社区生活与文化交流的集结点。

六簇围绕：即分布于中心区外层的六个居住组团。

8．小结

随着中国城市化进程的加快，未来将有更多的人口居住在城市中，以何种城市发展模式应对未来的城市发展，我们必须给以生态保护、文脉延续和土地开发的模式等更多的关注。本案例倡导中国 21 世纪的城市发展需要关注的设计要点：尊重自然之美与人工之创的平衡；强调高度集约化的城市形态；创造多元文化环境。

自然之美与人工之创的平衡。基地中的梯田、山头、河塘、水系、陡崖等原始自然地景要素经过保留、整理与雕琢，形成独具特色的“梯园”、“山园”和“蓝脐”，以建构现代城市景观系统。在自然之美与人工之创之间，寻求自然界的平衡、人类道德和良心的平衡，使其成为设计师必须遵守的职业道德准则。

高度集约化的城市形态。基于 TOD 公共交通的开发建设理念，在轨道站点以 400 ~ 800m 为半径建立“城市塔群”，确立城市开发强度与城市形象的制高点，集约建设，节约土地，总量调配土地资源，塑造“大疏大密、集约紧凑”的城市空间形态。

创造多元文化环境。多层级的公共服务体系和公共活动体系布置于四大公共空间系统中。政府管理和控制的公共空间体系是粘接社会不同阶层的场所，城市中公共空间的数量和类型着重体现政府对普通百姓和弱势群体的关怀，倡导以适宜的物质空间设计促进社会和谐发展。

这是水土智慧城的主旨所在，发展理念也将为未来城市设计提供重要的借鉴意义。

第七章　城市设计教学之问与答

从2004年开始，全国大学生城市规划专业从命题居住区规划设计改为城市设计，至今已有七个年头了。在这五年里，我们对过去的城市设计教学进行了一次全面的反思。城市设计是一个融合众多学科的领域，不同层面具有不同的内涵。针对本科教学，应从哪些方面入手？并且应如何对命题做出价值判断？如何选题？如何组织教学环节？学生从中到底能学到什么？老师应该如何教？如何评判作业？这些都是重庆大学建筑城规学院城市设计教学团队一直思考的问题。从最初的茫然到逐年愈佳的成绩，带来喜悦的同时也引来新的挑战——如何应对时代的发展？如何将更新的理念与技术运用于今后的设计？

每一门学科、每一门课程应该有自己的特色与标准，特别是一门优秀的课程，更需要建立完整的教学标准和教学体系。这就是我们今天要做的工作——总结、探索、建立起自己的教学标准和教学方法体系。

竞赛的目的不是为了获奖，而在于激励师生勇于探索的精神和不断学习、超越自我的勇气，在于提供了一个校际交流的平台。回首过去的五年竞赛历程，成绩是次要的，经验和教训于师、于生确是珍贵的。为了与更多的师生交流和分享，我们将五年来教与学的总结和思考，化为比较轻松的访谈方式呈现给大家。以下所有的问题，均来自授课教师与历年参加竞赛的同学。我们一共收回54份问卷，其中教师20人，学生34人。通过问卷调查，选出大家重点关注的话题，再请不同的授课教师予以重点回答。不求一统天下，但求学术自由，不求统一的说理，但求多元的观点碰撞。这正是当下多元价值的时代特征。

一、问题的生成过程

当决定采用较为轻松的访谈方式来讨论和总结后，最为重要的就是问题的设计与选择了。我们采取了集思广益、自由讨论决策的工作方式。

首先，根据城市设计教学的特点，我们决定从三方面去收集问题：①城市设计教学问题；②城市设计理论与方法问题；③城市设计的问题——自由联想部分。三个方面既涵盖了教与学的基本要求，也引申出师生对于城市设计本身的进一步思考。根据这三个方面，我们在教学团队内由每位教师选择出自己关心的10问题，然后排列出共同关心的45个问题。

第二步，教学团队集中讨论，分别对初步列出的问题进行筛选，每个部分各保留8～10问题左右，共26个问题。

第三步，将第二部筛选出的问题向更多的教师和学生征集意见。我们共收回54份试题问卷（其中，教师20名，学生34名），从更大范围，特别是教与学两方面收集关键性、感兴趣的话题。

第四步，通过统计分析，划出师生最感兴趣的选题（选择率超过50%），共19题，10多位团队核心授课教师根据自己的兴趣分别各选择4～6个问题作答。

二、问卷调查情况

学生34人+教师20人，共54人参与了问卷调查。

教师和学生调查情况的兴趣如下：（黑体字—兴趣率60%以上，隶书—兴趣率50%以上）

城市设计教学问题：

24+10（34） □ 1. 城市需要设计吗？城市能够被设计吗？城市为谁设计？

19+9 （28） □ 2. 城市设计教学的特点是什么？

24+7 （31） □ 3. 你怎样看待城市设计竞赛？

18+12（30） □ 4. 城市设计如何选题？

16+10（26） □ 5. 城市设计调研的重要性体现在哪些方面？

26+17（43） □ 6. 如何完成从概念构思到方案深化的过程控制？

25+10（35） □ 7. 城市设计成果表达形式如何多元化？

26+5 （31） □ 8. 城市设计课程教与学的组织模式如何改革？

22+11（33） □ 9. 城市设计作业评图标准是什么？

城市设计理论与方法问题：

16+8 （24） □ 10. 城市设计实践有哪些类型？

27+15（42） □ 11. 城市设计与总规、控规、详规、建筑设计的关系？

20+8 （28） □ 12. 城市设计的作为公共政策属性如何体现？

27+8 （35） □ 13. 什么是可持续的城市设计？

30+13（43） □ 14. 城市设计的地域性体现在什么地方？

24+7 （31） □ 15. 怎样在城市设计实践中体现公共参与？
20+16（36） □ 16. 什么是城市设计的刚性与弹性？
25+8 （33） □ 17. 城市设计的社会功能是什么？

城市设计的问题——自由联想部分：
18+7 （35） □ 18. 图则是不是城市设计的最后价值所在？
16+12（28） □ 19. 城市设计主要就是用来控制城市空间形态的吗？
16+13（29） □ 20. 相对于总规与控规，城市设计意义何在？
24+13（37） □ 21. 城市设计需要研究吗？它能通过数据进行所有的控制吗？
21+12（33） □ 22. 谁在行使城市设计的权力？
18+5 （23） □ 23. 自发形成的聚落可以说是某种成功的城市设计吗？
18+3 （21） □ 24. 民间社团有可能以及应该自主进行城市设计吗？
30+13（43） □ 25. 城市设计有哪些空间结构的控制手法？各有何特点？
16+5 （21） □ 26. 黄桷坪的涂鸦街算不算是一种城市设计的结果？

三、城市设计教学之问与答

1. 城市需要设计吗？城市能够被设计吗？城市为谁设计？

胡纹教授：城市需要设计，也是可以被设计的，但我们的设计又总是落后于城市的发展。我们做了许许多多的城市设计，但绝大多数的城市设计并没有付诸实践，其中必有没有解开的“设计黑洞”。黑洞一：设计者都好高骛远，制造“空中楼阁”、“海市幻影”。黑洞二：政府官员崇洋媚外、拔苗助长，制造了不切实际的“空想城市主义”。黑洞三：……。

城市为谁而设计？假设一，为全体市民而设计。“为人民服务”是最正当的理由，我们需要为人民提供一份经过设计的理想蓝图，人民也需要一座经过设计的实惠城市。假设二，为政治家而设计。城市设计是实现未来理想城市的工具，未来理想城市又成为政治家实现其政治抱负的拐杖。假设三，为规划师、建筑师而设计。我们总是以专家而自称，以受过良好的美学教育及拥有洞察未来的观察力而自豪，我们把我们的价值观、审美标准附加于我们的城市设计中，把我们的理想强加于城市之上。城市为谁而设计……

魏皓严教授：城市需要设计吗？城市当然需要设计。凡是社会性的产物必然会有一个以上治下、以寡御众的结构特点，就必然会对社会及其空间等的发展做出预设，也就是设计，比如制度设计、政策设计、道德设计、法律设计等等。城市设计不过是主要从属于空间设计的一种设计罢了。

城市能够被设计吗？既然需要设计，那么城市肯定是能够被设计的。但是还存在着相反的作用力，也就是我们通常所说的“自发”系统，比如市场、个人与不同利益集团之间的纷争等等。这些系统对前述以上治下、以寡御众的权力系统形成制衡，并破坏与扭曲后者的设计，所以设计，尤其是涉及越多集团利益的设计在实施过程中总是无法避免走样与变形。从这个角度说，城市是很难被设计的。

城市为谁设计？存在着多少利益集团就存在着多少设计诉求，不同利益集团发起的城市设计必然是为其自身利益服务的。在当下中国，几乎只有政府与开发集团能够发起城市设计。后者主要是为了自己的私利，前者多半会有条件地顾全大局。而作为技术实施者的规划师则不该放弃自己的社会伦理立场，因为城市的主要空间属性是共享，所以服务于公共利益是规划师不容推卸的责任。

谭文勇副教授：克里斯托弗•亚历山大、简•雅各布斯在对传统城镇与大城市旧城区的调查研究基础上，对现代城市规划与城市设计发出诘问，言语中透露出否定现代城市规划与城市设计的倾向。诚然，过度设计的人工城镇（区）缺乏自然城镇的多样性、自然性、趣味性，但在快速的城市化过程中，从公众利益的维护、城镇整体秩序的获得、城镇特色营造等角度来看，现代城市需要城市设计，也应该能在一定程度上被设计。

城市是普通大众的城市，城市设计师要避免自身价值观与普通大众价值观的错位，应该认识到过度宣扬设计者个性并不一定符合城市设计专业的特征。

许剑峰副教授：简洁的回答：城市当然需要设计，城市能够被设计，城市为利益主体设计。

耐心的回答：

（1）城市当然需要设计。如今城市已经告别了远古时期的完美、质朴，中世纪时期的宁静、和谐，走向了当代的混沌、躁动、冲突和突变，当下社会的复杂利益格局直接映射在城市空间发展格局上。城市规划和设计是在空间上协调利益、分配利益，建立城市与社会有序发展和有效发展的前提。

（2）城市能够被设计。尽管城市是一个开放的复杂巨系统，具有发展的不确定性，但复杂性和不确定性仍然是在人类的认知能力和实践能力可以把控的范围之内。运用模糊控制和精确控制的专业工具，把握好刚性原则和弹性措施，综合技术理性和交往理性，我们应该抱着乐观、积极、理性的职业态度肯定地说：城市能够被设计。

（3）城市为利益主体设计。利益主体详细按尺度等级罗列有地球主体、国家主体、地方政府主体、公司主体、机构主体、社区主体、邻里主体、家庭主体、市民主体。简单区分也可以说公共利益主体和私人利益主体。但"公"与"私"概念边界其实是变化的。站在全球角度，在哥本哈根气候谈判时国家利益就是"私"，发达国家和发展中国家分裂成两大"私"心很重的利益主体；站在国家角度，国家是"公"体，中国西部和东部也是利益格局不同的"私"体。西部大开发，上游造成的生态和环境的建设性破坏会对下游的东部有影响；站在城市角度，市政府是"公"体，各个区的区政府是竞争激烈的"私"体，重庆的十大文化设施散落在各个区就是这个结果。城市规划和设计需要规划设计者具有沟通、协调、参与各种"公"与"私"的利益主体谈判的能力，结合政府力量、市场力量、技术力量和草根力量，做出有目标、有步骤、可适应的规划方案。

2. 城市设计教学的特点是什么？

胡纹教授：城市设计的教学特点有：

其一，对于建筑规划院系的学生而言，前三年接受的主要是以建筑空间、内部空间为主导的"传统建筑学"训练。他们在城市设计课程中，将要接受从建筑空间设计转型到外部空间设计和公共空间设计的方法训练，这对他们是一个陌生痛苦的开始，经过了这一次的阵痛，他们会以更高的视觉、更广的知识面来体验城市空间和建筑空间。

其二，重庆大学城市规划专业的城市设计教学课程由三个部分组成：城市设计理论、城市设计、旧城改造。城市设计理论课程为 32 个学时，旨在给学生一个系统的理论框架，了解城市设计的基本分析和设计方法。城市设计课程为 72 个学时，定位于城市新区、新城的大尺度城市设计，不受限于城市的现状和分析，偏重于对自然地形和自然要素的利用。旧城改造课程为 72 学时，强调对旧城区的人文、历史、现状的调查和分析，从中寻找城市设计与改造的原点和平衡点，培养学生对文化、历史、自然要素、城市现状、设计方法的综合理解、判断、设计能力。

许剑峰副教授：城市设计教学的特点是实践性、交叉性、合作性。

实践性——体现在课程教学目的、教学态度和教学过程是面向社会现实的，从实践中来，到实践中去。从具体的城市空间地点出发，通过基地踏勘、现场调查，从城市诊断的角度发现城市问题，从城市社会现实的角度分析问题，从社会运行机制的角度去思考问题，从空间公共政策角度去理解问题。

交叉性——体现在城市设计教学需要融贯多学科、多原则的思维。综合前四年学习的各门科目的知识，融汇社会学、政治经济学、生态学、文化学的理论知识和视角，用跨学科的原则讨论问题。

合作性——体现并贯穿在整个城市设计教与学过程中的。无论是授课阶段的课程群和系列主题讲座，还是调研阶段针对同一块场地各个组的组员的分头调查、信息共享的机制，还是制图阶段的 2 ～ 3 人的小组合作，都体现了一种团队合作精神。

朱捷教授：特点是“杂”，很多都是跨学科的研究，因此好像什么方面都要涉及一点，综合性特别强。城市设计的难教和难学就体现在这个特点上。但是反过来说，这个特点引发的城市设计的挑战性和趣味性也由此产生。

3. 你怎样看待城市设计竞赛？

胡纹教授：竞赛在我看来是“作秀”的同义词。城市设计的竞赛即是城市规划专业师生在城市设计教学交流方面的一个大舞台，在这个大舞台上，每一所学校、每一个教师、每一位学生都想 Show 出他们的教学方法、设计观念。以课程设计为主导的竞赛，并不完全反映参赛学生的能力，而更多的映射出学生后面的指导老师的设计观念和教学方法。老师出点子，学生画图纸，有一套完整的训练方法；即便一位中等成绩的学生也可以拿到全国竞赛的一、二等奖。从这个层面上来说，获得一、二等奖的学生并不一定是能力最强的学生，反之设计能力最强的学生也不一定能拿奖。分析历年获奖较多的院校的参赛作业，可以看出这些院校在城市设计教学方面都有自己的教学标准、教学方法及教学传统。这是一个长期积累的综合评价体系。

黄瓴副教授：竞赛，故名思义旨在选拔设计方案最优者。这里所言的城市设计竞赛是从2005年开始，由国家城市规划专业指导委员会组织，针对我国开设城市规划专业的高等院校本科3～4年级学生，开展的一次课程作业竞赛。以城市设计为依托，旨在考察学生应对当前城市发展所面临的诸多问题，综合运用城市规划专业所学的各门知识解决城市问题的专业能力。因此，竞赛的目的不在于获得奖项与否，而在于激发学生面对城市复杂问题时寻找系统解题思路和建立创新思维的大胆尝试，当然也包括学生几年本科学习下来的基本功展示。常常后者更能表现学生的专业优势。面对城市设计竞赛，应该怀着一种更加积极、更加放松的态度，权当一次从设计思想、设计方法到设计技巧的大练兵，发扬积极探索的精神，将所学理论知识和日常思考仔细总结，并将其运用于竞赛中，享受整个过程更加重要。

4. 城市设计如何选题？

朱捷教授：首先是有代表性，即是代表某种类型或某个层面的城市设计；其次是具有可操作性。一般课程设计是8周时间，工作量太大或太小都不合适。当然，无法踏勘设计基地、进行实地调研的城市设计选题也是不合适的。

胡纹教授：竞赛选题与一般意义上的课程设计选题是有区别的，后者主要体现教学的一般规律性，适合普遍的教学规律。竞赛选题是在特定的背景、特定的要求下，针对特定的目标，作出特定的选择，不一定适合于所有的学生，但却适合于获奖者。

5. 城市设计调研的重要性体现在哪些方面？

朱捷教授：调研是展开城市设计的基础。完整的城市设计程序包括调研、分析、综合、评估、形成概念到将概念转化为场所等的一系列环节的全部过程，因此调研是城市设计程序中不可或缺的第一个重要环节。

6. 如何完成从概念构思到方案深化的过程控制？

胡纹教授：概念到方案深化的三部曲。第一步，对于学生竞赛而言，概念是整个设计过程中最重要的和首位的指数。好的概念犹如舞台剧的高潮，跌宕起伏、画龙点睛、内涵深远、启迪社会。如何帮助学生挖掘出有社会意义的概念是老师在教学过程中的首要工作。第二步，仅有概念是不够的，城市设计的概念要用城市设计的语言、空间语言来表达，不能用这样的语言来表达的概念不是城市设计的概念。要帮助学生在文化观念、社会问题的概念中建立与城市设计的空间语言上的桥梁的联系。第三步，用城市空间概念，或者说从概念推导到城市空间设计是最后一个阶段。相对来说，这最后一步要比前两步容易得多，因为这一步的设计内容与学生以前学习的设计方法更为相似。

魏皓严副教授：有多少设计师就有多少种过程控制方法，在此所要阐述的只能是一种普遍性的基本认识。概念主要来自两个方面：1. 设计师对设计对象的前期分析，即外部条件；2. 设计师自身的态度、价值观与设计套路（类似于从自身所在门派中习得的功夫），即内部条件。设计师通过这二者建立起基本的设计概念（有些设计师号称不使用概念，这并不是说他们能够脱离概念进行设计，而是他们的工作重点不在于建立概念这方面，因为人类的知识世界就是靠概念搭建的，所以不存在没有概念的设计），通过其他特殊的（比如教师的喜好、认识力与宽容度）或者常规的约束条件（比如设计规范）来制约或者刺激修正自己的方案深化。能够将这些关系处理好的话，设计就能获得较好的推进了。我个人认为，关键的控制原则是：不轻言（对自己概念构思的）放弃，不故步自封（即勇于修正甚至舍弃不再恰当的概念构思，勇于自我否定），不人云亦云（即没有主见，只会跟着教师或者其他强势同学的想法走，没有自己的立场与好恶），不投机取巧（即使用“吸星大法”四处抄袭其他方案的好想法）。

许剑峰副教授：完成从概念构思到方案深化的过程控制首先要控制概念的质量，确保有一个好的概念。好的概念是具可操作性、可表达性、可表现性的。一个好的概念是现实问题与解决思路的桥梁。有了一个好的概念，就不要轻易放弃；要穷追猛打，不要见异思迁。方案深化过程需要分解概念，从必要性、可能性、操作性和体验性四个方面来深化构思。比如这种构思是否必要？有无可能？如何操作？什么体验？按问题聚焦、目标导向、系统设计、正确传达的思路展开设计深化的过程。

7. 城市设计成果表达形式如何多元化？

赵强讲师：提到城市设计成果表达形式多元化，首先要意识到目前成果表达单一化，其现状的根源是评价设计成果“唯图纸论”这一观念的制约。在视觉化时代的今天，设计信息已经呈现多种方式的传播和交流形式，纸媒空间只是可能之一，不必要求设计成果只以图纸一种形式出现。而且，有些非传统设计复杂信息的传达与呈现，很可能是图纸空间和纸媒形式无能为力的。因此，突破以图纸为代表的单一纸媒的表达，鼓励图像、影像、多媒体、新媒体技术等多种表达形式，既是实现设计成果表达形式多元化的途径，也是应对时代发展实施教学改革的重要方向之一。

魏皓严教授：多元化不应该是设计师所要追求的东西。他应该始终重视如何最为高效简明地表达出自己设计中最为精华、重要与基本而不可回避的部分。每个设计都有自己的特点，寻找表达方法的过程其实也是设计师追寻自己设计特色的过程。像是人穿衣服，寻找到最适合自己的，就建立起了自己的“元”，而很多个不同的个人都有了自己的“元”，也就形成了总体上的“多元”。

朱捷教授：国内的城市设计比较注意图纸的表达，其实城市设计的成果还应加强的表达形式是模型。模型的表达可以分为具象和抽象两种，抽象的模型更能表达设计概念，具象的模型则更能展现设计的场所感。

8. 城市设计课程教与学的组织模式如何改革?

黄瓴副教授：城市设计课程教与学的组织模式在形式上应更加灵活；在内容上应结合当前城市发展所面临的具体问题，引入相关理论知识，运用相关分析方法和相关技术，将课程教学与现实问题紧密结合，积极探索。特别是针对地域化问题的深入研究，使学生在整个设计过程中完成一次相关知识的整合与运用。从选择地形、实地调研、专题讲座、方案讨论等不同阶段鼓励和启发学生的主动与创新。

9. 城市设计作业评图标准是什么?

赵强讲师：城市设计作业评图这一行为的实质，从评图者的体验认知角度来看，是一种阅读图纸、评判设计的过程。反过来讲，图纸在评图的预设背景下成形，要求其内容必须以一种叙事的方式存在，才能符合这一评图语境的要求。因此，从叙事的角度来看，城市设计作业评图的标准体现在三个方面，即文本叙事的逻辑性、空间叙事的合理性、视觉叙事的易读性。具体来说：

文本叙事的逻辑性——就是整个设计构思的主要线索要体现并符合评判者常规思维的逻辑性。

空间叙事的合理性——就是解决问题的空间对策及其具体引导控制的手段要能呈现设计构思的逻辑性，通过设计者借助图纸对空间设计的呈现和展示，以确保评判者从常规阅读认知的角度理解空间层面的合理、有效性。

视觉叙事的易读性——就是设计成果的表现与表达能清晰、易读，便于评判者从视觉化叙事的常规角度理解设计的内容和效果。

通过以上三方面的认定，在评图这一语境下，评判者对城市设计作业的质量能做出一个基本的判断。

黄瓴副教授：应该是从三个层面来衡量：理念、方法和技巧。

理念——指方案所体现的设计思想，代表着学生本人的价值观，看他想构建怎样的公共价值观。

方法——指设计过程中所运用的调查分析方法和设计手法，看他是否找到并掌握了应对实际问题的设计策略和工具。

技巧——主要指学生的设计表达，特别强调学生的手上基本功，以及计算机运用等。“布图也是规划”。

朱捷教授：将同时关注“设计过程”和“设计结果”这两个方面。可能从教学的角度讲，“设计过程”还更重要些，因为“设计过程”的逻辑程序是可以训练的，而“设计结果”在某种程度上有“师傅领进门，修行靠个人”的感觉。

10. 城市设计与总规、控规、详规、建筑设计的关系？

谭文勇副教授：传统（狭义）的城市设计曾被认为是介于城市规划与建筑设计之间的一种设计活动，目前看来这一观念必须得到修正。城市设计发展到今天，其多层次性已被业界广泛认可。具体而言，城市设计从层次上可分为城市总体规划层面的城市设计、城市控制性详细规划层面的城市设计，重点地段的城市设计，甚至在建筑设计过程中，也可以从城市设计的角度来思考问题。

戴彦讲师：城市设计是强调三维城市空间形态及环境的城市规划。它并不是从总规、控规和详规等规划层次独立出来的技术内容，其本质是弥补上述三者主要进行资源配置平面安排的缺陷。

城市设计是从整体出发的设计，对建筑实施控制性的引导，但不等同于对建筑进行设计。相对于建筑设计侧重基地范围内建筑形体的详细处理，服务个体利益。城市设计具有明显的公共政策性质，以整体综合的观点考察城市的公共空间，侧重维护公众利益，因此在利益代表和工作方法等方面有别于建筑设计。

11. 什么是可持续的城市设计？

赵强讲师：可持续的城市设计是为未来发展预留可能的城市设计，而且是能体现环保、绿色以及动态过程控制设计理念的设计。通过可持续的城市设计，城市在空间模式、交通模式、建造模式等方面有利于资源的循环利用、再生利用和减少利用，以确保未来城市生活能够健康持续的发展。

许剑峰副教授：可持续的城市设计是指城市设计可以促进城市空间与环境的可持续的发展。这种可持续性体现在三个不同的层面上：要素层面、结构层面和意义层面。

要素层面——是技术理性的，通过科学分析，借助技术工具，识别可持续的城市设计的要素。

结构层面——是交往理性的，通过公共参与，借助社会实践，发现有可持续的城市设计骨架。

意义层面——是价值理性的，通过历史文化和生态伦理分析，找到可持续的城市设计的灵魂。

12. 城市设计的地域性体现在什么地方？

魏皓严教授：地域性一直是个含混不清的定义，得放在流动性与固定性、内向演变与外向扩张、侵略与防守、吸收与排斥、全球与地区、自然地理与人文造化等等一系列对比概念中才能获得大致准确的认识，如果把地域性理解为建筑的符号形式等外观上的东西就太过简单粗暴了。要在城市设计中体现地域性，最起码得照应当地的气候与地理特点、民众的公共空间生活习俗、空间生产的通用模式与特定技术等等内在的东西，然后才是空间的结构、形制、尺度与色彩等方面，最后才是外形与符号这些表面化的东西。

赵强讲师：城市设计的地域性体现在确保城市文脉的传承性，具体体现在城市生活模式、风俗习惯、审美取向、空间肌理、地域建构方式以及地域技术等地方特色的延续。在文化全球化的今天，坚守和探索地域性的城市设计是必须的，也是难能可贵的。

谭文勇副教授：如何突出地方特色是当前城市建设过程中的重要话题，这也给城市设计带来了新的课题。结合城市设计的多层次性，其地域性宏观层面体现在对城市形态、城市历史文化的关注上；微观层面体现在对自然条件（气候、地形、水系、植被）的呼应上。此外，独特的建筑风貌也是体现城市设计地域性的重要方面。建议同学们看看地域主义和批判的地域主义等方面的文献。

戴彦讲师：体现在对城市文脉和生态环境的理解、尊重和再造多个层面。其一，保护不同时代的历史建筑、街区与场所，让不同时代的人物、事件与场所在设计对象中留下烙印，体现对人类文化的尊重与延续；其二是保护城市环境、维护生态平衡，即人对环境的干扰和影响不能超出环境容许的范围，同时强调人地共生共荣，人与自然必须共同建设、发展。

13. 怎样在城市设计实践中体现公共参与？

朱捷教授：城市设计是为大众所做的设计，理应有公众参与环节。如果因为设计周期的限制，不能专门搞社会调查和公众参与，城市设计体现民意的主要的途径是要求设计师学会“聆听”和“观察”。

“聆听”——是体现在调研时要和使用者广泛交流，是以谈话为主要形式。“谈”是创造氛围，而听“话”才是目的，使用者的诉求是将“空间”转化为“场所”的重要线索。

“观察”——是贯穿设计的全过程，以看和想为主要形式。“观”是看表象，而洞“察”才是本质，只有看到物质形态背后的那些东西，才能找出那些能够影响物质形态形成的重要因素。

黄瓴副教授：应该在城市设计的每一个阶段都引入实质性的公共参与，体现民意，真正做到“为人民服务”，引导并建立公平、公正的公共价值观。

14. 什么是城市设计的刚性与弹性？

谭文勇副教授：城市设计不同于具体的建筑设计，它具有一定的计划性，实施的时间可能较长，涉及的利益群体可能较多，因此不能把城市设计看成是一个固定的终极目标式的设计，它需要有一定的灵活性以适应城市未来的发展，这就是所谓的城市设计的弹性。另一方面，从维护城市的整体利益、整体秩序出发，要对城市设计中的一些重要方面进行控制，以约束后期建设实施过程中的随意性，强化城市设计的操作性。

许剑峰副教授：城市设计的刚性部分是城市设计真正需要留下的部分：如开放空间结构、人车交通模式、绿地景观结构。弹性部分是允许后续的参与者发挥的部分。城市设计刚性太多，难免死板；弹性太多，难免失控。刚弹适度，实现的城市才有活力。

15. 城市设计的社会功能是什么？

赵强讲师：城市设计的意义，就在于通过设计的控制引导，为人们提供更好的城市生活环境。在市场机制下，良好的城市生活环境从社会功能的投射角度看，就是公共资源的合理分配、共享。因此，城市设计的社会功能就体现在确保公众对于公共空间资源、公共设施等的公平、合理、有效地使用，这也是今天城市设计的首要功能和核心价值。

黄瓴副教授：简单地说，就是为市民塑造优美的城市公共空间和城市形象，使“城市让生活更美好”。正如威廉·H·怀特所言：“我们建设城市的方式、我们建造场所的方式会对在这些空间内的人过何种生活产生深刻的影响。”

城市设计的问题——自由联想部分

16. 图则是不是城市设计的最后价值所在？

戴彦讲师：图则是城市设计的成果形式，但并不是其最后的价值所在。它的最后价值关键体现于城市设计通过图则这种形式到底要控制什么和如何控制。具体来说，就是城市设计的图则如何体现总体规划和详细规划等法定规划的技术要求，并体现出城市设计自身的价值取向。

17. 城市设计主要就是用来控制城市空间形态的吗？

谭文勇副教授：控制城市的空间形态是城市设计的重要内容，也是城市设计的核心之一，但过分强调物质形态的观点与城市设计的跨学科性相悖。实际上，城市设计发展到今天，已经涉及城市历史、城市文化、城市社会、城市生态等多学科层面。

戴彦讲师：城市设计的主要任务为城市建设一种有机的秩序，包括物质秩序和社会秩序。城市设计目标是空间形式上的统一、完美；综合效益上的最佳、优化效果；社会生活上的有机协调。因此从这个意义上来说，控制城市空间形态只是实现上述目标的一项内容和一种手段而已，而不是城市设计的唯一目的。

18. 相对于总规与控规，城市设计意义何在？

戴彦讲师：相对于总规与控规从二维角度对城市进行综合安排，重视定量性的技术成果对于城市开发的控制性。城市设计则从三维角度定性地探讨如何创造积极空间，以及具有美学意义的城市形态特点和比例尺度，关注城市空间各种要素的设计，其成果具有明显的引导性。因此，它的意义在于从技术上补充、校正总规和控规对于城市开发控制的不足。

许剑峰副教授：这个问题可以分为两方面来讨论。总规和控规是法定规划，城市设计是非法定规划。城市设计可分为总体的或片区的。从空间对应关系来说，总体城市设计对应总规，片区城市设计对应控规。前者的意义是总体城市设计比总规来说，愿景更形象、效果更直观、结构更清晰、重点更突出，便于与领导、群众交流。片区城市设计对应控规的意义来说，要看谁先介入的问题。先做城市设计，后做控规的项目，城市设计体现出某种指导意义。先做控规，后做城市设计的项目，城市设计体现出某种检验和纠正的作用。城市设计只是对总规和控规的补充和深化，而不是替代。城市设计的成果最后通过总规和控规才能法定化。

19. 城市设计需要研究吗？它能通过数据进行所有的控制吗？

赵强讲师：城市设计需要研究。城市设计和法定规划设计类型如总体规划、控制性详细规划等不同，并没有严格、套路的编制程序约束，也没有单一的设计方法的约定。因此，在相对宽松、可能的设计维度中，针对城市设计项目的具体类型、情境，探讨特定的方法和不同解决问题的途径等，是城市设计工作的重要内容。注重研究的特性正是城市设计的价值所在。

城市设计不能通过数据进行所有的控制。首先，在城市设计的控制引导中，既有理性量化的控制成分，也有感性审美等的控制意象。如果说前者是可以最大程度通过数据体现控制性，那后者显然不能通过数据进行所有的控制。其次，城市生活的复杂性是不能完全量化的。因此，符合城市生活要求的城市设计控制，也是无法完全量化的。所以，期望通过数据控制所有设计内容，是徒劳的。这应该是最为根本的原因。

戴彦讲师：城市设计既是一种对城市公共空间进行设计的技术方法，也是一种公共行政管理的策略和手段，涉及要素和专业较多，因此需要进行研究。由于城市设计的关联要素多为主观评价因子，因此并不能指望通过数据进行所有的控制。

20. 谁在行使城市设计的权力？

魏皓严副教授：一个完全公正的社会是不存在的，但是一个制衡的社会是可能的。所以从理想状态来说，任何社会利益集团都应该行使城市设计的权力，不过在现实中很难实现，因为弱势群体总是对很多事情无能为力，对城市设计亦然。在我国，目前主要行使城市设计权力的是政府与开发集团；而规划师 / 城市规划业界作为知识资本集团与公共知识分子的杂交体，也由于对技能的垄断而行使着一定的城市设计的权力。由此可见，城市设计的权力几乎完全是被社会精英及其附属系统所掌控的，普通大众对此几乎没有发言权。好在近年来增加了设计成果公示的环节，至少社会透明与民众话语得到了一点机会。

谭文勇副教授：城市之所以是今天这个样子，并不是城市规划师、建筑师等专业人士单独所能决定的，它是城市多方力量碰撞、较量的结果。因此，指望城市规划师、建筑师的规划设计方案一劳永逸地解决问题的看法不太现实。城市是一个复杂的系统，涉及社会的方方面面，具有专业技能的规划设计师、握有权力的政府、拥有资本的开发商、生活在城市中的广大民众都有行驶城市设计的权利。

黄瓴副教授：美国城市设计大师埃德蒙•培根认为："因市民和市领导们所做决策而生的清晰的规划图能把多方意愿融为积极、统一的行动，切实改变一座城市的特征。"因而，应该是由市民、政府、规划师、建筑师、律师、银行等共同行使城市设计的权利。

21. 城市设计有哪些空间结构的控制手法？各有何特点？

魏皓严教授：其实，城市设计中控制空间结构的方法很多，关键是掌握一些可以称为"原型"的空间结构，如轴线结构、格网结构、枝状结构、环形结构、组团结构、区块分割、放射结构、平行结构、交错结构、点阵结构、根茎结构、圈层结构，等等，难以尽数。这些结构既不是按照同一种严格的分类法进行划分，也不是按照同一种严格的准则进行定义的，似乎没有必要那么做，否则会导致对空间结构的教条主义式理解。上述的这些空间结构是可以相互交织混杂使用的，因人因时因地因势而异，大凡设计高手都善于进行精微而有创意的结构组织，如同武者擅长某些类功夫，也由此可以看出设计领域的博大精深。至于每种控制方法各有何特征，那就是需要长篇大论来探讨的事情了，建议学习者可以针对自己感兴趣的某几种空间结构广泛阅读、仔细分析并勤做练习，就能慢慢地对一些基本结构获得较为深入透彻的理解，为以后的设计进步打好基础。

22. 黄桷坪的涂鸦街算不算是一种城市设计的结果？

魏皓严教授：算。黄桷坪的涂鸦街是四川美术学院在其学院所在地以涂鸦的方式所策划、实施的一条街道。从文艺青年的角度看，是一次失败的、霸道的、对怀旧生活的无耻侵略；从发明涂鸦的街头帮会的角度看，是黑帮文化的山寨式抄袭；从设计学的角度看，技艺平平、乏善可陈；从社会学的角度看，是一次相当成功的、超越了规划师方法的城市设计。

四、城市设计课程教学的组织模式

这是针对第八个问题的详细解答。

城市设计课程以解决城市问题为主导的教学思路，着重建立从理论到实践的教学体系、因材施教的个性化教育和实践环节的为地方城乡建设服务的机制，突出城市设计作为应用学科的特点。

1. 教学准备

选题机制：设计教学中选择适宜的题目是全面专业训练的第一步。建立课题组课题库，每年增加 3 ～ 5 个适合教学的课题和相应基地的地形图，并根据城市社会空间发展状况与时俱进，不断更新。

教师学生网上挂牌双向选择机制：学生上网报名选择老师，分一二志愿报名，老师上网选择学生，每个老师选择 12 ～ 14 名学生，落榜学生重新调配。本机制对教师的教学质量起到鞭策作用，老师的第一志愿被申报率一定程度上反映了受欢迎程度。

2. 教学实施——“四三二一”教学法。

“四个模块”单元讲座：根据教学进度，分四次、四个单元、四位教师进行集中讲座。

第一讲：设计选题（3 学时）；

第二讲：设计概念的形成（3 学时）；

第三讲：城市设计方法（3 学时）；

第四讲：城市设计成果表达（3 学时）。

“四个模块”单元的讲座群保证了学生可以接触不同背景和经历的老师，多方位地了解形式观点和学科的发展，拓宽学术视野，加深学术理解。“四个模块”单元讲座又保持了教学的整体性和连贯性，发挥了教师个体的独立性和创造性。

“三级协作”教学：在课程设计中，分大、中、小三组学生分级教学。

大组为整个课题组（60 ～ 80 个学生），教学以讲座群形式展开。中组由一位主讲老师负责（12 ～ 14 个学生），教学以设计辅导、学生表达设计方案、老师集中评论的形式展开。小组为两个学生为一组，教学以老师个别辅导形式展开。

三级分组教学使教学效果的整体性和灵活性相结合，使大组的互补性、中组的协作性和小组的创新性紧密结合起来。

二期交叉评图：每个教学组在课题中期和末期进行交叉评图，邀请 5 ～ 6 名教学组外的专业老师进行公开点评、打分，保证评价的多样性和客观性。

一线信息平台：建立教学交流网络平台，全过程全空间网络在线信息共享。建立城市设计精品课程网页，学生网上论坛、教学 QQ 群，历届学生作业和获奖作品网络版做在线支持。

课题组要求每个老师都要熟练运用多媒体教学手段，并鼓励参加系级和校级多媒体教学比赛。

3. 教学总结

学生打分评价机制：每个课题结束后，学生对老师授课情况进行打分，并将意见反馈给老师所在系。

课程展览机制：每个课程结束后，每个中组选出 2 ～ 3 份作业，参加在系馆中庭的作业观摩展览，进行跨组跨年级交流。举行课题评论，学生自评，师生对话，跨课题组教师点评等多种形式的研讨活动。

竞赛推优机制：由授课教师和课程组外的专业教师组成约 10 ～ 15 人的评优小组，不记名投票选出最佳作业 3 ～ 4 份参加全国城市规划专业指导委员会主办的城市设计作业评优。

教师交流会：教学组的教师在每一门课程中，利用课间、午餐时间进行 3 ～ 4 次聚会，交流教学情况，统一教学方法。

参考文献

1.（意）阿尔多• 罗西著 黄士钧译 . 城市建筑学 [M]. 中国建筑工业出版社，2006.

2.（美）艾尔文• 古德纳（AlvinGouldner）著，顾晓辉，蔡嵘译 . 知识分子的未来和新阶级的兴起 [M]. 江苏人民出版社，2002.

3.（美）爱德华• W. 萨义德（EdwardW.Said）著，单德兴译 . 知识分子论 [M]. 三联书店，2002.

4. 包亚明著 . 后大都市与文化研究 [M]. 上海教育出版社，2005：001-010.

5. 狄德罗主编，集体编定 . 不列颠百科全书 [M]. 1768-1771 年 .

6.（美）大卫• 哈维著，黄煜文译 . 巴黎城记：现代性之都的诞生 [M]. 广西师范大学出版社，2010.

7.（法）笛卡尔（ReneDescartes）著，王太庆译 . 谈谈方法 [M]. 商务印书馆，2000.

8.（加）D. 保罗 . 谢弗著 . 经济革命还是文化复兴 [M]. 社会科学文献出版社，2006：3-210.

9.（英）大卫 • 李嘉图著 . 政治经济学及赋税原理 [M]. 商务印书馆，1972：113.

10.（美）戴维 • 哈维著 . 后现代的状况：对文化变迁之缘起的探究 [M]. 商务印书馆，2003.

11. 段进著 . 空间句法与城市规划 [M] 东南大学出版社，2007.

12.（美）E. D 培根等著 黄富厢等译 城市设计 [M] 中国建筑工业出版社 ,1989.

13.（英）F. 吉伯德等著 程里尧译 市镇设计 [M] 中国建筑工业出版社，1987.

14. 谷荣著 . 中国城市化公共政策研究 [M] 东南大学出版社，2007：132.

15. 扈万泰：城市设计运行机制 [M] 东南大学出版社，2000.

16. 何子张著 . 城市规划中空间利益调控的政策分析 [M]. 东南大学出版社，20009：2-5.

17.（法）亨利 • 勒菲弗著，李春译 . 空间与政治 [M]. 上海人民出版社，2008：16-18.

18.（日）黑川纪章著，覃力等译 . 黑川纪章城市设计的思想与手法 [M]. 中国建筑工业出版社，2004.

19.（英）霍克斯（Hawkes，T）著，瞿铁鹏译，刘峰校 . 结构主义和符号学 [M]. 上海译文出版社，1987.

20.（法）居伊• 德波著王昭凤译 . 景观社会 [M]. 南京大学出版社，2006.

21.（奥）卡米诺• 西特著，（美）查尔斯• 斯图尔特 / 仲德昆译 . 城市建设艺术出版社 [M]：东南大学出版社，1990.

22.（美）凯文 • 林奇著，项秉仁译 . 城市的意象 [M]. 中国建筑工业出版社，1990.

23.（加）简 • 雅各布斯，金衡山译 . 美国大城市的死与生 [M]. 译林出版社，2005.

24. 金广君著 . 图解城市设计 [M]. 黑龙江科学技术出版社，1999.

25.（美）柯林・罗等著. 童明译. 拼贴城市 [M]. 中国建筑工业出版社，2003.

26.（英）卡莫纳著，城市设计的维度 [M]. 江苏科技出版社，2005.

27.（美）克莱尔・库珀・马库斯（美），卡罗琳・弗朗西斯，俞孔坚等译 . 人性场所：城市开放空间设计导则 [M]，中国建筑工业出版社，2001.

28.（美）刘易斯・芒福德著，倪文彦，宋峻岭译 . 城市发展史—起源、演变和前景 [M]. 中国建筑工业出版社，1989.301 － 305.

29.（美）罗杰・特兰西克著，谢庆达译 . 寻找寻失落的空间 [M]，中国建筑工业出版社，2008.

30.（日）芦原义信著，尹培桐译 . 外部空间设计 [M]. 中国建筑工业出版社，1985.

31.（日）芦原义信著，尹培桐译 . 街道的美学 [M]. 百花文艺出版社，2006.

32. 卢现祥著 . 西方新制度经济学 [M]. 中国发展出版社，1996：85.

33. 李津逵著 . 中国：加速城市化的考验 [M]. 中国建筑工业出版社，2008：6；7；24；29；74-110.

34. 刘刚著 . 哈贝马斯与现代哲学的基本问题 [M]. 人民出版社，2008：354-355.

35.（美）沃特森，（美）布拉特斯，（美）谢卜利编著，刘海龙等译 . 城市设计手册 [M]. 中国建筑工业出版社 .

36. 彭一刚著 . 建筑空间组合论 [M]. 中国建筑工业出版社，1983.

37. 钱学森等著 . 论系统工程 [M]. 湖南科学技术出版社，1982.

38. 齐康著 . 城市建筑 [M]. 东南大学出版社，2001.

39. 全国城市规划职业制度管理委员会 . 城市规划管理与法规 [R]，北京：中国建筑工业出版社，2000.

40.（瑞士）荣格著，冯川译 . 荣格文集 [M]. 改革出版社，1997.201 － 204.

41.（挪威）诺伯格・舒尔茨著，尹培桐译 . 存在・空间・建筑 [M]. 中国建筑工业出版社，1990.

42. 倪梁康著 . 胡塞尔现象学概念通释 [M]. 三联书店，1999.

43. 深圳市城市规划设计研究院著 深圳市城市与建筑设计标准与准则—城市设计部分 .2006.

44.（英）斯蒂娜・萨里斯等著，杨至德译 . 城市设计方法与技术 . 中国建筑工业出版社，2006.

45.（美）斯皮罗・科斯托夫著，单皓译 . 城市的形成——历史进程中的城市模式和城市意义 [M]. 中国建筑工业出版社，2005.211-212.

46.（斯洛文尼亚）斯拉沃热・齐泽克著，季广茂译 . 意识形态的崇高客体 [M]. 中央编译出版社，2002，

47. 时匡，（美）加里・赫克，林中杰著 . 全球化时代的城市设计 [M]. 中国建筑工业出版社，2006.

48. W・博奥席耶著 勒・柯布西耶全集（第 4 卷・1938-1946 年）[M]. 中国建筑工

业出版社，2005.

49. 王建国著．城市设计 [M]. 东南大学出版社，1999.

50. 王伟强著．和谐城市的塑造 [M]. 中国建筑工业出版社，2005：11-21.

51. 王义祥著．发展社会学 [M]. 华东师范大学大学出版社，2004：1.

52. 邬建国著．景观生态学——格局、过程、尺度与等级 [M]. 高等教育出版社，2007.

53. 吴缚龙等著．转型与重构：中国城市发展多维透视 [M]. 东南大学出版社，2007.

54. 肖笃宁，李秀珍，高峻等著．景观生态学 [M]. 科学出版社，2003.

55.（丹麦）扬•盖尔著，何人可译．交往与空间 [M]. 中国建筑工业出版社，2002.

56.（美）伊恩•伦诺克斯•麦克哈格著，黄经纬译．设计结合自然 [M]. 天津大学出版社，2006.

57. 扬帆著．城市规划政治学 [M]. 东南大学出版社，2008.

58. 中国大百科全书 - 建筑园林、城市规划．中国大百科全书出版社，1998.

外文：

1. Andres Duany，Elizabeth Plater-Zyberk.Towns and Townmaking Principles. [M]. Harvard University Graduate School of Design，1991.

2. Charles Waldheim. The Landscape Urbanism Reader [M]. New York：Princeton Architecture Press，2006.

3. Cervero，R. The transit metropolis：a global inquiry[M] . Island Press，1998.

4. Forman R T T，Land Mosaics. The Ecology of Landscapes and Regions[M]. Cambridge University Press. UK. 1995.

5. H.Shirvani. The urban design process [M].VNR，1981.

6. Hillier B. Space is the Machine：A Configurational Theory of Architecture[M] Cambridge，UK. Cambridge University Press，1996.

7. Hillier，B. and Iida，S.（2005）Network and Psychological Effects in Urban Movement. Proceeding of Spatial Information Theory：International Conference，COSIT 2005.

8. Henri.Lefebrre. The Production of Space[M]. Oxford UK& Cambridge USA：Blackwell，1991.

9. John R Golsing，Addison Circle：Beyond New Urbanism，Urban Land 1996.

10. Jean-Michel Rabate edit. The cambridge companion to Lacan[M].New York：Cambridge University Press，2003：117-152.

11. Le Corbusier. City of Tomorrw and its Planning Dover，1987.

12. Lefebvre H.The production of space[M].Malden：Blackwell Publishing，1991.

13. Peter Calthorpe. The Next American Metropolis：Ecology，Community，and the American Dream. [M] . Calthorpe Associates 1993.

14. Richard T.T. Forman. Land Mosaics：the ecology of landscapes and regions [M].

Cambridge：Cambridge University Press，1995.

15. Richard T.T. Forman & Michael Gordon，Landscape Ecology [M].J. Whitaker，1986.

16. Simon Swaffield. Theory in Landscape Architecture [M]. Philadelphia：University of Pennsylvania Press，2002.

17. Shamdasani S.Cult fictions-C.G.Jung and the founding of analytical psychology[M]. London：Routledge，1998.

18. Wdward W Soja，. Thirdspace：Journeys to Los Angels and other Real-and-Imagined Places [M]. Blackwell，1996.

19. William H. Whyte. The Social Life of Small Urban Spaces[M]. Project for Public Spaces，2001.

20. Wenche E. Dramstad，James D. Olson，& Richard T.T. Forman. Landscape Ecology Principles [M]. Harvard University Graduate School of Design，Island Press，1996.

期刊：

1. 程里尧 .Team10 的城市设计思想 [J]. 世界建筑 1983.10.

2. 曹康，王晖 . 从工具理性到交往理性 - 现代城市规划思想内核与理论的变迁 [J]. 城市规划，2009（9）：44-51.

3. 戴晓玲 . 涡旋造型在平面设计中的应用 [J]. 装饰，2007（01）.

4. 扈万泰，郭恩章 . 论总体城市设计 [J] 哈尔滨建筑大学学报 .1998，（06）.

5. 黄莉，宋劲松 . 实现和分配土地开发权的公共政策 - 城乡规划体系的核心要义和创新方向 [J]. 城市规划，2008（12）：21.

6. 霍楷 . 广告设计视觉语言的对比与整合研究 [J]. 设计平台，2010（05）.

7. 胡纹，刘涛 . 重点受控与局部放任——山地城市设计方法之一 [J]. 建筑学报，1997（12）.

8. 卢纪威，于奕 . 现代城市设计方法概论 [J]. 城市规划，2009，2.

9. 罗震东 . 分权与碎化 - 中国都市区域发展的阶段与趋势 [J]. 城市规划，2007（11）：65.

10. 任绍辉 . 解析平面视觉中的符号——图形创意 [J]. 包装工程，2005（06）.

11. 宋美音 . 论平面设计中独特的图形语言功能 [J]. 艺术与设计，2011（04）.

12. 王凯，陈明 . 近 30 年快速城市化背景下城市规划理念的变迁 [J]. 城市规划学刊，2009（1）.

13. 王琳 . 从色彩、平衡与空间三要素浅谈平面设计 [J]. 美术教育研究，2012（02）.

14. 魏恕 . 佐藤晃一招贴画的对比语言规律及特征 [J]. 艺术百家，2011（07）.

15. 徐觉哉 . 国外学者论中国特色社会主义 [J]. 中国特色社会主义研究，2008：3.

16. 余柏椿 . 城市设计目标论 [J]. 城市规划 2004，12.

17. 俞孔坚 . 生物保护的景观生态安全格局 [J]. 生态学报，1999，1.

18. 叶祖达 . 城市规划管理体制如何应对全球气候变化？[J]. 城市规划，2009（9）：32.

19. 赵民 .“公共政策”导向下的“城市规划教育”的若干思考 [J]. 规划师，2009,（1）：17-18.

20. 赵燕菁 . 城市的制度原型 [J]. 城市规划，2009（10）：9-17.

21. 赵燕菁，刘昭吟等 . 税收制度与城市分工 [J]. 城市规划学刊，2009（6）：4-11.

22. 郑国 . 公共政策的空间性与城市空间政策体系 [J]. 城市规划，2009. 1：18-73.

23. 薛澜 . 制度惯性与政策困境 [N]. 南方周末，2009.1.15：C14.

24. 章晓岚，章晓岗 . 换一种角度论平面构成中的几个基本概念 [J]. 艺术设计论坛，2004（04）.

25. 张军 . 论平面设计的要素与意境营造 [J]. 包装工程，2012（03）.

论文

徐小东 . 基于生物气候条件的绿色城市设计策略研究 [D]. 东南大学，2005.